高等职业教育校企合作双元新形态教材
高等职业教育土木建筑类专业系列特色教材

工程测量技术

（新形态活页式）

主　编　杜春玲
副主编　齐东兰

西南交通大学出版社
·成　都·

图书在版编目（CIP）数据

工程测量技术：新形态活页式 / 杜春玲主编. -- 成都：西南交通大学出版社，2024.8
ISBN 978-7-5643-9836-1

Ⅰ．①工… Ⅱ．①杜… Ⅲ．①工程测量 Ⅳ．①TB22

中国国家版本馆 CIP 数据核字（2024）第 107366 号

Gongcheng Celiang Jishu（Xinxingtai Huoyeshi）
工程测量技术（新形态活页式）

主　编／杜春玲	策划编辑／陈　斌　余崇波
	责任编辑／陈　斌
	封面设计／何东琳设计工作室

西南交通大学出版社出版发行
（四川省成都市金牛区二环路北一段 111 号西南交通大学创新大厦 21 楼　610031）
营销部电话：028-87600564　　028-87600533
网址：http://www.xnjdcbs.com
印刷：四川玖艺呈现印刷有限公司

成品尺寸　185 mm×260 mm
印张　19.75　　字数　443 千
版次　2024 年 8 月第 1 版　　印次　2024 年 8 月第 1 次

书号　ISBN 978-7-5643-9836-1
定价　58.00 元

课件咨询电话：028-81435775
图书如有印装质量问题　本社负责退换
版权所有　盗版必究　举报电话：028-87600562

前 言
PREFACE

工程测量片花

  为深化职业教育教学改革，积极推进课程改革和教材建设，满足职业教育发展的新需求，我们组织行业专家及一线教师编写了这本校企双元合作新形态教材《工程测量技术》。

  本教材采用"学习项目""工作任务"形式。每一个学习项目为一个完整的知识模块。根据教材内容和学习要求，学习项目中"工作任务"的呈现方式分两种类型：以知识技术学习为主线形式和以项目活动为主线形式，其中以项目活动为主线的内容更强调学生在项目实施过程中巩固和发现知识与技能，培养学生解决实际问题的能力。本教材在体系结构上共分为十个学习项目。其中，前五个学习项目为基础知识部分，内容是工程测量的基本概念和基础理论，主要包括工程测量基本知识、水准测量、角度测量、距离测量、全站仪及 GNSS 测量原理；六、七两个学习项目为测图部分，主要包括小地区控制测量、大比例尺地形图测绘与应用；八、九、十 3 个学习项目为测设部分，主要包括施工测量的基本工作以及建筑、线路的测设工作。

  随着我国建筑行业的迅猛发展，测量员是很多高职高专建筑类院校学生的第一任职岗位，因此，本教材在编写过程中，主要编写人员结合了企业职业岗位的客观需求，吸收了发达国家先进的职教理念，强调"校企合作、工学结合"，注重以就业为导向，以能力为本位，以够用为原则，面向市场、面向社会，深入浅出地向学生讲述了工程测量技术方面的知识与技能。本教材由陕西职业技术学院的杜春玲老师担任主编，并负责编写项目二、项目三和项目八的内容；陕西职业技术学院的孙志明老师负责编写项目一、项目四和项目五的内容；陕西职业技术学院的王红丽老师负责编写项目六的内容；陕西职业技术学院的王晓芳老师负责编写项目七的内容；陕西职业技术学院的齐东兰老师担任副主编并负责编写项目九和项目十的内容。陕西中龙云创建筑工程有限公司总经理韩养龙负责编写教学案例。对于他们的辛勤付出，在此一并表示感谢！

  本教材既可作为职业院校建筑类、测量类专业学生的教学用书，也可作为工厂、企业相关专业人员的参考用书。

  限于编者的经历和水平，本教材内容不足之处在所难免，希望各用书单位在积极选用和推广本教材的同时，注重总结经验，及时提出修改意见和建议，以便再版修订时补充完善。

编 者

2024 年 1 月

本书数字资源目录

序号	章	资源名称	资源类型	资源页码
1	前言	工程测量片花	视频	前言
2	项目一	建筑工程测量的基本任务	视频	004
3		地面点位的确定	视频	007
4		水平面代替水准面的限度	视频	012
5	项目二	水准测量原理	视频	019
6		水准测量的仪器和工具	视频	023
7		水准仪的基本操作程序	视频	029
8		水准点与水准路线	视频	036
9		水准测量的施测与检核方法	视频	039
10		附合水准路线测量成果计算	视频	042
11		闭合水准路线测量成果计算	视频	042
12		支水准路线测量成果计算	视频	042
13	项目三	角度测量基本原理	视频	054
14		经纬仪的基本构造	视频	057
15		经纬仪的使用	视频	062
16		测回法测量水平角	视频	073
17		方向观测法测量水平角	视频	076

续表

序号	章	资源名称	资源类型	资源页码
18	项目三	方向观测法	视频	077
19		竖直角的观测	视频	080
20		竖直角的计算及竖盘指标差	视频	080
21	项目四	距离测量的基本概念	视频	091
22		钢尺量距的精密方法	视频	094
23		视距测量	视频	100
24		直线定向——标准方向的确定	视频	105
25		直线定向——方位角的计算	视频	109
26	项目六	控制测量概述	视频	131
27		导线测量外业工作	视频	133
28		导线测量内业计算（闭合）	视频	137
29		导线测量内业计算（附合）	视频	139
30		交会测量	视频	152
31	项目七	地形图的概念	视频	163
32		大比例尺地形图的分幅与编号	视频	165
33		地物、地貌在图上的表示方法	视频	167

续表

序号	章	资源名称	资源类型	资源页码
34	项目七	地形图测绘内容	视频	178
35		地形图的识读	视频	181
36	项目八	施工测量的概念与特点	视频	186
37		测设的基本工作	视频	188
38		测设点平面位置的方法	视频	196
39	项目九	建筑基线	视频	208
40		建筑方格网	视频	212
41		高程控制测量	视频	214
42		民用建筑定位放线	视频	216
43		建筑物基础施工测量	视频	221
44		墙体施工测量	视频	224
45		高层建筑施工测量	视频	226
46		建筑物沉降观测	视频	245
47		建筑物倾斜、裂缝观测	视频	250

目 录
CONTENTS

项目一 工程测量基本知识 ········· 001

    任务一 认识建筑工程测量 ········· 002

    任务二 地面点位的确定 ········· 006

    任务三 用水平面代替水准面的限度 ········· 011

    任务四 测量工作的基本原则 ········· 014

项目二 水准测量 ········· 018

    任务一 水准测量基本知识 ········· 019

    任务二 水准测量仪器 ········· 023

    任务三 水准测量外业工作 ········· 036

    任务四 水准测量内业处理与误差分析 ········· 042

项目三 角度测量 ········· 053

    任务一 角度测量 ········· 054

    任务二 角度测量仪器 ········· 056

    任务三 水平角测量 ········· 073

    任务四 竖直角测量 ········· 080

项目四 距离测量 ········· 090

    任务一 钢尺量距 ········· 091

    任务二 视距测量 ········· 100

    任务三 直线定向与坐标正反算 ········· 105

    任务四 光电测距 ········· 110

项目五 全站仪及GNSS测量原理 ········· 117

    任务一 全站型电子速测仪原理与使用 ········· 118

    任务二 GNSS（全球导航卫星系统） ········· 122

项目六　小地区控制测量 ·· 130
　　任务一　控制测量概述 ·· 131
　　任务二　导线测量 ·· 133
　　任务三　GNSS 平面控制测量 ·· 143
　　任务四　交会测量 ·· 152
　　任务五　三角高程测量 ·· 154
　　任务六　三、四等水准测量 ·· 156

项目七　大比例尺地形图测绘与应用 ·· 162
　　任务一　地形图的测绘 ·· 163
　　任务二　数字化测图 ··· 171
　　任务三　地形图的识读与应用 ·· 180

项目八　施工测量 ·· 185
　　任务一　施工测量基本工作 ·· 186
　　任务二　点平面位置的测设 ·· 196

项目九　建筑施工测量 ··· 207
　　任务一　建筑施工控制测量 ·· 208
　　任务二　民用建筑施工测量 ·· 216
　　任务三　工业建筑施工测量 ·· 235
　　任务四　建筑物变形监测 ··· 245
　　任务五　竣工测量 ·· 256

项目十　道路与桥梁测量 ·· 264
　　任务一　道路测量 ·· 265
　　任务二　桥梁工程施工测量 ·· 291

参考文献 ··· 305

项目一

工程测量基本知识

项目一		工程测量基本知识		建议学时	2
任务描述					
了解测量学的研究对象及建筑工程测量的三项任务；理解测量工作的基准面和基准线；理解用水平面代替水准面的限度；掌握地面点位的确定方法，包括地面点的坐标和高程的表示方法；掌握测量的基本工作和测量工作的基本原则					
学习目标					
完成本学习项目工作任务后，学生应当能够： 1. 掌握工程测量的基本概念、任务与作用； 2. 理解水准面、大地水准面、地理坐标系、独立平面直角坐标系、绝对高程、相对高程和高差的概念； 3. 了解用水平面代替水准面的限度、测量工作的组织原则和程序以及本课程的学习方法					
提交材料					
1. 每个任务的学习笔记； 2. 学习情况反馈表（附表1）					
学业评价形式及标准					
每位学生独立完成学习内容和工作任务，以百分制分数对个人单独评价					
序号	考核要求	分数	评分标准		得分
1	遵守纪律，能按时独立完成工作任务	15	在该情境安排的学时结束时没完成工作任务的，每延迟2学时扣5分，直至扣完为止，延迟超过1天本单项成绩评0分		
2	了解建筑工程测量的任务	15	正确15分；基本正确13分；有缺陷10分；不正确0分		
3	了解测量工作的基准线和基准面	15	正确15分；基本正确13分；有缺陷10分；不正确0分		
4	掌握地面点位确定方法	15	正确15分；基本正确13分；有缺陷10分；不正确0分		
5	了解用水平面代替水准面的限度	20	正确20分；基本正确16分；有缺陷12分；不正确0分		
6	掌握测量的基本工作和测量工作的基本原则	20	正确20分；基本正确16分；有缺陷12分；不正确0分		
合计					

任务一　认识建筑工程测量

任务目标

（1）认识建筑工程测量；
（2）理解测量学的基本知识。

一、测量学的基本知识

（一）准备与计划

> **引导**1：同学们了解什么是测量吗？测量工作可以参与到身边的哪些项目中呢？

建筑工程测量属于_____的范畴，是测量学的一个组成部分。它是研究建筑工程在_____、_____和_____各阶段所进行的各种测量工作的理论和技术的学科。

> **引导**2：测量学是一门综合学科，测量学按照研究范围、研究对象及其采用的技术手段不同，可以分为哪些分支呢？

测量学是一门综合学科，测量学按照研究范围、研究对象及其采用的技术手段不同，可分为_____、_____、_____、_____、_____。

知识链接

测量学是研究整个地球的形状和大小以及确定地面点位关系的一门学科。研究对象主要是地球和地球表面上的各种物体，包括它们的几何形状及空间位置关系。测量学将地表物体分为地物和地貌。地物是地球表面上各种自然物体和人工建筑物；地貌是指地势高低起伏的形态。地物和地貌统称为地形。

测量学的分类：

1. 大地测量学

大地测量学是研究整个地球的形状、大小和外部重力场及其变化、地面点的几何位置，解决大范围的控制测量工作。大地测量学是测量学各分支学科的理论基础，它的主要任务是为测制地形图和工程建设提供基本的平面控制和高程控制。按照测量手段的不同，大地测量学又分为常规大地测量学、空间大地测量学及物理大地测量学等。

2. 普通测量学

普通测量学是研究地球表面一个较小的局部区域的形状和大小。由于地球半径很大，就可以把球面当成平面看待而不考虑地球曲率的影响。普通测量学的主要任务是图根控制网的建立、地形图的测绘及工程的施工测量。

3. 工程测量学

工程测量学是研究工程建设在规划设计、施工和运营管理各个阶段所进行的各种测量工作。工程测量学的主要任务就是这3个阶段所进行的各种测量工作。

工程测量学是一门应用学科,按其研究对象可分为:建筑、水利、铁路、公路、桥梁、隧道、地下、管线(输电线、输油管)、矿山、城市和国防等工程测量。

4. 摄影测量与遥感

摄影测量与遥感技术主要是利用摄影或遥感技术来研究地表形状和大小的科学。其主要任务是将获取地面物体的影像,进行分析处理后建立相应的数字模型或直接绘制成地形图。根据影像获取方式的不同,摄影测量又分为地面摄影测量和航空摄影测量等。

5. 制图学

制图学主要是利用测量所获得的成果资料,研究如何投影编绘成图,以及地图制作的理论、方法和应用等方面的科学。

测量学各分支学科之间相互渗透、相互补充、相辅相成。本课程讲述的主要内容就属于普通测量学和工程测量学的范畴。

 知识链接

什么是测量工作基准面和基准线

在地面上进行测量工作应掌握重力、铅垂线、水准面、大地水准面、参考椭球面的概念和关系。

由于地球的自转运动,地球上任一点都要受到离心力和地球引力的双重作用,这两个力的合力称为重力。重力的方向线称为铅垂线,铅垂线是测量工作的基准线。设想一个静止的海水面向陆地延伸通过大陆和岛屿形成一个包围地球的闭合曲面,这个曲面就称为水准面。水准面是一个处处与铅垂线垂直的连续曲面,由于海水受潮汐的影响,海水面有高有低,所以水准面有无数个,其中与平均海水面相吻合的水准面,称为大地水准面(见图 1-1)。

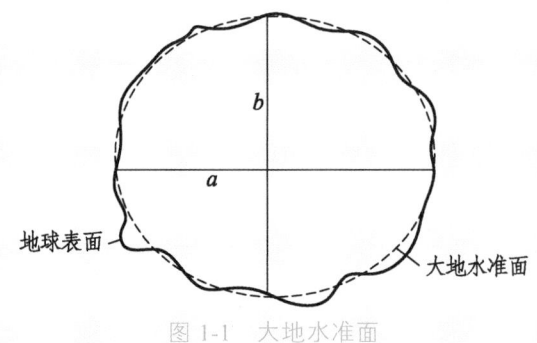

图 1-1 大地水准面

(二)决策与实施

➢ **引导 3**:各小组推荐代表进行汇报,教师讲评,明确测量学的分支有哪些。

> **引导** 4：依据测量学的具体内容，以小组为单位，汇报在如今本学科所适用的产业方向有哪些。

（三）检查与评价

> **引导** 5：各小组讨论，由小组代表发言，陈述自己关于工程测量技术感兴趣的方向。

二、建筑工程测量的任务与内容

（一）准备与计划

> **引导** 1：建筑工程测量的任务都有哪些？

测量学的任务包括_____和_____两方面。_____是将地球表面上的地物和地貌缩绘成各种比例尺的地形图；_____是将图纸上设计好的建筑物的位置在地面上标定出来，作为施工的依据。

建筑工程测量的基本任务

知识链接

建筑工程测量属于工程测量的范畴，是测量学的一个组成部分。它是研究建筑工程在勘测设计、施工建设和运营管理各阶段所进行的各种测量工作的理论和技术的学科。其任务主要有以下 3 个方面。

1. 地形图测绘

要进行勘测设计，必须要有设计底图。而该阶段测量工作的任务就是为勘测设计提供地形图，进行地形图测绘，也即测定。地形图测绘是使用各种测量仪器和工具，按一定的测量程序和方法，将地面上局部区域的各种地物和地势的高低起伏形态、大小，按规定的符号及一定的比例缩绘在图纸上，供工程建设使用。

2. 施工放样

在工程施工建设之前，测量人员要根据设计和施工技术的要求把建筑物的平面位置和高程在地面上标定出来，作为施工建设的依据，这步工作即为测设。施工放样是联系设计和施工的桥梁，一般来讲，需要较高的精度。

3. 变形监测

在建筑物施工过程中，要进行变形监测，以指导和检查工程的施工，确保施工的质量符合设计的要求；在建筑物建成后的运营管理阶段，也要进行变形监测，对建筑物的稳定性及变化情况进行监督测量，了解其变形规律，以确保建筑物的安全。因此，从事工程建设的工程技术人员，必须掌握工程测量的基本知识和技能。

（二）决策与实施

> **引导**2：各小组推荐代表进行汇报，描述地球的基本形状。

> **引导**3：测量工作的基准面和基准线如何确定？

（三）检查与评价

> **引导**4：各小组推荐代表对工程测量专业如今的发展方向进行汇报，教师讲评。

三、建筑工程测量现状和发展方向

（一）准备与计划

> **引导**1：现代工程测量已经远远突破了仅仅为工程建设服务的概念，它不但涉及工程的静态、动态几何与物理量的测定，而且包括对测量结果的分析，甚至对物体发展变化的趋势预报。

> **知识链接**
>
> 在工程测量中，运用图像进行表现，不但简单易行，而且精度高、效果好、便于存储处理。

（二）决策与实施

> **引导**2：以小组为单位，讨论工程测量从仪器设备到测量技术手段，都有哪些可以体现如今工程测量技术的发展趋势。

> **引导**3：请同学们分小组讨论，总结如今工程测量发展的趋势是什么。

（三）检查与评价

> **引导**4：小组互评，教师总结。

任务二 地面点位的确定

任务目标

（1）认识地球的形状和大小；
（2）理解和掌握确定地面点位的方法。

一、认识地球的形状和大小

（一）准备与计划

> 引导 1：地球的形状和大小是什么样的？同学们有多少了解？

地球是一个_____，赤道_____，平均半径约为_____km 的_____。测量工作是在_____进行的，是一个_____的曲面。

地表上最高的珠穆朗玛峰高达 8 848.86 m。最深的马里亚纳海沟深达 11 022 m。地表的高低起伏约 20 km。虽然如此，但与地球的半径 6 371 km 比较起来仍是可以忽略不计的。通过长期的测绘工作和科学调查，人们了解到地球表面上海洋面积约占 71%，陆地面积约占 29%，因此，可以认为地球的形状是被海水所包围的球体。

知识链接

参考椭球体是由一椭圆绕其短半轴旋转而成的椭球体，如图 1-2 所示。椭圆的长半径 a、短半径 b、扁率 $\alpha\left(\alpha=\dfrac{a-b}{a}\right)$ 是决定旋转椭球体的形状和大小的 3 个要素。目前，我国采用国际大地测量协会推荐的 1975 地球椭球体（IAG-75），参数 a = 6 378 140 m，α = 1 : 298.257，b = 6 356 755.288 m。

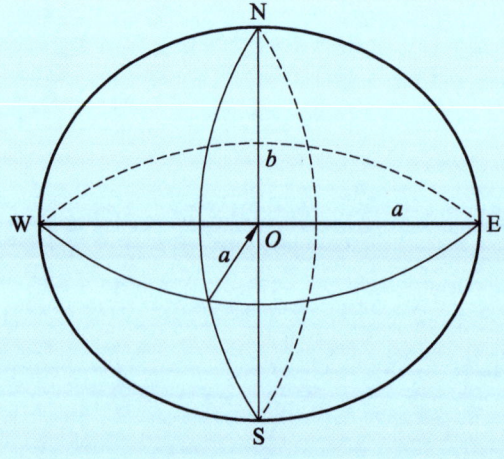

图 1-2 参考椭球体

（二）决策与实施

> **引导** 2：以小组为单位，查询相关资料，描述地球形状。

（三）检查与评价

> **引导** 3：小组成员互评，对其他组引导 2 的内容进行打分。

二、确定地面点的位置

（一）准备与计划

> **引导** 1：确定地面点位至少需要哪些要素？

测量工作的基本任务是确定地面点的_____。确定地面点的空间位置需要_____个要素，通常是确定地面点在基准面（参考椭球面）上的_____，即地面点的_____；以及地面点到基准面（大地水准面）的铅垂距离，即_____。

地面点位的确定

> **引导** 2：常用的坐标系统都有哪些？请举例说明。

在测量工作中，地面点的坐标通常有下面几种表示方法。

1. 地理坐标

地理坐标是在大区域内确定地面点的位置，以球面坐标来表示点的坐标，用经度和纬度表示地面点在旋转椭球面上的位置。如图 1-3 所示，NS 为椭球的旋转轴，N 表示北极，S 表示南极。通过椭球旋转轴的平面为子午面，其中通过英国格林尼治天文台的子午面称为起始子午面。自起始子午面起，向东 0°~180°称为东经，向西 0°~180°称为西经。通过椭球中心且与椭球旋转轴正交的平面称为赤道。从赤道起向北 0°~90°称为北纬，向南 0°~90°称为南纬。我国地处北半球，各地的纬度都是北纬。图 1-3 中 M 点的地理坐标为东经 115°30′，北纬 46°20′。

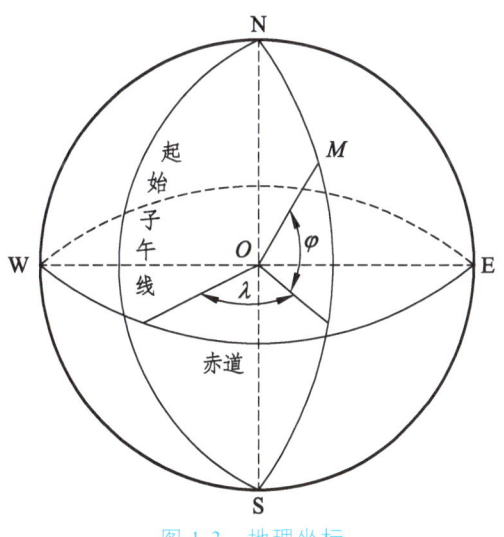

图 1-3　地理坐标

2. 独立平面直角坐标

在小区域进行测量工作，可以将该测区内大地水准面当平面，即直接将地面点沿铅垂线投影到水平面上，如图 1-4 所示。测量中所用的平面直角坐标与数学中的笛卡儿平面直角坐标基本相同。如图 1-5 所示，原点一般选在测区西南以外，将坐标系的 x 轴选在测区西边，将 y 轴选在测区南边，使测区内部点坐标均为正值，以便于计算。纵轴为 x 轴，与南北方向一致，向北为正，向南为负；横轴为 y 轴，与东西方向一致，向东为正，向西为负。这是由于测量工作中表示方向时是以北方向为标准按顺时针方向计算的角度。此外，为了使平面三角数学公式都可以在测量计算中应用，象限按顺时针方向编号。

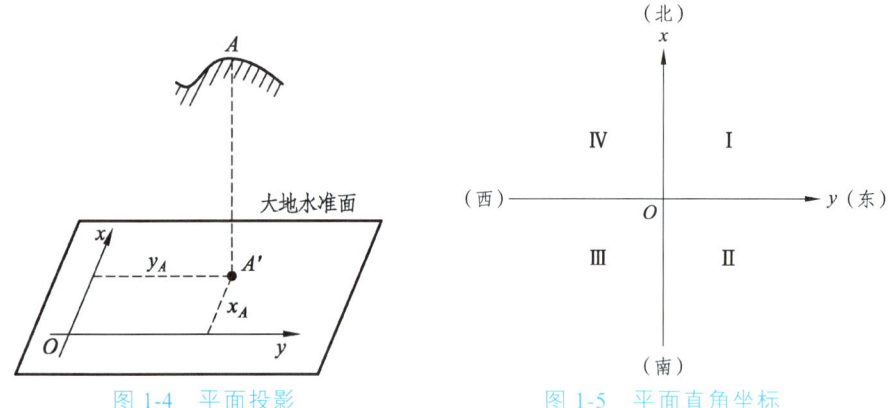

图 1-4　平面投影　　　　　　图 1-5　平面直角坐标

3. 高斯平面直角坐标

当测区范围较大时，不能用水平面代替球面，应将地面点投影到椭球面上，所以必须按适当的投影方法，建立统一的平面直角坐标系。

投影的方法很多，我国现采用的是高斯-克吕格投影方法。它是由德国测量学家高斯于 1825 年至 1830 年首先提出的，到 1912 年由德国测量学家克吕格推导出实用的坐标投影公式。

高斯投影的方法如图 1-6 所示，将地球视为一个圆球，设想用一个横圆柱体套在地球外面，并使横圆柱的轴心通过地球的中心，横圆柱的中心轴通过地球中心并与地轴 NS 垂直。让圆柱面与圆球面上的某一子午线（该子午线称为中央子午线）相切，然后按照一定的数学法则，将中央子午线东西两侧球面上的图形投影到圆柱面上，再将横圆柱面沿过南、北极点的母线剪开，展成平面，即可得投影面到平面上的图形，这就构成了高斯平面直角坐标系，如图 1-7 所示。

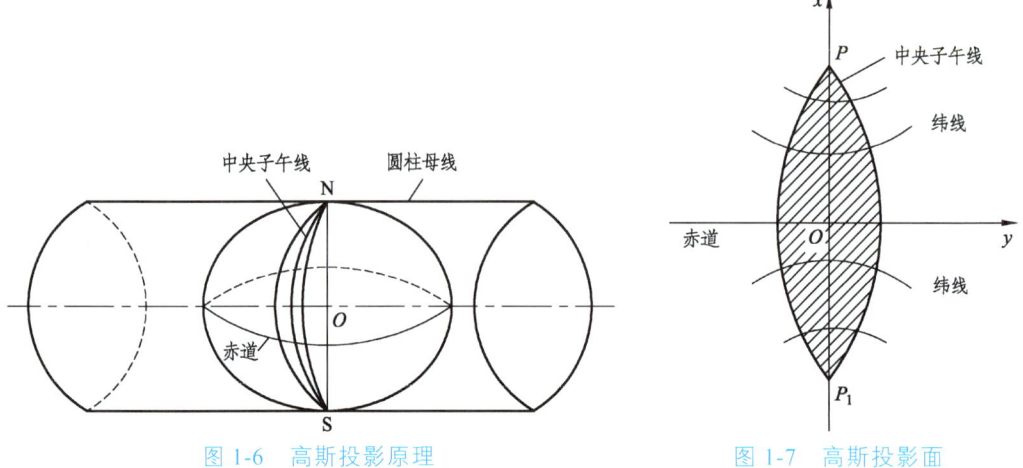

图 1-6　高斯投影原理　　　　　　图 1-7　高斯投影面

知识链接

高斯投影的分带规则

为了使变形限制在允许范围内,高斯投影按一定经差将地球椭球面划分成若干投影带,投影带的宽度以相邻两个子午线的经差来划分,带的宽度一般有6°、3°和1.5°等几种。如图1-8所示,6°带是从0°子午线起每隔经差6°自西向东分带,将整个地球分成60个投影带,用1~60顺序编号。6°带中任意带的中央子午线经度 L 与投影带号 N 的关系为:$L=6N-3$;反之,已知地面任一点的经度 L,要计算该点所在的6°带编号的公式为:

$$N = \text{Int}\left(\frac{L+3}{6} + 0.5\right)$$

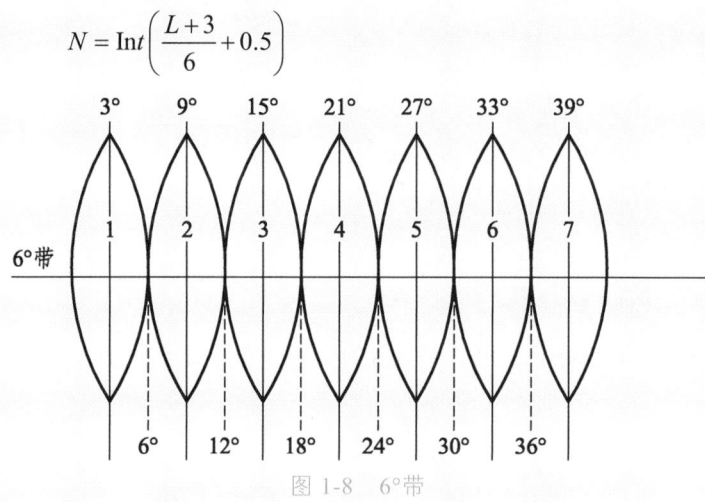

图1-8 6°带

当要求变形更小时,还可以按经差3°或1.5°划分投影带。3°带是在6°的基础上划分的,其中央子午线在奇数带时与6°带中央子午线重合,每隔3°为一带,共120带,各带中央子午线经度 L 与投影带号 N 的关系为:$L=3N$,如图1-9所示。

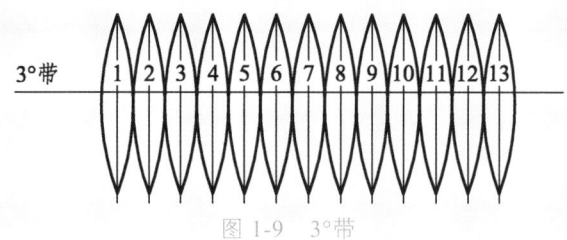

图1-9 3°带

> **引导3**:除了平面坐标,还需要高程这一要素,才能确定点的具体位置。

1)绝对高程

地面上某点到大地水准面的_____,称为该点的_____,又称海拔,一般用 H 表示,如图1-10所示。地面上 A、B 两点的绝对高程分别为_____、_____。由于受海潮、风浪等影响,海水面的高低时刻在变化,我国的高程是以青岛验潮站历年记录的黄海_____为基准,并在青岛建立了国家_____。我国最初使用

"_____",其国家水准原点高程为 72.289 m,该高程系统自 1987 年废止并起用"1985 年国家高程基准",原点高程为 72.260 m。在使用测量资料时,一定要注意新旧高程系统以及系统间的正确换算。

2)相对高程

在局部地区特殊条件下,不需要和国家高程系统联系,也可以采用一个假设水准面为高程起算面。地面上某点到假设水准面的铅垂距离,称为该点的假定高程或相对高程,如图 1-10 中 A、B 两点的相对高程分别为 H_A、H_B。

3)高 差

两点的高程之差称为高差,一般用 h 表示。图 1-10 中 A、B 两点的高差为 h_{AB}。地面上两点的高差与高程起算面无关,只与两点的位置有关。

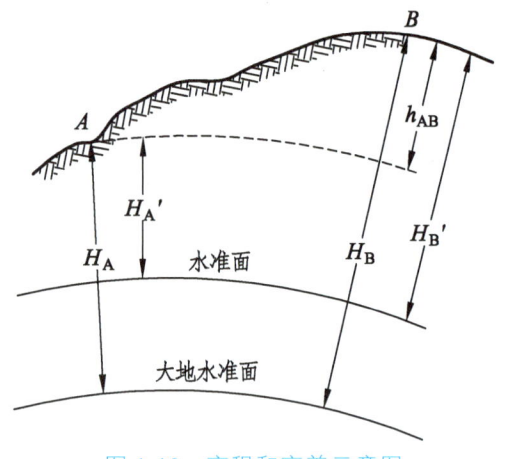

图 1-10 高程和高差示意图

$$h_{AB} = H'_B - H'_A = H_B - H_A \qquad (1\text{-}1)$$

当 h_{AB} 为正时,B 点高于 A 点;当 h_{AB} 为负时,B 点低于 A 点。

(二)决策与实施

➤ **引导**4:以小组为单位,根据本节内容,讨论各种坐标系统的特点,分别思考各自适用的范围,完成表 1-1。

表 1-1 坐标系统的认识

序号	坐标系统	特点
1	地理坐标	
2	独立平面直角坐标	
3	高斯平面直角坐标	
4	施工坐标系	

(三)检查与评价

➤ **引导**5:小组成员互相检查,检查对方对表 1-1 坐标系统的认识是否正确,小组之间完成互评。

三、地面点位的测量方法

（一）准备与计划

> **引导**1：在工程测量中，如何有效地确定地面点位？方法有哪些？

 知识链接

地面点位就是指地面上该点所处的三维空间坐标，即 X、Y、Z 坐标，常用的方法包括：

（1）全站仪测量点位。
（2）GPS 接收机测量点位。
（3）通过经纬仪测量角度、距离来计算地面上的点位。

（二）决策与实施

> **引导**2：以小组为单位，查阅资料，了解如今有哪些技术手段可以确定地面点位置。

> **引导**3：请同学们分小组讨论，确定地面点位的技术可以影响大家生活中的哪些方面？

（三）检查与评价

> **引导**4：小组互评，教师总结。

任务三　用水平面代替水准面的限度

 任务目标

（1）了解水平面代替水准面对水平距离的影响；
（2）了解水平面代替水准面对高程的影响。

一、对水平距离的影响

（一）准备与计划

水平面代替水准面的限度

> **引导** 1：当测区范围较小时，可将大地水准面近似当作水平面看待，从而使绘图和计算工作大为简化。那么，什么范围内才允许用水平面代替水准面？

如图 1-11 所示，A、B 为地面上两点，它们在大地水准面上的投影为 a、b，弧长为 D，所对的圆心角为 θ。A、B 两点在水平面上的投影为 a'、b'，其距离为 D'，两者之差 ΔD 即为用水平面代替水准面所产生的误差。

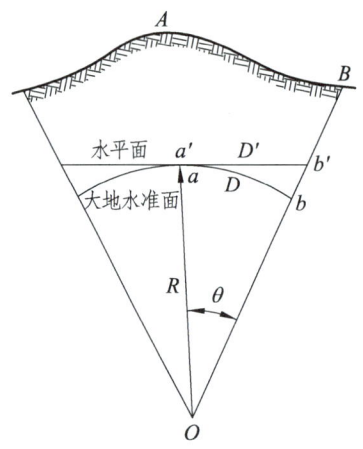

图 1-11 水平面代替水准面的影响

取 $R = 6\ 371$ km，并以不同的 D 值代入式（1-2）和式（1-3），即可求得用水平面代替水准面的距离误差和相对误差，见表 1-2。

$$\Delta D = \frac{D^3}{3R^2} \quad (1-2)$$

$$\frac{\Delta D}{D} = \frac{D^2}{3R^2} \quad (1-3)$$

表 1-2 用水平面代替水准面对距离的影响

距离 D/km	距离误差 ΔD/cm	相对误差 $\Delta D/D$	距离 D/km	距离误差 ΔD/cm	相对误差 $\Delta D/D$
10	0.8	1∶1 220 000	50	102.7	1∶49 000
25	12.8	1∶200 000	100	821.2	1∶12 000

 知识链接

根据表 1-2 中计算，同学们觉得如何把握水平面替换水准面而引起的水平距离方面的误差？

> 当距离为 10 km 时，以水平面代替水准面所产生的距离误差为 1：122 万，小于目前精密距离测量的容许相对误差：$\frac{1}{100\times10^4}$。由此可得出结论：在半径为 10 km 的范围内，地球曲率对水平距离的影响可以忽略不计。对于精度要求较低的测量，还可以扩大到以 25 km 为半径的范围。

（二）决策与实施

> **引导** 2：对于水平距离而言，在多大的范围内可用水平面代替水准面？

> **引导** 3：明确用水平面可以代替水准面的限度，可以在哪些方面帮助我们日常工程建设，举例说明。

（三）检查与评价

> **引导** 4：小组上交思考讨论的结果，由教师逐个点评。

二、对高程的影响

（一）准备与计划

> **引导** 1：前面我们讨论了用水平面代替水准面对水平距离的影响，那同学们思考，是否高程也会相应受到影响？

假设 a、b 两点在同一水准面上，其高差 $h_O = 0$。a'、b' 两点的高差 $h_V = \Delta h$，则 Δh 就是 h 与 h_a 的差，即 Δh 为水平面代替水准面所产生的高差误差。

$$(R+\Delta h)^2 = R^2 + D'^2 \tag{1-4}$$

化简得
$$\Delta h = \frac{D'^2}{2R+\Delta h} \tag{1-5}$$

式（1-5）中，可用 D 代替 D'，同时 Δh 与 $2R$ 相比可略去不计，故式（1-5）可写为：

$$\Delta h = \frac{D^2}{2R} \tag{1-6}$$

以不同距离 D 代入式（1-6），即得相应的高差误差值，列于表 1-3 中。

表 1-3　用水平面代替水准面对高差的影响

D/m	100	200	500	1 000
Δh/mm	0.8	3.1	19.6	78.5

由表 1-3 可知，当距离为 100 m 时，高差误差接近 1 mm，这对高程测量来说影响很大，所以在进行高程测量时，必须考虑地球曲率对高程的影响。

（二）决策与实施

➢ **引导** 2：对于高程而言，在多大的范围内可用水平面代替水准面？

➢ **引导** 3：对比水平距离和高程受到影响的程度，同学们在今后的工作过程中，需要注意些什么？

（三）检查与评价

➢ **引导** 4：小组上交思考讨论的结果，由教师逐个点评。

任务四　测量工作的基本原则

 任务目标

（1）掌握测量工作的基本原则；
（2）了解水平面代替水准面对高程的影响。

（一）准备与计划

➢ **引导** 1：测量工作的基本任务是什么？

在测量工作中，地面点的空间位置用坐标和高程来表示，但坐标和高程通常不是直接测定的，而是通过测出待定点与已知点之间的几何关系，观测其他要素后计算得出的。

➢ **引导** 2：测量工作的基本原则是什么？

测量工作中将地球表面复杂多样的形态分为地物和地貌两大类。要在一个已知点上测绘一个测区所有的地物和地貌是不可能的，只能测量其附近的一定范围。如图1-12所示，在测区内选择A、B、C、D等一些有控制意义的点（称为控制点），用精确的方法测定这些点的坐标和高程，然后根据这些控制点分区观测，测定其周围的地物和地貌特征点（称为碎部点）的坐标和高程，最后才能拼成一幅完整的地形图。施工放样也是如此。但无论采用何种方法、使用何种仪器进行测量或放样，都会给其成果带来误差。为了防止测量误差的逐渐传递和累积，要求测量工作必须遵循以下原则：

（1）在布局上遵循"从整体到局部"的原则。测量工作必须先进行总体布置，然后再分期、分区、分项实施局部测量工作，而任何局部的测量工作都必须服从全局的工作需要。

（2）在工作程序上遵循"先控制后碎部"的原则。就是先进行控制测量，测定测区内若干个控制点的平面位置和高程，作为后面测量工作的依据。

（3）在精度上遵循"从高级到低级"的原则。即先布设高精度的控制点，再逐级发展布设低一级的交会点以及进行碎部测量。

同时，测量工作必须进行严格的检核，"前一步工作未做检核不进行下一步测量工作"是组织测量工作应遵循的又一个原则。

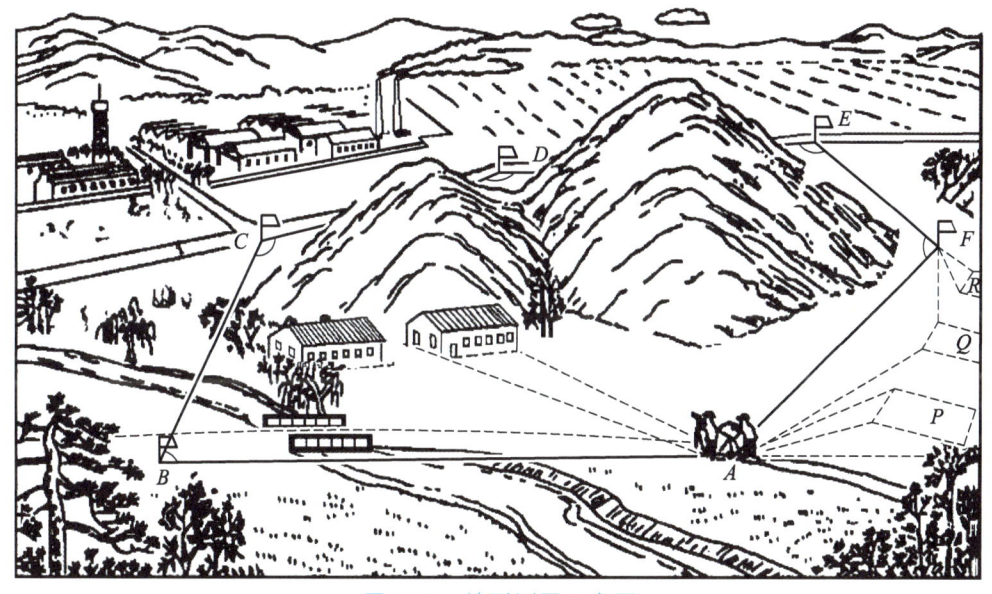

图1-12 地形测图示意图

> **引导**3：如何根据已知点和未知点的关系，计算未知点的坐标？

知识链接

如图1-13所示，设地面点A的坐标和高程已知，要确定B点的位置，需要确定在水平面上B点到A点的水平距离D_{AB}和B点位于A点的方位。图上ab的方向可以用通过a点的指北方向线与ab的夹角（水平角）α表示，有了D和α，B点在图上的平面位置就可以确定。但要进一步确定B点的空间位置，除了B点的平面位置外，还要知道 A、B 两点的高低关系，即 A、B 两点间的高差 h_{AB}，这样 B 点的空间位置就可以唯一确定了。同理，可以确定 C 点的空间位置。由此可知，水平距离、水平角及高差是确定地面点相对位置的 3 个基本几何要素。而角度测量、距离测量和高程测量则是测量的 3 项基本工作。

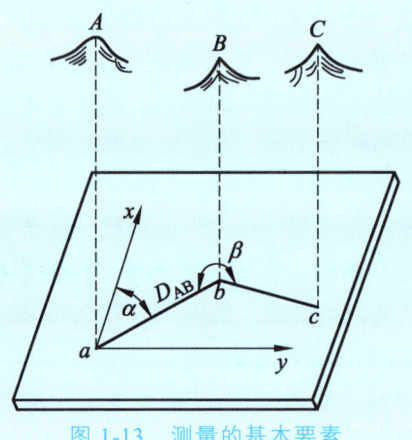

图 1-13　测量的基本要素

（二）决策与实施

> **引导** 4：确定地面点的 3 个基本要素是什么？测量的基本工作有哪些？

> **引导** 5：测量工作的基本原则是什么？

（三）检查与评价

> **引导** 6：小组推举一名同学，回答引导 4 和引导 5 的问题，由小组组长点评。

附表 1

学习情况反馈表

学习任务					
班级		小组编号		负责人	
开始时间		计划完成时间		实际完成时间	
序号	学习记录				
	学习项目		任务内容		备注
1	工作页的填写				
2	独立完成的任务				
3	小组合作完成的任务				
4	教师指导下完成的任务				
5	是否达到了学习目标，能否独立完成工程测量学习任务				
存在的问题及建议					

项目二

水准测量

项目二		水准测量	建议学时	14
任务描述				
水准测量是工程测量的基础，是确定地面点高程的重要方法。 本项目的任务是：在各种工程施工现场，能够通过使用水准测量仪器，按水准测量的方法，得到未知点的高程，并对数据进行精度评定和误差分析				
学习目标				
完成本学习项目工作任务后，学生应当能够： 1. 掌握测定地面点高程的几种方法和原理； 2. 理解在建筑工程测量中被广泛应用的视线高测量方法； 3. 能熟练操作水准仪，掌握水准仪的操作程序以及对仪器的检验校正； 4. 能够准确地对数据进行记录计算和各项检验				
提交材料				
1. 每个任务的测量记录、计算和检核表； 2. 学习情况反馈表（附表1）； 3. 水准测量记录表（附表2）； 4. 水准测量成果整理表（附表3）				
学业评价形式及标准				
每位学生独立完成学习内容和工作任务，以百分制分数对个人单独评价				
序号	考核要求	分数	评分标准	得分
1	遵守纪律，能按时独立完成工作任务	15	在该情境安排的学时结束时没完成工作任务的，每延迟2学时扣5分，直至扣完为止，延迟超过1天本单项成绩评0分	
2	水准测量基础知识	10	正确10分；基本正确8分；有缺陷6分；不正确0分	
3	水准测量仪器与工具	10	正确10分；基本正确8分；有缺陷6分；不正确0分	
4	水准仪的操作	15	正确15分；基本正确13分；有缺陷10分；不正确0分	
5	水准仪的检验与校正	10	正确10分；基本正确8分；有缺陷6分；不正确0分	
6	水准测量方法	15	正确15分；基本正确13分；有缺陷10分；不正确0分	
7	水准测量成果整理	15	正确15分；基本正确13分；有缺陷10分；不正确0分	
8	水准测量误差	10	正确10分；基本正确8分；有缺陷6分；不正确0分	
合计				

任务一　水准测量基本知识

🏆 任务目标

（1）了解高程测量常用的方法；
（2）理解水准测量原理；
（3）理解后视、前视、视线高的含义和区别；
（4）掌握高差法、仪器高法及连续水准测量计算未知点高程的方法。

（一）准备与计划

➤ **引导 1**：高程是确定地面点位置的要素之一，在建筑工程地形图测绘、地质勘测、工程施工、竣工验收以及建筑变形监测过程中，高程测量都是十分重要的工作之一，在工程建设的设计、施工与管理阶段都具有十分重要的作用。如何测定地面某点高程？

水准测量原理

1. 高程测量

高程测量是根据一点的_____测定该点与未知点的_____，然后计算出未知点高程的方法。

2. 高程测量的方法

按照所使用的仪器和施测方法，高程测量的方法有_____、_____和_____。

➤ **引导 2**：珠穆朗玛峰（简称"珠峰"）作为世界最高峰，其精确高度一直被人类所关注。精确测定珠峰高程对于研究板块运动和演化、生态环境变化等具有重要意义，也是人类追求科技发展、研究地球、探索自然的象征。近 50 年来，我国单独组织或与其他国家合作，对珠峰一共进行了 7 次大规模的外业测量、数据处理和研究工作，并分别于 1975 年、2005 年和 2020 年正式发布了珠峰高程测量成果。在珠峰高程复测中，采用了卫星大地测量、GPS 测量、精密水准测量、重力测量、三角测量、导线测量、雪深雷达探测等多项现代测量技术，测定了迄今为止世界上最准确的珠峰高程。其中水准测量是珠峰高程测量的重要手段。

如图 2-1 所示，地面上现有 A、B 两点，已知 A 点的高程 H_A，如何测知 B 点高程？

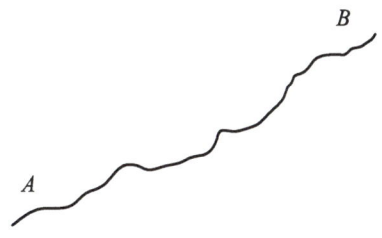

图 2-1　地面 A、B 点示意图

1. 水准测量

如图 2-2 所示，水准测量是利用_____提供一条_____，借助竖立在地面点上的_____，直接测定地面上各点之间的_____，然后根据其中一点的已知高程推算其他各点的_____。

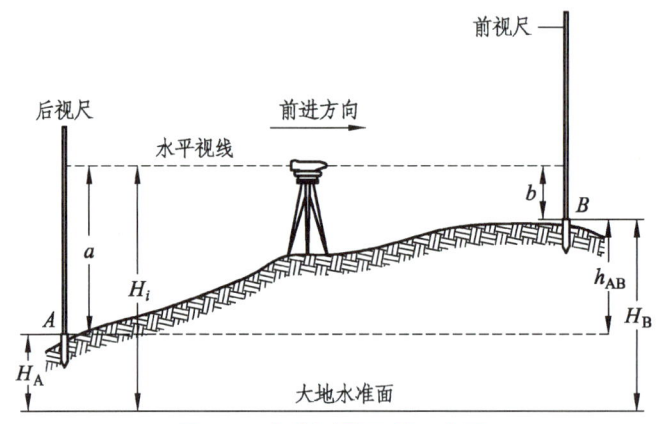

图 2-2　水准测量原理示意图

2. 高差法计算高程

（1）设已知 A 点高程为 H_A，用水准测量方法求未知点 B 的高程 H_B。在 A、B 两点中间安置_____，并在 A、B 两点上分别竖立_____，根据水准仪提供的水平视线在 A 点水准尺上读数为 a，在 B 点水准尺上读数为 b，则 A、B 两点间的高差为_____。

（2）设水准测量是由 A 点向 B 点进行，如图 2-2 中箭头所示，则规定 A 点为_____，其水准尺读数 a 为_____读数；B 点为_____，其水准尺读数 b 为_____读数。由此可见，两点之间的高差一定是"_____"减"_____"。

（3）如果 $a>b$，则高差 h_{AB} 为_____，表示 B 点比 A 点_____；如果 $a<b$，则高差 h_{AB} 为_____，表示 B 点比 A 点_____。

（4）在计算高差 h_{AB} 时，一定要注意 h_{AB} 的下标 AB 的写法：h_{AB} 表示____点至____点的高差，h_{BA} 则表示____点至____点的高差，两个高差应该是绝对值____而符号____，即 $h_{AB} = $ _____。

（5）利用以上高差计算高程的方法，称为_____。

（6）用高差法测得 A、B 两点之间的高差 h_{AB} 后，则未知点 B 的高程 H_B 为：

$H_B = $ _____。

3. 视线高法计算高程

（1）如图 2-2 所示，A 点的高程加上后视读数等于水准仪的_____，简称视线高程，设 H_i，即 $H_i = $ _____。

则 B 点的高程等于_____减去_____，即 $H_B = $ _____。

（2）用视线高程计算 B 点高程的方法，称为_____。当需要安置一次仪器测得多个前视点高程时，利用_____比较方便。

知识链接

水准测量：利用水准仪提供的水平视线，对竖立在两点上的水准尺读数，以测定两点间的高差，从而由已知点的高程推算未知点的高程。

➤ **引导** 3：当两点相距较远（见图 2-3）或高差较大（见图 2-4）时，如何根据已知点高程测定未知点高程？

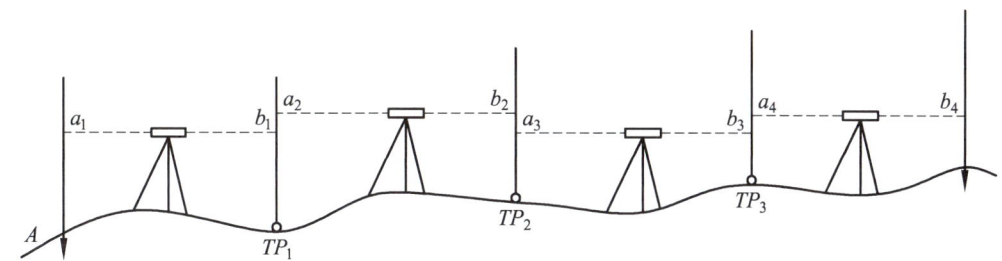

图 2-3　两点距离较远示意图

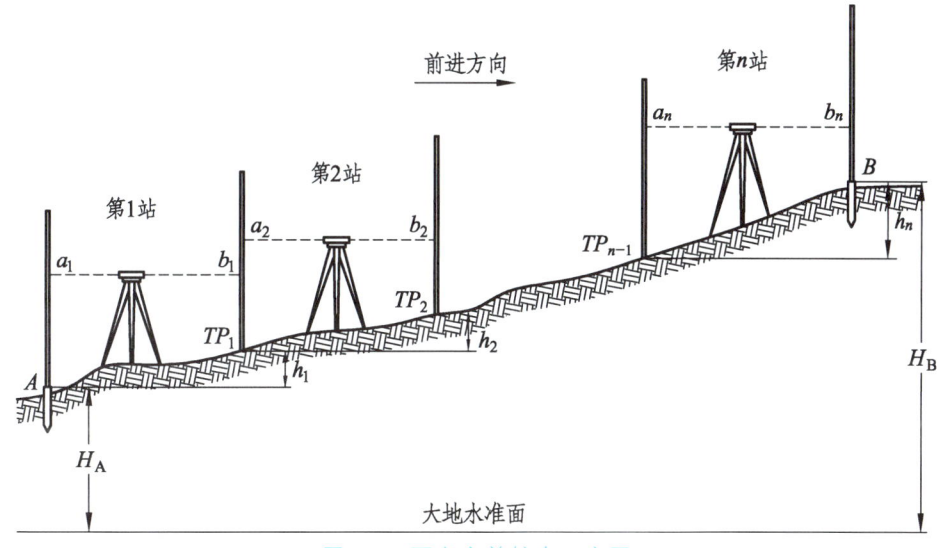

图 2-4　两点高差较大示意图

1. 转　点

在实际水准测量中，A、B 两点间高差可能较大或相距较远，不可能安置一次（一测站）水准仪即能测定两点间的高差。此时可在沿 A 点至 B 点的水准路线上增设若干个必要的_____，称为转点。A、B 两点间水准路线上增设的转点起着_____的作用。

2. 连续水准测量

根据水准测量原理一次连续地在两个立尺点中间安置水准仪来测定_____，最后取各个测站高差的_____，即求得两点间的_____，这种方法称为连续水准测量。

3. 连续水准测量高差计算

如图 2-4 所示，已知 A 点高程，如何求 h_{AB}？

4. 连续水准测量高程计算

根据上述高差的推算公式，未知点 B 的高程为：$H_B = $ _____。

5. 连续水准测量注意事项

为了保证高程传递的正确性，在连续水准测量过程中，不仅要选择_____的地方作为转点位置（宜安放尺垫），而且在相邻测站的观测过程中，要保持转点（尺垫）_____；同时要尽可能保持各测站的前后视距_____；还要尽可能通过调节_____保持整条水准路线中的_____之和与_____相等。这样有利于消除（或减弱）_____和_____某些误差对高差的影响。

> **知识链接**
>
> 在 A 点至 B 点水准路线上增设 $n-1$ 个临时立尺点（转点）$TP_1 \sim TP_{n-1}$，安置 n 次水准仪，依次连续地测定相邻两点间高差 $h_1 \sim h_n$，即
>
> $$h_1 = a_1 - b_1$$
> $$h_2 = a_2 - b_2$$
> $$\vdots$$
> $$H_n = a_n - b_n$$
>
> 则
>
> $$h_{AB} = h_1 + h_2 + \cdots + h_n = \sum h = \sum a - \sum b$$
>
> 式中，$\sum a$ 为后视读数之和，$\sum b$ 为前视读数之和。

（二）决策与实施

> **引导 4**：各小组推荐代表进行汇报，教师讲评，明确水准测量原理。

> **引导 5**：依据水准测量原理，以小组为单位完成以下两个案例。

【案例 1】设 A 点高程为 101.352 m，当后视读数为 1.154 m，前视读数为 1.328 m 时，问高差是多少？待测点 B 的高程是多少？

【案例 2】已知 $H_A = 417.502$ m，$a = 1.384$ m，前视 B_1、B_2、B_3 各点的读数分别为：$b_1 = 1.468$ m，$b_2 = 0.974$ m，$b_3 = 1.384$ m，试用仪器高法计算出 B_1、B_2、B_3 点高程。

（三）检查与评价

➤ **引导**6：小组成员互相检查，检查对方小组水准测量计算方法是否正确，计算过程是否完整，小组之间完成互评。

➤ **引导**7：各小组推荐代表进行案例计算结果的汇报，教师讲评。

任务二　水准测量仪器

 任务目标

（1）认识 DS_3 型微倾式水准仪的基本构造，熟悉各部件的作用；
（2）能正确安置水准仪，瞄准、读取水准标尺的四位读数；
（3）掌握水准仪的使用方法；
（4）掌握水准仪各主要轴线之间应满足的关系；
（5）熟悉水准仪检验校正的项目；
（6）掌握水准仪每个项目的检验和校正方法。

一、水准测量仪器与工具

（一）准备与计划

➤ **引导**1：测量仪器精密贵重，是测量人员的必备工具，任何仪器的损坏、丢失，不但造成较大的经济损失，而且会直接影响到工程建设的质量和进度。

水准测量所使用的仪器为水准仪，如图 2-5 所示，以 DS_3 水准仪为例，水准仪由望远镜、水准器和基座 3 部分组成，各部分分别由什么组成？有什么作用？

水准测量的
仪器和工具

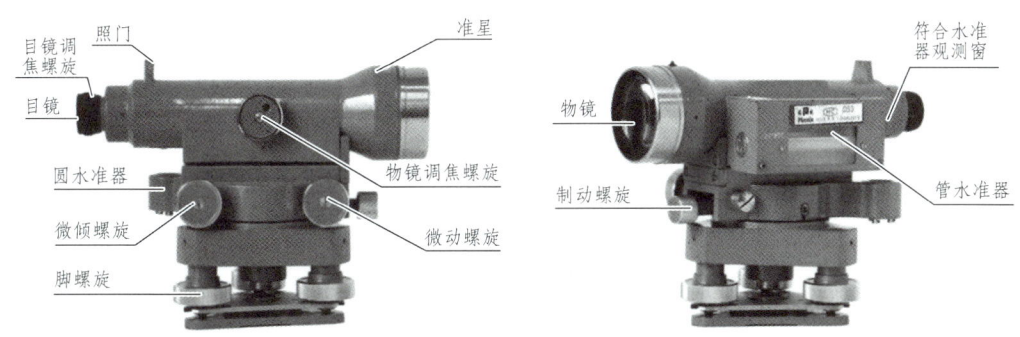

图 2-5　DS_3 水准仪

1. 望远镜

（1）望远镜是水准仪上的重要部件，用来瞄准远处的_____进行读数，它由_____、_____、_____、_____和_____组成，如图 2-6 所示。望远镜的放大率一般在 20 倍以上。

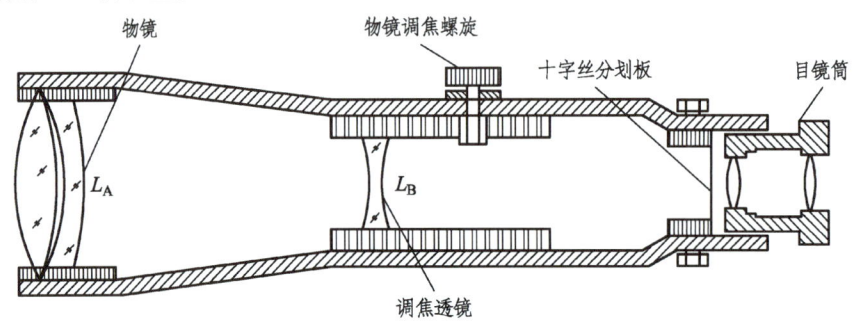

图 2-6　望远镜组成

（2）物镜由两片以上的透镜组成，作用是与调焦透镜一起使远处的目标成像在十字丝平面上，形成缩小的实像。旋转调焦螺旋，可使不同距离目标的成像清晰地落在十字丝分划板上，此操作称为_____。

（3）目镜也是由一组复合透镜组成，其作用是将物镜所成的实像连同十字丝一起放大成虚像，转动目镜旋钮，可使十字丝影像清晰，此称_____。

（4）十字丝分划板是安装在镜筒内的一块光学玻璃板，上面刻有两条互相垂直的十字丝，竖直的一条称为_____，水平的一条称为_____，与横丝平行的上、下两条对称的短丝称为视距丝，用以测定距离，如图 2-7 所示。水准测量时，用_____和_____瞄准目标并读数。

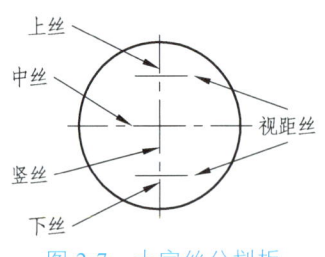

图 2-7　十字丝分划板

（5）物镜光心与十字丝交点的连线称为望远镜的_____。合理操作水准仪后，视准轴的延长线即为水准测量所需要的_____。从望远镜内所看到的目标放大虚像的视角 β 与眼睛直视观察目标的视角 α 的比值，称为望远镜的放大率，一般用 v 表示：

$$v = \frac{\beta}{\alpha}$$

2. 水准器

水准器主要用来整平仪器，指示视准轴是否处于_____，是操作人员判断水准仪是否置平正确的重要部件。普通水准仪通常有_____和_____两种。

1）圆水准器

圆水准器外形如图 2-8 所示。顶部玻璃的内表面为球面，内装有乙醚溶液，密封后留有气泡。球面中心刻有圆圈，其圆心即为圆水准器零点。通过零点与球面曲率中心连线，称为_____。当气泡居中时，该轴线处于_____位置；气泡偏离零点，轴线呈_____状态。气泡中心偏离零点 2 mm 所倾斜的角，称为圆水准器的_____。DS₃型水准仪圆水准器分划值一般为 $\dfrac{8'\sim10'}{2\text{ mm}}$。圆水准器的精度较低，用于仪器的_____整平。

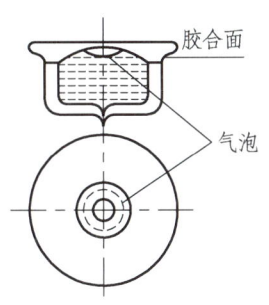

图 2-8　圆水准器

2）管水准器

管水准器又称为水准管，如图 2-9 所示。它是一个管状玻璃管，其纵向内壁磨成一定半径的圆弧，管内装乙醚溶液，加热融封冷却后在管内形成一个气泡。由于气泡较液体轻，气泡恒处于管内最高位置。水准管内壁圆弧的中心点（最高点）为水准管的_____，过零点与圆弧相切的线称_____。当气泡中点处于零点位置时，称气泡_____，这时水准管轴处于_____位置。在水准管上，一般由零点向两侧有数条间隔 2 mm 的分划线，相邻分划线 2 mm 圆弧所对的圆心角，称为水准管的_____，用"τ"表示。

$$\tau=\dfrac{2\rho}{R}$$

式中　R——水准管圆弧半径（mm）；

　　　ρ——弧度的秒值，$\rho=206\,265''$。

水准管分划值越小，灵敏度越_____。DS₃型水准仪水准管的分划值为 20″，记作 $\dfrac{20''}{2\text{ mm}}$。由于水准管的精度较高，因而用于仪器的_____整平。

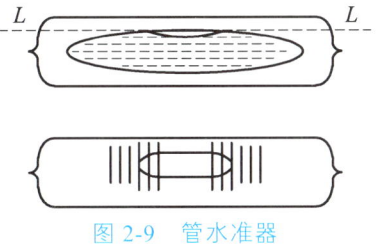

图 2-9　管水准器

3）基　座

基座位于仪器下部，主要由_____、_____和_____等组成。仪器上部通过竖轴插入轴座内，由基座承托。脚螺旋用于调节_____气泡，使气泡居中。连接板通过连接螺旋与_____相连接，如图 2-10 所示。

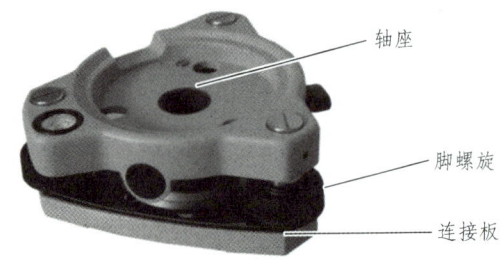

图 2-10　基座

3. 其他组成

水准仪除了上述部分外，还装有_____、_____和_____。拧紧制动螺旋时，仪器固定不动，此时转动微动螺旋使望远镜在水平方向做微小转动，用以_____瞄准目标。微倾螺旋可使望远镜在竖直面内微动，由于望远镜和管水准器连为一体，且_____与_____平行，所以圆水准气泡居中后，转动微倾螺旋使管水准气泡影像符合，即可利用_____读数。

> **知识链接**
>
> 水准仪按其精度分为 DS_{05}、DS_1、DS_3、DS_{10} 几种等级。"D"和"S"是"大地"和"水准仪"的汉语拼音的第一个字母，其下标的数值为水准仪每千米往返误差中数的偶然中误差，以"毫米"计（05 代表 0.5 mm，1 代表 1 mm，以此类推）。DS_{05}、DS_1 级水准仪一般称为精密水准仪，DS_3、DS_{10} 级水准仪一般称为工程水准仪或称为普通水准仪。

▶ **引导 2**：【工程案例】在某新建铁路#116 号墩的墩柱立模标高测量中，由于技术人员缺乏，现场技术人员利用工人扶尺测量（水准尺为铝合金塔尺），待墩柱混凝土浇筑前，现场技术主管进行巡视发现墩柱模板总体高度与图纸所示高度不吻合，遂立即通知现场停工，进行测量复核，最后复核发现墩柱模板总体高度多出 20 cm。因多出的 20 cm 模板位于立模底部，造成所有墩柱模板拆除重新安装，墩柱上部钢筋拆除，重新绑扎。经过测量复核，确定为现场技术人员在利用工人扶尺测量时，有近 20 cm 的水准塔尺没有完全拔出，立模完成后项目部测量组未对模板的标高进行复核，导致测量错误。

水准测量中配水准仪需要使用的工具有水准尺和尺垫，其中水准尺是水准测量中用于高差量度的标尺。

1. 水准尺

如图 2-11 所示为水准尺示意图。水准尺制造用材有优质木材、铝材和玻璃钢等，长度有 2 m、3 m、5 m。根据构造，水准尺又可分为_____和_____两种。

（1）塔尺。

塔尺一般由三节尺身套接而成，不用时，缩在最下一节之内，长度不超过 2 m，如

图 2-11（a）所示。如果把它全部拉出，长度可达 5 m。塔尺携带方便，但连接处常会产生误差，一般用于精度_____的水准测量。

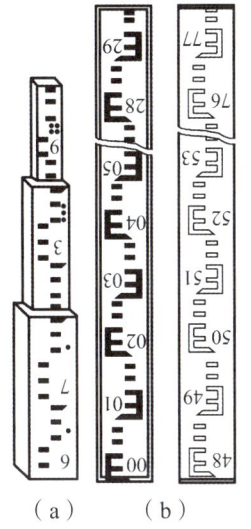

图 2-11　水准尺

（2）双面尺。

如图 2-11（b）所示，水准尺的尺面每隔 1 cm 印刷有黑白或红白相间的分划，每分米处注有数字，数字有正写和倒写两种，分别与水准仪的正像望远镜或倒像望远镜相配合。双面尺的一面为黑白分划，称为"_____"；另一面为红白分划，称为"_____"。黑面尺的尺底端从_____开始注记读数，而红面尺底端从_____开始，称为_____。利用红黑面尺零点差可以对水准读数进行检核，提高水准测量的精度。

2. 尺　垫

1）认识尺垫

如图 2-12 所示为尺垫示意图。尺垫一般由平面为三角形的铸铁制成，下面有三个尖脚，便于踩入土中，使之稳定。上面有一突起的半球形小包，立水准尺于球顶，尺底部仅接触球顶最高的一点，当水准尺转动方向时，尺底的高程_____改变。

图 2-12　尺垫

2）尺垫的作用

尺垫仅在_____处竖立水准尺时使用，防止_____和_____下沉。已知点或待定点_____放尺垫。

➤ **引导** 3：水准测量中有许多地方需要设置转点，如何防止观测过程中尺子下沉而影响读数的准确性？

（二）决策与实施

➢ **引导**4：以小组为单位，根据图 2-13 完成表 2-1 的内容。熟悉 DS_3 型水准仪的构造、各部分的名称、作用和操作方法。

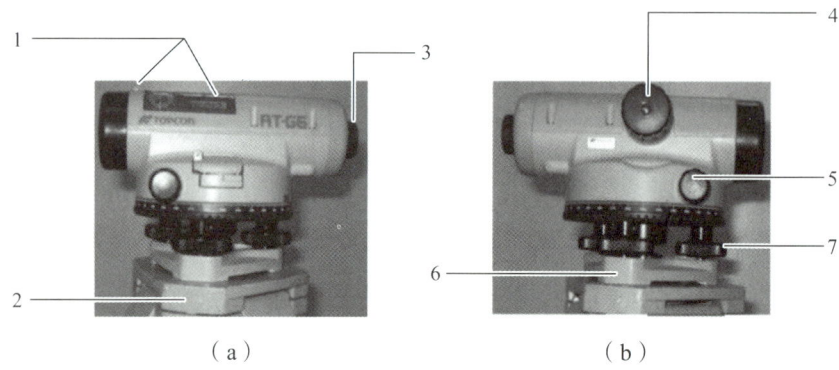

图 2-13　水准仪

表 2-1　认识水准仪

序号	操作部件	作用
1		
2		
3		
4		
5		
6		
7		

➢ **引导**5：在图 2-14 中，水准尺的读数分别是 _____、_____ mm。

 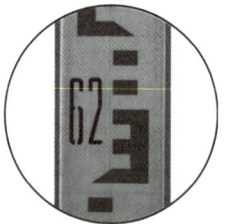

图 2-14　水准尺读数

（三）检查与评价

➢ **引导**6：小组成员互相检查，检查对方小组水准仪认识是否正确，小组之间完成互评。

> **引导** 7：各小组推荐代表进行水准仪读数汇报，教师讲评。

二、水准仪的使用

（一）准备与计划

> **引导** 1：水准测量过程中要使用测量仪器和工具得到两点间的高差，水准仪的基本操作程序是什么呢？

水准仪的
基本操作程序

（二）决策与实施

> **引导** 2：在工程测量过程中，测量地面点的高程，必须正确操作仪器，才能保证测量误差在允许值之内。

1. 安置水准仪

将水准仪架设在两个水准尺中间的程序：松开三脚架架腿的_____，伸缩_____使其高度适中，目估脚架顶面_____，用脚踩实架腿，使架腿_____，再拧紧_____，从仪器箱中取出仪器，旋紧_____，将仪器固定在架顶面上。

2. 粗略整平

图 2-15 为圆水准器气泡居中操作示意图，松开_____，转动仪器，将_____的位置置于两个脚螺旋之间，当气泡中心偏离零点时，用两手同时_____转动 1、2 两个脚螺旋，此时气泡的移动方向与_____相同，使气泡沿 1、2 两螺旋连线的平行线方向_____，然后转动_____脚螺旋，使气泡_____。

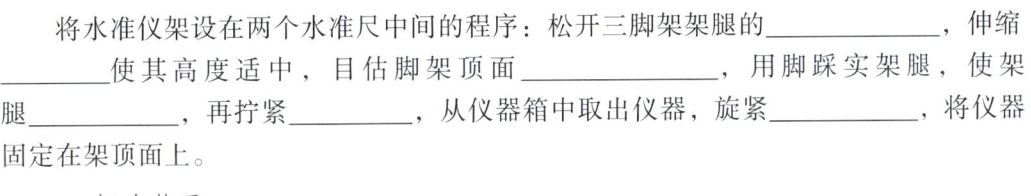

（a）气泡向左移动　　（b）气泡向上移动　　（c）气泡向中心移动

图 2-15　粗略整平过程

3. 照准和调焦

目镜调焦，转动目镜对光螺旋，使_____成像清晰。

初步瞄准，通过望远镜筒上方的_____瞄准水准尺，拧紧制动螺旋。

物镜调焦，转动物镜对光螺旋，使_____的成像清晰，通过_____精确瞄准水准尺。

消除视差，视差会带来_____误差，观测中必须将其_____。

> **知识链接**
>
> 视差：当目镜、物镜对光不够精细时，目标的影像不在十字丝平面上，以致两者不能同时被看清（见图2-16）。
>
> 消除方法：反复仔细地调节物镜、目镜调节螺旋，直到眼睛上下移动时读数不变为止。

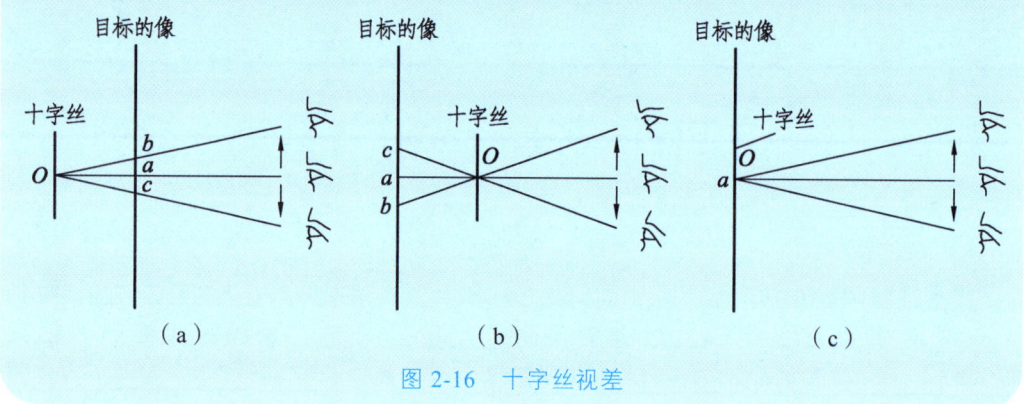

图 2-16 十字丝视差

4. 精确整平

如图 2-17 所示，转动_____螺旋，使气泡两端的影像_____吻合，此时水准管气泡_____，视线即为_____。

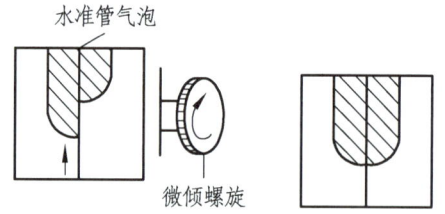

图 2-17 精确整平过程

5. 读　数

如图 2-18 所示，用十字丝_____在水准尺上按从小到大的方向读数，读取米、分米、厘米、毫米（估读数）四位数字。读数为 1.334 m。

（1）水准尺上刻度的最小刻划，读数时，应估读最小刻划的下一位数字。

（2）高程一律以"米"为单位，因此，一般情况下，读数至毫米位即可。

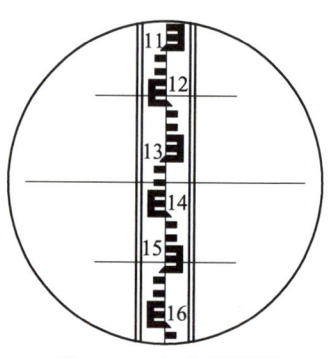

图 2-18 水准尺读数

 **知识链接**

水准仪使用注意事项：

（1）搬运仪器前，须检查仪器箱是否扣好或锁好，提手和背带是否牢固。

（2）取出仪器时，应先看清仪器在箱内的安放位置，以便使用完毕照原样装箱，仪器取出后，应盖好仪器箱。

（3）安置仪器时，注意拧紧架腿螺旋和中心连接螺旋；在测量过程中作业人员不得离开仪器，特别是在建筑工地等处工作时，更须防止意外事故发生。

（4）操作仪器时，制动螺旋不要拧得过紧，转动仪器时必须先松开制动螺旋，仪器制动后，不得用力扭转仪器。

（5）仪器在工作时，为避免仪器被暴晒和雨淋，应撑伞遮住仪器。

（6）迁站时，若距离较近，可将仪器各制动螺旋固紧，收拢三脚架，一手持脚架，一手托住仪器搬移。若距离较远，应装箱搬运。

（7）仪器装箱前，先清除仪器外部灰尘，松开制动螺旋，将其他螺旋旋至中部位置。按仪器在箱内的原安放位置装箱。

（8）仪器装箱后，应放在干燥通风处保存，注意防潮、防霉、防碰撞。

➤ **引导3**：引入两弹一星的精神，提升学生的担当意识，帮助学生树立严谨的工作态度，养成良好的职业素养以及爱岗敬业、无私奉献的精神，提升学生严谨科学的专业精神和团队协作的工作作风。

➤ **引导4**：各小组推荐代表进行汇报，教师讲评，明确水准仪的使用方法。

➤ **引导5**：不同型号的水准仪，它们的使用方法是否都一样？

（三）检查与评价

➤ **引导6**：各小组互评，提出操作过程的优缺点。

➤ **引导7**：各小组推荐代表进行水准仪操作程序结果汇报，教师讲评。

三、水准仪的检验与校正

（一）准备与计划

➤ **引导1**：【工程案例】2009年某工程运顺中线延伸标定，在高程控制测量中，观测人员连续观测了3次超过3 000米的附合水准路线，高程闭合差均达不到规范精度要求。

原因分析：经检验发现，由于一工作人员作业时不慎把水准仪摔落，导致视准轴始终无法提供水平视线，致使数据不合格，最后经过严格校正，观测数据恢复正常。

预防措施：测量工作要求作业人员务必爱护仪器，具有爱岗敬业、严谨认真的测绘精神。在水准作业前必须先对水准仪及水准尺进行检验，使水准仪的各轴线间满足《工程测量规范》规定的技术标准，经过检验与校正的测量仪器才能应用于工程作业。根据水准测量的基本原理，水准仪应满足的几何条件是什么？

1. 主要轴线

如图 2-19 所示，水准仪的主要轴线有：_____ LL、_____ CC、_____ $L'L'$、_____ VV。

2. 水准仪应满足的主要几何关系

① 圆水准器轴应平行于_____，即 $L'L'//VV$。

② 水准管轴应平行于_____，即 $LL//CC$。

③ 望远镜十字丝的横丝应垂直于仪器的竖轴。

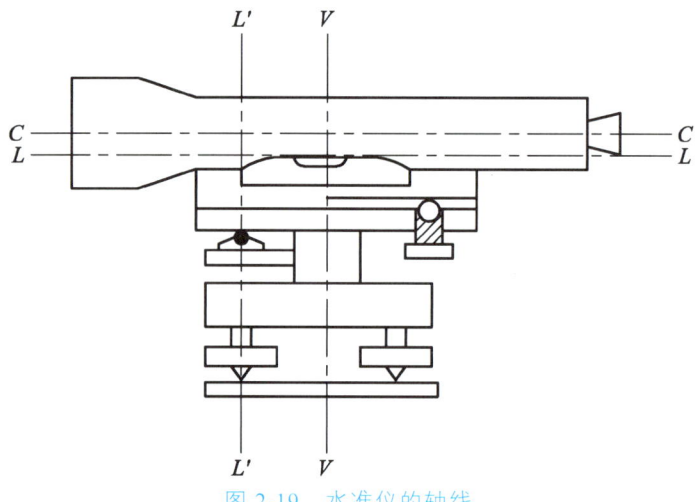

图 2-19　水准仪的轴线

> **引导 2**：水准仪的检验与校正

1. 圆水准器轴平行于仪器竖轴的检验与校正

（1）目的。

使圆水准器轴平行于竖轴，即 $L'L'//VV$。

（2）检验。

旋转脚螺旋，使_____居中。之后将仪器绕竖轴旋转 180°，气泡仍然居中，则表示该几何条件满足，不必校正。如果圆气泡偏离中心，如图 2-20（a）所示，则表示该几何条件不满足，需要进行校正。

（3）校正。

水准仪不动，旋转_____，使圆气泡向圆水准器中心方向移动偏离值的一半，如图 2-20（b）粗线圆圈处，然后用校正针先稍松动一下圆水准器底下中间的连接螺丝，如图 2-21 所示,再分别拨动圆水准器底下的 3 个校正螺丝,使圆气泡居中,如图 2-20(c)所示,校正完毕后,应记住把中间那个连接螺丝再旋紧。

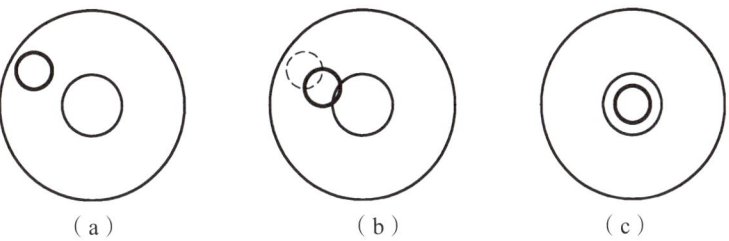

图 2-20　圆水准器的检验与校正

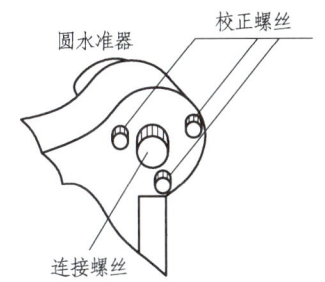

图 2-21　圆水准器的校正螺丝

2. 水准管轴平行于视准轴的检验与校正

(1) 目的。

使水准管轴平行于视准轴,即 $LL//CC$。

(2) 检验。

设水准管轴不平行于视准轴,它们之间的交角为 i,如图 2-22 所示。当水准管气泡居中时,视准轴不在水平线上而倾斜了 i 角,水准仪至水准尺的距离越远,由此引起的读数偏差也越大。当仪器至尺子的前后视距相等时,则在两根尺子上的读数偏差 x＿＿＿＿＿＿，因此对所求高差不受影响。前后视距相差越大,则 i 角对高差的影响也＿＿＿＿＿＿。视准轴不平行于水准管轴的误差也称 i 角误差。

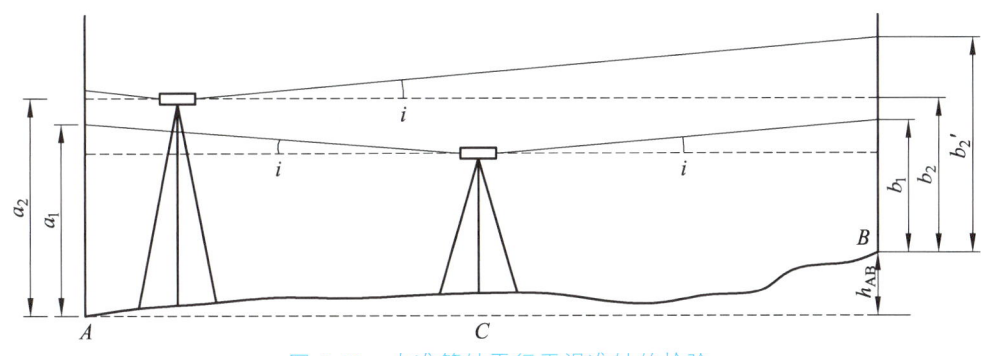

图 2-22　水准管轴平行于视准轴的检验

检验时,在平坦的地面上选定相距为 80 m 左右的 A、B 两点,各打一木桩或放尺垫,并在上面立尺,然后按以下步骤进行检验:

第一步：将水准仪置于与 A、B 等距离的 C 点，用两次仪器高法测定 A、B 两点间的高差 h_{AB}，设其读数分别为 a_1 和 b_1，则 h_{AB} = _____。前后两次高差之差如果不大于 5 mm，则取其平均值作为 A、B 间的高差。此时测出的高差是正确的。

第二步：将仪器搬至距 A 尺 3 m 左右，精平后，在 A 尺上读数 a_2。因为仪器距离 A 尺很近，忽略 i 角的影响。根据近尺读数 a_2 和高差 h_{AB}，计算出 B 尺上水平视线时的应有读数：

$$b_2 = a_2 - h_{AB}$$

然后，调转望远镜照准 B 点上水准尺，精平仪器，读取读数 b_2'。如果实际读出的数 $b_2' = b_2$，说明水准管轴平行于视准轴。否则，存在 i 角，其值为：

$$i = \frac{b_2' - b_2}{D_{AB}} \rho''$$

式中，D_{AB} 为 A、B 两点间的距离。对于 DS 型水准仪，i 角大于 20″时，要进行校正。

（3）校正。

转动微倾螺旋使横丝在 B 尺上的读数从 b_2 移到 b_2'，此时视准轴被调水平，但水准管气泡偏离中心，用校正针拨动水准管一端的上、下两个校正螺丝（位于目镜一端）（见图 2-23）至水准管两端的影像符合，水准管轴水平，校正完成。校正过程中同样需要弄清楚水准管的升降方向，按前述顺序调节校正螺丝，校正固紧有关螺丝。

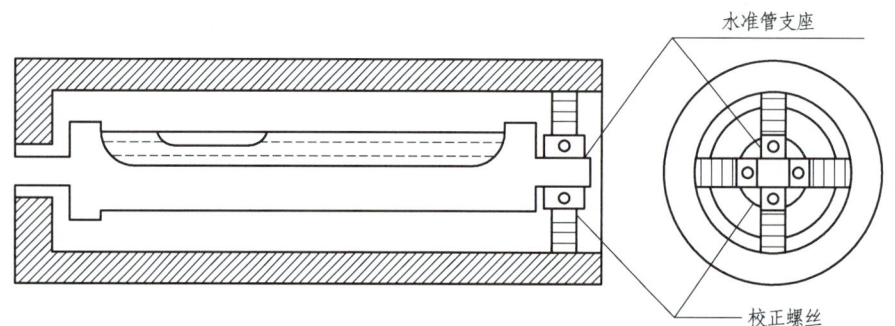

图 2-23　水准管校正螺丝

3. 望远镜十字丝的横丝垂直于仪器竖轴的检验与校正

（1）目的。

望远镜十字丝的横丝应垂直于仪器的竖轴。

（2）检验。

仪器整平后，在望远镜中用横丝的十字丝中心对准某一标志 P，拧紧制动螺旋，转动微动螺旋。微动时，如果标志始终在_____上移动，则表明横丝水平；如果标志不在横丝上移动，如图 2-24（a）所示，表明_____，需要校正。

（3）校正。

松开 4 个十字丝环上的固定螺丝，如图 2-24（b）所示，按十字丝倾斜方向的反方向微微转动十字丝环座，直至 P 点的移动轨迹与横丝重合，表明横丝水平。校正后应将固定螺丝拧紧。

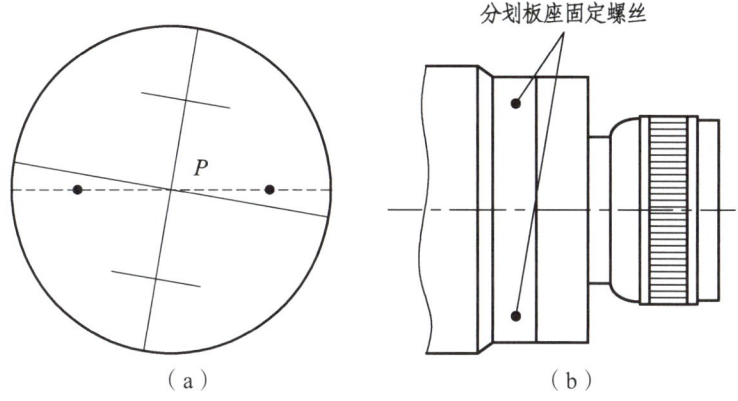

图 2-24　十字丝的检验与校正

 知识链接

（1）根据《工程测量规范》规定的技术标准，水准测量前应对仪器进行视检，如表 2-2 所示。

表 2-2　仪器视检（在符合的选项前打"√"）

三脚架是否平稳、脚螺旋是否有效	□是　□否	基座脚螺旋是否有效	□是　□否
水平制动与微动螺旋是否有效	□是　□否	望远镜成像是否清晰	□是　□否
望远镜制动与微动螺旋是否有效	□是　□否	其他问题	

（2）在水准作业前必须对水准仪及水准尺进行检验，使水准仪的各轴线间满足的几何条件是什么？如表 2-3 所示。

表 2-3　仪器的主要轴线及几何关系

仪器的主要轴线			主要几何关系
序号	名称	代号	
1			1.＿＿＿＿＿
2			2.＿＿＿＿＿
3			3.＿＿＿＿＿
4			
5			

（二）决策与实施

> **引导** 3：水准测量观测之前应该进行哪些检验工作？

1. 一般性检验

安置仪器后，首先检验：三脚架是否_____，制动、微动螺旋和对光螺旋是否_____，望远镜成像是否_____等，同时了解所用仪器各主要轴线及其相互_____。

2. 轴线几何关系检验与校正方法

（1）圆水准器轴平行于仪器竖轴的检验与校正：_____
_____
_____

（2）水准管轴平行于视准轴的检验与校正：_____
_____
_____

（3）望远镜十字丝的横丝垂直于仪器竖轴的检验与校正：_____
_____
_____

（三）检查与评价

> **引导** 4：各小组推荐代表进行"水准仪检验与校正的方法"汇报。

> **引导** 5：各小组互评，教师讲评，明确水准仪的检验与校正的方法和实训步骤。

任务三　水准测量外业工作

 任务目标

（1）认识水准点的标记；
（2）掌握水准路线的形式和检查条件；
（3）熟练掌握水准仪的使用和普通水准路线测量；
（4）掌握测站与转点的正确选择及水准尺的扶尺方法；
（5）掌握普通水准测量中每个测站的观测、记录及计算的方法。

水准点与
水准路线

（一）准备与计划

> **引导** 1：水准测量主要是用于测量各点之间的高差，也就是控制各个控制点的高程。如图 2-25 所示：已知高程点在地面上的标记是什么呢？用什么表示？

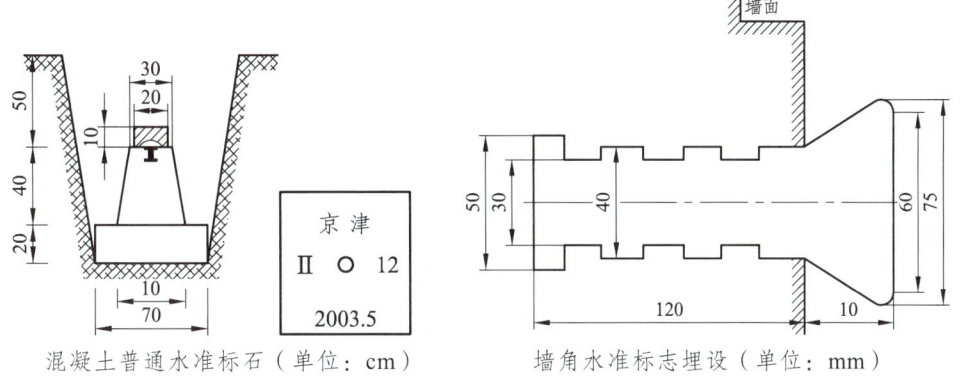

混凝土普通水准标石（单位：cm） 墙角水准标志埋设（单位：mm）

图 2-25 永久性水准点

1. 水准点

水准点是水准测量中测_____的依据，用_____表示，国家级的水准点应按要求埋设_____标志，不需要永久保存的水准点，可在地面上打入木桩（木桩周围浇灌细石混凝土），此水准点称为_____，如图 2-26 所示。

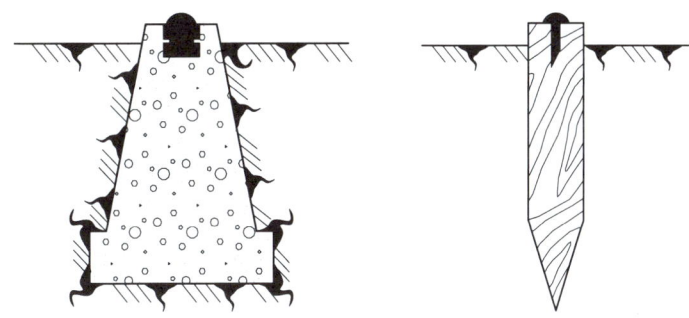

图 2-26 临时性水准点

2. 点之记

水准点埋设后，为便于以后使用时查找，需绘制说明点位的平面图，称为_____，如图 2-27 所示。

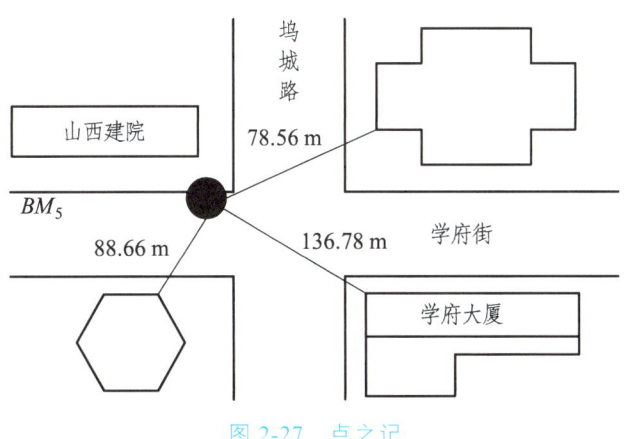

图 2-27 点之记

➢ **引导**2：水准路线是水准测量施测时所经过的路线。水准路线应尽量沿公路、大道等平坦地面布设，水准路线的布设形式有哪些呢？

（1）水准路线上两相邻水准点之间称为_____。

（2）从一个已知高程水准点出发，沿各待测高程点 1、2、3 等点进行水准测量，最后又回到原水准点，这种水准路线称为_____，如图 2-28 所示。

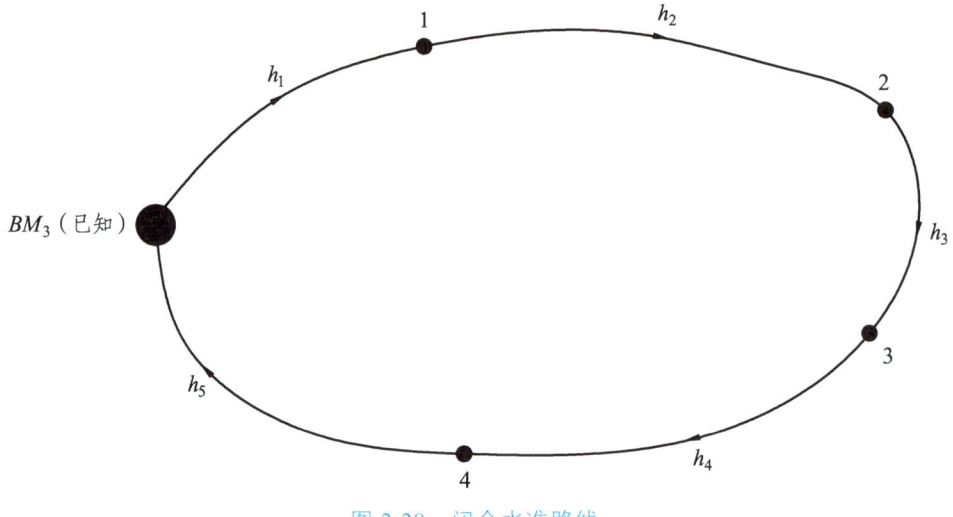

图 2-28　闭合水准路线

（3）从一个已知水准点开始，沿各待测高程 C、D、E 等点进行水准测量，最后附合到另一水准点上，这种水准路线称为_____，如图 2-29 所示。

（4）从已知高程的水准点 BM_1 出发，进行待定高程水准点 A 的水准测量，这种既不闭合又不附合的水准路线，称为_____，如图 2-30 所示。

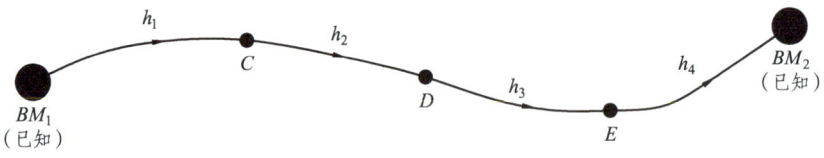

图 2-29　附合水准路线

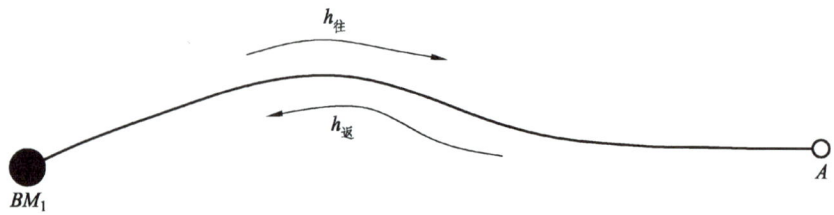

图 2-30　支水准路线

知识链接

在水准测量中,为了避免观测、记录和计算中发生人为误差,并保证测量成果达到一定的精度要求,必须布设某种形式的水准路线,利用一定的条件来检验所测成果的正确性。一般有以下三种形式:

(1)闭合水准路线:检验条件 $\sum h_{理} = 0$。

(2)附合水准路线:检验条件 $\sum h_{理} = H_B - H_A$。

(3)支水准路线:检验条件 $\sum h_{往理} = \sum h_{返理}$。

> **引导 3**:2020 年 5 月 27 日凌晨 2 时许,8 名攻顶队员次落、袁复栋、李富庆、普布顿珠、次仁多吉、次仁平措、次仁罗布、洛桑顿珠从海拔 8 300 m 营地出发,克服重重困难,成功从北坡登上珠穆朗玛峰峰顶。巧合的是,45 年前的今天,1975 年 5 月 27 日中国登山队登顶珠峰,首次将觇标带至峰顶,测绘人员根据测量原理,推算出珠峰高程为 8 848.13 m。在珠峰测量的过程中,水准测量的应用也是必不可少的一环,为最终成功测得峰顶高程发挥了至关重要的作用。请同学们讨论,在珠峰测量这类艰苦且富有挑战的外业工作过程中,我们的测量人员会遇到怎样的困难?

(二)决策与实施

> **引导 4**:已知水准点 BM_A 的高程 $H_A = 48.145$ m,现欲测定 B 点的高程 H_B,由于 A、B 两点相距较远(或地势起伏较大),需分段设转点进行测量,如图 2-31 所示。在每一测站上观测程序是什么?

水准测量的施测与检核方法

(1)在已知高程的水准点 BM_A、转点 TP_1 上立尺,然后在测站安置水准仪;瞄准点 A 上水准尺(后视尺),精平,读数_____,并记录在表 2-4 手簿中,同样再瞄准 TP_1 上水准尺,精平,读数_____也记录在表 2-4 手簿中,并计算两点间高差。

(2)第 Ⅰ 测站测完后,将水准仪搬至 Ⅱ 站,将 A 点水准尺移至 TP_2 上立尺,TP_1 上水准尺原地不动,只需翻转即可;在 Ⅱ 站上重复 Ⅰ 站操作步骤,读取前、后视尺上读数,并记录在表 2-4 手簿中,计算高差。

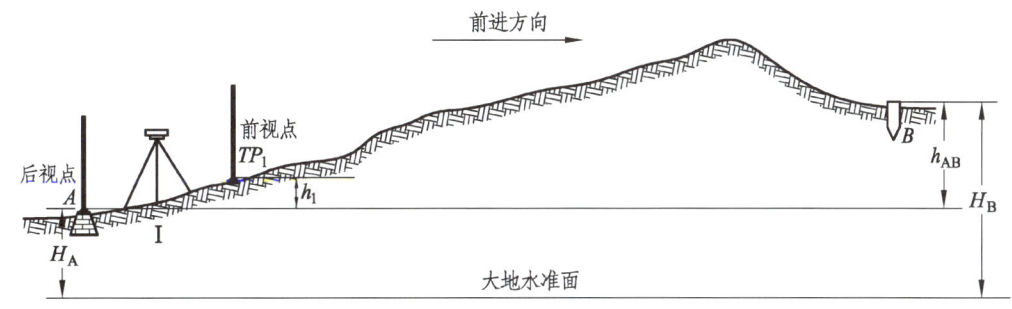

图 2-31 水准路线测量 1

表 2-4 水准测量记录手簿

测站	测点	水准尺读数/m		高差/m		高程/m	备注
		后视读数	前视读数	+	−		
							(已知)
							(待定)
Σ							
辅助计算							

对于记录表中的高差和高程必须进行计算校核。校核内容如下：

$$\sum a - \sum b =$$
$$\sum h =$$

故

$$\sum a - \sum b = \sum h$$
$$H_B - H_A =$$

（3）重复上述过程，连续观测、记录，直到终点 B 结束，如图 2-32 所示。

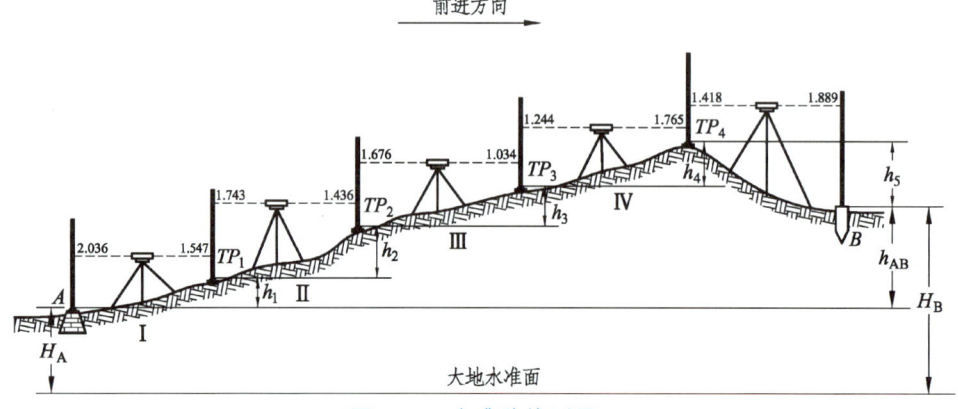

图 2-32 水准路线测量 2

> **知识链接**

1. 水准测量的测站检验方法

检验目的：防止在测站上出现问题。

检验依据："边工作边校核"。

检验方法：

（1）双面尺法（$\Delta h \leqslant 5\ mm$）；

（2）双仪器高法（$\Delta h \leqslant 5\ mm$），设变仪器高约 10 cm。

如两次测得高差之差超过 5 mm，需重测。

2. 水准测量应注意的事项

（1）水准仪到前后视水准尺的距离要大致相等。

（2）水准尺要扶直，不能前后倾斜。

（3）不得涂改原始读数，保证记录干净整齐。

> **引导 5**：在工程施测过程中，必须有求真务实、精益求精的工匠精神，能吃苦耐劳。

【案例 3】 建筑物 2 层和建筑物 1 层的高差是多少？

【案例 4】 已知控制点 K10 的高程为 17.994 m，K12 的高程为 19.607 m，利用"改变仪器高法"完成 K10～K12 水准路线测量。

> **引导 6**：各小组推荐代表进行汇报，教师讲评，明确水准测量的施测方法。

> **引导 7**：各种测量路线施测方法是否都一样？

（三）检查与评价

> **引导 8**：各小组互评，修改计算表。

> **引导 9**：各小组推荐代表进行水准测量施测结果汇报，教师讲评。

任务四　水准测量内业处理与误差分析

 任务目标

（1）了解水准测量内业数据处理的原则；
（2）掌握水准测量内业数据处理的方法；
（3）了解水准测量误差来源；
（4）掌握水准测量误差处理的原则和方法。

一、水准测量内业处理

（一）准备与计划

附合水准路线测量成果计算

闭合水准路线测量成果计算

支水准路线测量成果计算

> **引导**1：（1）如图2-33所示，已知 H_A，求 H_B =？在每一测站上观测程序是什么？

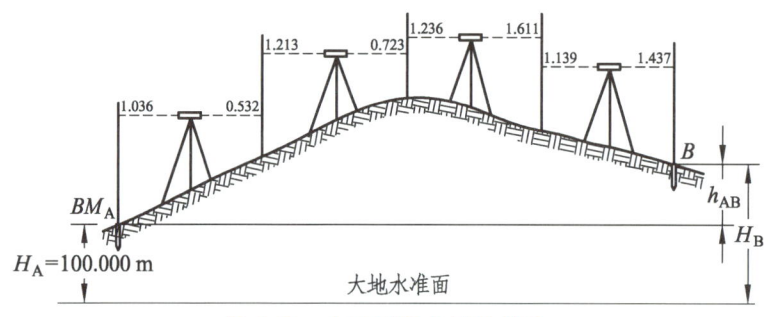

图 2-33　水准测量各测站关系

（2）水准测量的路线布设形式有哪些？不同布设形式的水准测量线路，其实测高差总和与路线终点和起点之间的高差值有什么关系？

（3）高差闭合差是什么？你了解过吗？

> **引导**2：
（1）如果我们不对测量外业数据进行检核计算，而把测量所得结果直接应用在施工过程中，能这样做吗？
（2）因为水准测量不准或因为任意篡改数据造成的施工事故偶有发生，作为一名学生，我们应该在日常的学习、实训中如何要求自己？

知识链接

闭合差是观测值与理论值的差值。高差闭合差就是高差的观测值与理论值之差，用 f_h 表示，即 $f_h = \sum h_{测} - \sum h_{理}$。

（1）附合水准路线高差闭合差：

$$f_h = \sum h_{测} - \sum h_{理} = \sum h_{测} - (H_{终} - H_{始})$$

式中　f_h——高差闭合差；

　　　$\sum h_{测}$——实测高差总和；

　　　$H_{终}$——路线终点已知高程；

　　　$H_{始}$——路线起点已知高程。

（2）闭合水准路线高差闭合差：

$$\sum h_{测} = h_1 + h_2 + h_3 + \cdots + h_n$$

$$\sum h_{理} = 0$$

$$f_h = \sum h_{测} - \sum h_{理} = \sum h_{测}$$

（3）支水准路线高差闭合差：

$$\sum h_{测} = \sum h_{往} + \sum h_{返}$$

$$\sum h_{理} = 0$$

$$f_h = \sum h_{测} - \sum h_{理} = \sum h_{往} + \sum h_{返}$$

（4）水准测量精度要求：

$$f_{h容} = \pm 40\sqrt{L} \text{（mm）平地}$$

$$f_{h容} = \pm 12\sqrt{n} \text{（mm）山地}$$

式中　L——水准路线长（km）；

　　　n——测站数。

当 $\sum n / \sum L > 16$ 站时，用山地公式。

如设计单位根据工程性质有具体要求，应按精度要求施测。

> **引导3**：通过上一个任务的外业工作，是否就得出测量结果呢？

大家知道，水准测量成果不但包括测量结果，还要求了解测得数据的精确度到了什么程度，否则不能称为成果。测量中允许误差存在，但成果计算中要用最科学、合理的办法进行闭合差的调整，测量内业计算仍要遵循"边工作边校核"的原则。

知识链接

（1）高差闭合差的调整。

分配原则：按与测段距离（或测站数）成正比，并反其符号改正到各相应的高差上，得改正后高差。

按距离：$V_i = -\dfrac{f_h}{\sum L} \times L_i$

按测站：$V_i = -\dfrac{f_h}{\sum n} \times n_i$

V_i——测段高差的改正数；

f_h——高差闭合差；

$\sum L$——水准路线总长度；

L_i——测段长度；

$\sum n$——水准路线的总测站数；

n_i——测段测站数。

高差改正数的总和应与高差闭合差大小相等，符号相反，即：$\sum V_i = -f_h$。

（2）计算改正后高差：

$$h_i = h_{i测} + V_i$$

支水准路线各段平均高差：

$$h = \dfrac{h_{往} - h_{返}}{2}$$

（3）计算各点的高程：

$$H_i = H_{i-1} + h_{i改}$$

（二）决策与实施

> **引导**4：下面我们通过一段工程实例，让同学们进一步了解水准测量内业处理的过程。

根据图2-34中已有数据完成表2-5的计算整理。

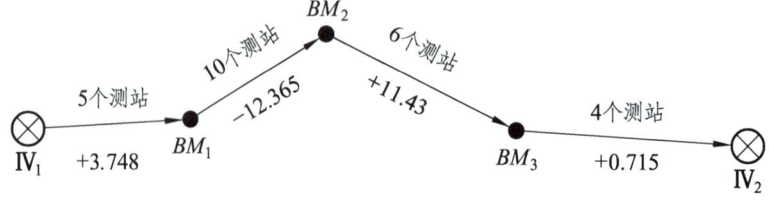

图2-34　附合导线

表 2-5　水准测量成果整理

点号	测站数/个	实测高差/m	高差改正数/m	改正后高差/m	高程/m	备注
IV₁					21.453	已知
	5	+3.748				
BM₁						
	10	−12.365				
BM₂						
	6	+11.430				
BM₃						
	4	+0.715				
IV₂						
∑	25	+3.528			25.006	已知
辅助计算						

> **引导** 5：除了闭合水准路线和附合水准路线以外，在实际工程中还会用到支水准路线，那么如何对观测的支水准路线的数据进行检核计算呢？

> **引导** 6：请以小组为单位，绘制本组水准测量路线草图。

> **引导** 7：请以小组为单位，将上一小节完成的实测数据归纳整理，完成表 2-6（水准测量成果整理）。

表 2-6　水准测量成果整理

点号	测站数/个	实测高差/m	高差改正数/m	改正后高差/m	高程/m	备注
						已知
						已知
辅助计算						

（三）检查与评价

> **引导**8：请各小组推举一名同学，讲解本组同学的水准测量路线布设情况，并演示如何进行水准测量成果计算。

> **引导**9：小组之间互查，检查对方小组水准测量闭合差是否超限，并检查闭合差的分配是否正确，小组之间完成互评。

> **引导**10：2010年1月20日早班，测量人员杨××带领三人到809运输巷延测中线。后测时发现1月9日测量的7#导线点与6#导线点方位与设计高程偏差1cm，杨××检查资料发现数据有误，立即组织人员从1#水准点开始复测，只有7#水准点有错误。后立即组织有关人员分析后发现，1月9日延测负责人赵××测仪器时读数错误，现场没有发现，导致这起水准测量误差事故。下面请各组同学讨论分析事故产生原因以及如何避免事故的再次发生。

二、水准测量误差

（一）准备与计划

（1）误差包括_____、_____和_____的影响三个方面。在水准测量中应根据产生误差的原因，采取相应措施，尽量减弱或消除其影响。

（2）仪器误差。

① 由_____与_____不平行所带来的误差，通过在作业中采取前后视距离相等的方法来消除。

② 水准尺误差：要检定误差来源，零点差可通过设____数站来消除。

（3）观测误差。

① 水准管气泡居中误差：每次读数前，严格_____。

② 读数误差：望远镜放大率与最大视线长规定应遵循，以保证读数精度，仔细_____，消除误差。

③ 水准尺倾斜误差：A. 气泡的使用；B. 用"摇尺法"来读数。

（4）外界条件的影响。

① _____与_____的影响：要求前后视距离相等，同时选择有利时间，控制视线等。

② 温度的影响：要防止_____直接照射气泡。

③ 仪器和尺垫的影响：注意和采取一些方法，如"_____"的观测程序、往返观测方法、转点的选择等。

> **引导**1：我们之所以对误差进行分析，是为了更好地解决误差的积累和传播，在我们将水准测量的结果进一步精确的过程中，作为一名未来的工程师，你是否有什么感悟？

知识链接

1. 仪器误差

（1）望远镜的视准轴与水准管轴不平行而产生的 i 角误差，仪器经检验校正，不能彻底消除 i 角；观测时要求前后视距相等可消除 i 角。

（2）水准标尺的零点差。

原因：使用、磨损等。

标尺零点差：水准尺的底面与其分划零点差值。

消除方法：设置一个测段的测站数为偶数段。

（3）水准尺倾斜误差。

原因：水准尺倾斜。

后果：如图 2-35 所示，倾斜标尺上的读数 b' 和 b'' 总是比正确的标尺读数 b 大。

消除方法：使用安装有圆水准器的水准尺；认真扶尺，使标尺竖直。

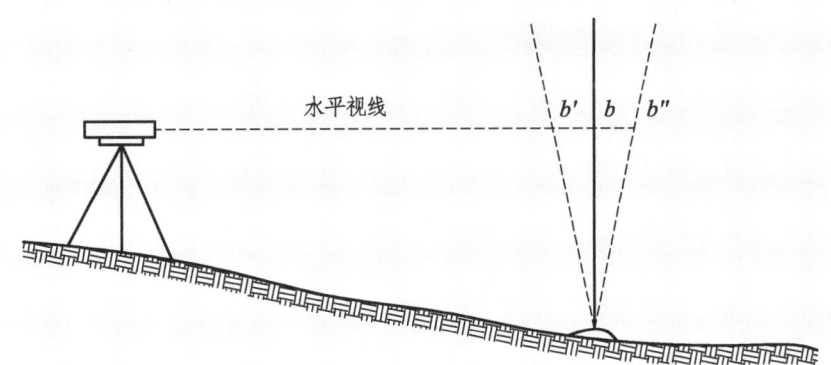

图 2-35 水准尺倾斜误差

2. 整平误差

如图 2-36 所示，设水准管的分划值为 $20''$，如果气泡偏离半格即 $i = 10''$，则当距离为 50 m 时，$\Delta = 2.4$ mm；当距离为 100 m 时，$\Delta = 4.0$ mm，误差随距离的增大而增大。因此，在读数前必须使符合水准气泡精确吻合。

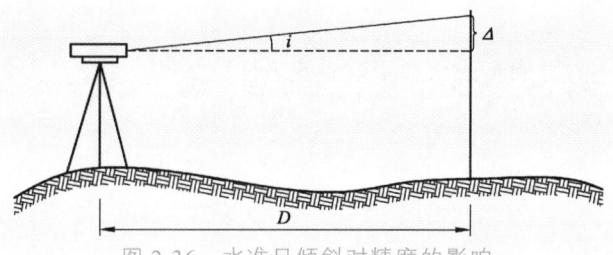

图 2-36　水准尺倾斜对精度的影响

3. 读数误差的影响

产生的原因：视差和估读毫米数不准确。

消除方法：① 视差通过重新调节目镜和物镜调焦螺旋加以消除。② 估读误差限制望远镜放大率和最大视距，普通水准测量中，要求望远镜放大率在 20 倍以上，视线长不超过 150 m。

4. 仪器和标尺升沉误差

产生的原因：因为仪器、水准尺的重量和土壤的弹性。

（1）仪器下沉（或上升）所引起的误差，如图 2-37 所示。

消除方法：按照"后—前—前—后"的观测程序。

（2）尺子下沉（或上升）引起的误差。如图 2-37 所示，读数 a_1 与 a_2，b_1 与 b_2 之间的误差。

消除方法：取往测和返测高差的平均值。

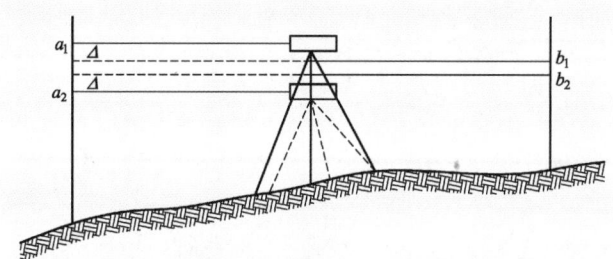

图 2-37　仪器下沉对精度的影响

5. 大气折光的影响

原因：大气层密度不同，对光线产生折射，使视线产生弯曲。如图 2-38 所示，Δa 和 Δb，视线离地面越近，视线越长，大气折光影响越大。

消减方法：① 缩短视线；② 使视线离地面有一定的高度；③ 采取前、后视距离相等的方法。规范规定视线高不应低于 0.3 m。

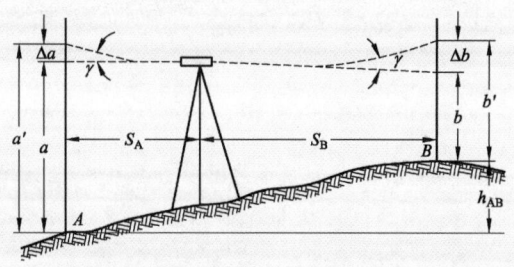

过 A 点的水准面

图 2-38　大气折光对精度的影响

（二）决策与实施

> **引导**2：各小组自评，对测量过程中本组同学操作可能产生的误差进行分析。

（三）检查与评价

> **引导**3：各小组推荐代表进行本组水准测量误差分析汇报，教师点评。

> **引导**4：还有哪些可能会引起误差的因素，我们如何避免其误差的产生？

> **引导**5：【工程案例】施工单位在管段内的 A 特大桥桩基施工过程中，造成 16#墩、51#墩~59#台，共 10 个墩台的 116 根钻孔桩偏移 2 m。

事故原因分析：技术人员对设计图纸未进行认真审核计算，设计图中明确的左线作为控制线，测量人员错误地将左线当成线路中线进行坐标放样，造成钻孔桩偏移。项目部测量人员对相关计算产生错误且缺乏相关施工经验，未执行测量复核制。

通过以上工程实例，请同学们思考，在对数据进行处理的时候要有什么样的态度和精神？

附表 1

学习情况反馈表

学习任务					
班级		小组编号		负责人	
开始时间		计划完成时间		实际完成时间	
序号	学习记录				
	学习项目		任务内容		备注
1	工作页的填写				
2	独立完成的任务				
3	小组合作完成的任务				
4	教师指导下完成的任务				
5	是否达到了学习目标，能否独立完成工程测量学习任务				
存在的问题及建议					

附表 2

水准测量记录表

日期：_____　　仪器：_____　　观测：_____

天气：_____　　地点：_____　　记录：_____

测站	测点	水准尺读数/m		高差/m		平均高差/m	高程/m	备注
		后视	前视	+	−			
计算检核								

附表 3

水准测量成果整理表

测段编号	点号	测站数 n	实测高差/m	改正数/m	改正后高差/m	高程/m	备注
						100.000	已知
						100.000	已知
Σ							
辅助计算							

052

项目三

角度测量

项目三		角度测量	建议学时	14
任务描述				
角度测量是工程测量的基础，是确定地面点位置的方法之一。 本项目的任务是：在各种工程施工现场，能够通过使用角度测量仪器，按角度测量的方法，得到未知点的坐标，并对数据进行精度评定和误差分析				
学习目标				
完成本学习项目工作任务后，学生应当能够： 1.掌握角度测量的几种方法和原理； 2.理解在建筑工程测量中被广泛应用的水平角测量方法； 3.能熟练操作经纬仪，掌握经纬仪的操作程序以及对仪器的检验校正； 4.能够准确地对数据进行记录、计算和各项检验				
提交材料				
1.每个任务的测量记录、计算和检核表； 2.学习情况反馈表（附表1）； 3.分项训练评价表（附表2、附表3、附表4）				
学业评价形式及标准				
每位学生独立完成学习内容和工作任务，以百分制分数对个人单独评价				
序号	考核要求	分数	评分标准	得分
1	遵守纪律，能按时独立完成工作任务	15	在该情境安排的学时结束时没完成工作任务的，每延迟2学时扣5分，直至扣完为止，延迟超过1天本单项成绩评0分	
2	角度测量基础知识	10	正确10分；基本正确8分；有缺陷6分；不正确0分	
3	角度测量仪器与工具	10	正确10分；基本正确8分；有缺陷6分；不正确0分	
4	经纬仪的操作	15	正确15分；基本正确13分；有缺陷10分；不正确0分	
5	经纬仪的检验与校正	10	正确10分；基本正确8分；有缺陷6分；不正确0分	
6	水平角测量方法	15	正确15分；基本正确13分；有缺陷10分；不正确0分	
7	竖直角测量成果整理	15	正确15分；基本正确13分；有缺陷10分；不正确0分	
8	角度测量误差	10	正确10分；基本正确8分；有缺陷6分；不正确0分	
		合计		

任务一 角度测量

任务目标

（1）了解角度测量常用的方法；
（2）理解水平角测量原理；
（3）掌握竖直角测量原理。

角度测量基本原理

一、水平角测量原理

（一）准备与计划

➤ **引导**1：角度测量是测量的三项基本工作之一，它包括水平角测量和竖直角测量。水平角测量的作用是确定地面点的平面位置；竖直角测量的作用是间接测定地面点的高程。角度测量在工程建设的设计、施工与管理阶段都具有十分重要的作用。如何测定地面某点的平面位置呢？

（1）水平角是一点到_____垂直投影在_____上的角（记为β）。
（2）水平角测量的方法包括_____和_____。

➤ **引导**2：如图3-1所示，地面上现有O、A、B三点，O点为测站点，如何测知$\angle AOB$的大小？

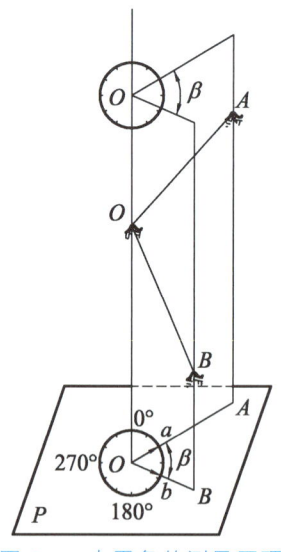

图3-1 水平角的测量原理

（1）如图3-1所示，要测β，需要在O点_____水平放置一个顺时针刻划的圆形度盘_____，则水平角β= 右目标的读数_____ – 左目标的读数_____。
（2）水平角的角值范围为0°~360°。

> **知识链接**
>
> 　　水平角是一点到两目标方向线垂直投影在水平面上的角（记为β）。要测β，须在O点铅垂线上水平放置一个顺时针刻划的圆形度盘（水平度盘），则：$\beta = b - a$。根据上述原理，用于测水平角的仪器，必须具备一个水平度盘（中心在测点的铅垂线上）以及一个可以上下、左右转动的望远镜，经纬仪就是根据上述原理制成的，按精度分有以下类型：DJ_2、DJ_6、DJ_{15}。

（二）决策与实施

▶ **引导3**：各小组推荐代表进行汇报，教师讲评。明确水平角测量原理。

▶ **引导4**：依据水平角测量原理，以小组为单位完成以下案例。

【案例1】　设O点为观测点，A点的水平度盘读数为$0°01'36''$，B点的水平度盘读数为$72°32'24''$，问$\angle AOB$是多少？

（三）检查与评价

▶ **引导5**：小组成员互相检查，检查对方小组角度测量计算方法是否正确，计算过程是否完整，小组之间完成互评。

▶ **引导6**：各小组推荐代表进行案例计算结果的汇报，教师讲评。

二、竖直角测量原理

（一）准备与计划

▶ **引导1**：角度测量是测量的三项基本工作之一，它包括水平角测量和竖直角测量。竖直角测量是间接测定地面点的高程，在工程建设的设计、施工与管理阶段都具有十分重要的作用。如何间接测定地面点的高程呢？

（1）在同一个竖直面内一点的目标点_____与_____之间的夹角称为竖直角，用α表示。

（2）竖直角有两种：方向线在水平线上方，竖直角称为_____，用"＋"表示；方向线在水平线_____，竖直角称为俯角，用"－"表示（角度范围$0° \sim 90°$）。

➢ **引导**2：如图3-2所示：

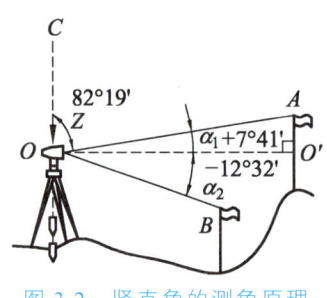

图3-2 竖直角的测角原理

（1）竖直角是用经纬仪的_____来度量的。竖直角测量是利用望远镜照准目标的方向线与水平线分别在竖直度盘上的读数，计算出竖直角的。两读数之差即为竖直角的_____。

（2）视线与测站点天顶方向之间的夹角称为_____，以 Z 表示，角值范围：0°～180°。

（二）决策与实施

➢ **引导**3：各小组推荐代表进行汇报，教师讲评。明确竖直角测量原理。

➢ **引导**4：依据竖直角测量原理，以小组为单位完成以下案例。

【案例2】 设 O 点为观测点，A 点的竖直度盘读数为 45°34′36″，B 点的竖直度盘读数为 102°32′24″，问 A、B 两点的竖直角各是多少？

（三）检查与评价

➢ **引导**5：小组成员互相检查，检查对方小组角度测量计算方法是否正确，计算过程是否完整，小组之间完成互评。

➢ **引导**6：各小组推荐代表进行案例计算结果的汇报，教师讲评。

任务二 角度测量仪器

 **任务目标**

（1）认识 DJ_6 型经纬仪的基本构造，熟悉各部件的作用；

（2）能正确安置经纬仪，瞄准、读取度盘读数；
（3）掌握经纬仪的使用方法；
（4）掌握经纬仪各主要轴线之间应满足的关系；
（5）熟悉经纬仪检验校正的项目；
（6）掌握经纬仪每个项目的检验和校正方法。

一、角度测量仪器与工具

（一）准备与计划

▶ **引导**1：测量仪器精密贵重，是测量人员的必备工具，任何仪器的损坏、丢失，不但会造成较大的经济损失，而且会直接影响到工程建设的质量和进度。

角度测量所使用的仪器为经纬仪，如图3-3所示，以 DJ_6 经纬仪为例介绍，经纬仪由照准部、水平度盘和基座3部分组成，各部分分别由什么组成？有什么作用？

经纬仪的基本构造

图 3-3 DJ_6 经纬仪

▶ **引导**2：照准部转动应松开什么螺旋？望远镜转动应松开什么螺旋？

1. 照准部

照准部主要包括_____、_____、_____、_____和_____等。

（1）望远镜是用来_____目标，与_____固连一体，组装在_____上。设有水平_____或微动_____，望远镜各部分包括_____螺旋和_____螺旋、照门、准星、_____螺旋和_____螺旋等。

（2）竖直度盘固定在_____一端，与水平轴竖直，且二者中心重合并随望远镜一起旋转，并设有_____指标水准管及其_____螺旋。

（3）读数设备较复杂，光线由_____进入仪器，最终把_____度盘和_____度盘及测微器的分划，反映在望远镜的读数显微镜内。

（4）照准部上装有_____，用来_____仪器。

（5）照准部的螺旋轴，即竖轴，插入轴座。

2. 水平度盘

水平度盘由_____制成，注记为 0°~360°，基本分划有_____、_____、_____三种。

水平度盘_____注记，与竖轴不固定，不随_____转动。

水平度盘有度盘变换水轮，用于_____到需要的读数上。

竖直度盘_____注记或_____注记，与望远镜_____，随望远镜_____转动。

3. 基　座

基座包括_____、_____和_____，与水准仪相似，在连接螺旋下面有一挂钩可悬挂垂球进行对中。此项工作有的仪器装有光学对点器代替垂球对中。

基座的作用是用于_____和_____。

知识链接

经纬仪的种类很多，但基本结构大致相同。目前，我国把经纬仪按精度不同分为 DJ_{07}、DJ_1、DJ_2 和 DJ_6 等几个等级，D、J 分别是"大地测量"和"经纬仪"汉语拼音的第一个字母，数字 07、1、2、6 等表示该类仪器的精度等级，以秒为单位。例如 DJ_6 型光学经纬仪，则表示该型号仪器检定时水平方向观测一测回的中误差小于±6"。若按测量方式来划分，则有方向经纬仪和复测经纬仪（复测经纬仪已很少用）；按度盘的性质划分，有金属度盘经纬仪、光学度盘经纬仪、自动记录的编码度盘经纬仪（电子经纬仪）及测角、测距、记录于一体的仪器（全站仪）等。

DJ_6 型光学经纬仪是工程测量中最常用的一种测角仪器，由于生产厂家不同，仪器结构和部件也不尽相同。DJ_6 型光学经纬仪按照读数装置不同可分为两类：一类是测微尺读数装置；另一类是单平板玻璃测微器读数装置。

国产 DJ_6 型光学经纬仪由照准部、水平度盘和基座三大部分组成。它的外形及各部件名称和仪器主要部分的分装图如图 3-4 所示。

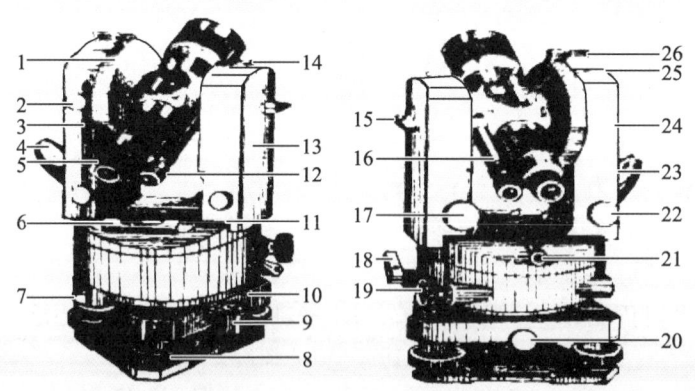

1—粗瞄准器；2—护盖；3—望远镜调焦环；4—照明反光镜；5—望远镜目镜；6—照准部水准器；
7—度盘变换器；8—脚螺旋；9—圆水准器；10—底座；11—校正螺钉；12—读数显微镜目镜；
13—右侧盖板；14—磁针差榫；15—望远镜制动手柄；16—分划板护罩；17—望远镜微动螺旋；
18—水平制动手柄；19—水平微动螺旋；20—底座制动螺旋；21—光学对点器目镜；
22—竖盘水准器微动螺旋；23—进光孔（照明窗）；24—左盖板；
25—竖盘指标水准器；26—指标水准器反光镜。

图 3-4　DJ_6 型光学经纬仪

（1）照准部。

照准部是光学经纬仪的重要组成部分，主要由望远镜、照准部水准管、竖直度盘（或简称竖盘）、光学对中器、读数显微镜及竖轴等各部分组成。照准部可绕竖轴在水平面内转动，它的转动由水平制动手柄和水平微动螺旋控制。

① 望远镜：它固连在仪器横轴（又称水平轴）上，可绕横轴俯仰转动而照准高低不同的目标，并由望远镜制动手柄和望远镜微动螺旋控制。

② 照准部水准管：用来精确整平仪器。

③ 竖直度盘：用光学玻璃制成，可随望远镜一起转动，用来测量竖直角。

④ 光学对中器：用来进行仪器对中，即使仪器中心位于过测站点的铅垂线上。

⑤ 竖盘指标水准管：在竖直角测量中，利用竖盘指标水准管微动螺旋使气泡居中，保证竖盘读数指标线处于正确位置。

⑥ 读数显微镜：用来精确读取水平度盘和竖直度盘读数。

（2）水平度盘。

水平度盘是由光学玻璃制成的带有刻划和注记的圆盘，装在仪器竖轴上，在度盘的边缘按顺时针方向均匀刻划成360份，每一份就是1°，并注记度数。在测角过程中，水平度盘和照准部分离，不随照准部一起转动，当望远镜照准不同方向的目标时，移动的读数标线便可在固定不动的度盘上读得不同的度盘读数即方向值。如需要变换度盘位置时，可用仪器上的度盘变换手轮，把度盘变换到需要的读数上。

（3）基座。

基座就是仪器的底座。经纬仪的照准部通过竖直轴固定在基座轴座上，用中心锁螺旋固紧。在基座下面，用中心连接螺旋将经纬仪固定在三脚架上，基座上装有三个脚螺旋，用于整平仪器。

> **引导**3：如何测设建筑物的位置？

【案例3】 在某建筑工地欲对 11#楼进行施工点位放样，施工经理要求施工技术员对这栋楼进行施工点位放样。

（1）测定这栋楼四个角点的角度（水平角）。

（2）测定这栋楼四个角点的标高（相对高程）。

（3）布设这栋楼角点的龙门桩。

假如你是施工员，你将如何解决问题？

(二) 决策与实施

> **引导**4：以小组为单位，根据图 3-5 完成表 3-1 的内容。熟悉 DJ_6 型经纬仪的构造、各部分的名称、作用和操作方法。

图 3-5 经纬仪

表 3-1 经纬仪的认识

序号	操作部件	作用
1		
2		
3		
4		
5		
6		
7		
8		
9		

> **引导**4：在图 3-6 中，水平度盘和竖直度盘的读数分别是_____和_____。

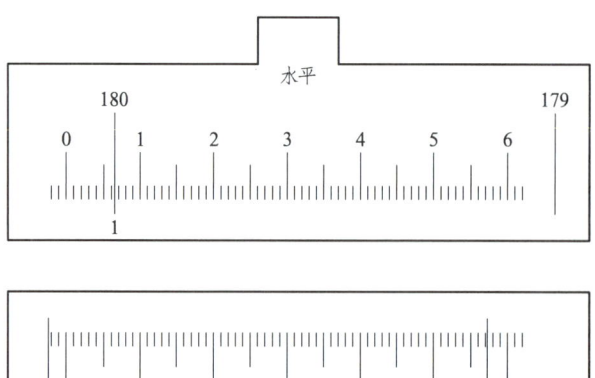

图 3-6 度盘读数

知识链接

（1）测微装置。

测微装置就是在光路中安装了一个具有 60 个分格的尺子，其宽度正好与度盘上 1°影像的宽窄相同，用来量测度盘上不足 1°的微小角值，该装置通常称为测微尺。

因测微尺影像宽度恰好等于度盘上相差 1°的两条分划线经光路第一次放大后的宽度，即总宽度为 1°，共分 60 小格，则每格为 1′。在测微尺上可直接读到 1′，估读到 0.1 格即 6″。每 10 格加一注记，注记数值为 0～6，显然，测微尺上数值注记为整 10″的数值。

（2）读数方法。

读数时，先读出位于测微尺 0～6 之间度盘分划线的度数，再读出该分划线所在处测微尺上的分、秒值，两数之和即为读数结果。在图 3-7 中水平度盘读数为 215°06.8′，即 215°06′48″；竖直度盘读数为 78°52.1′，即 78°52′06″。

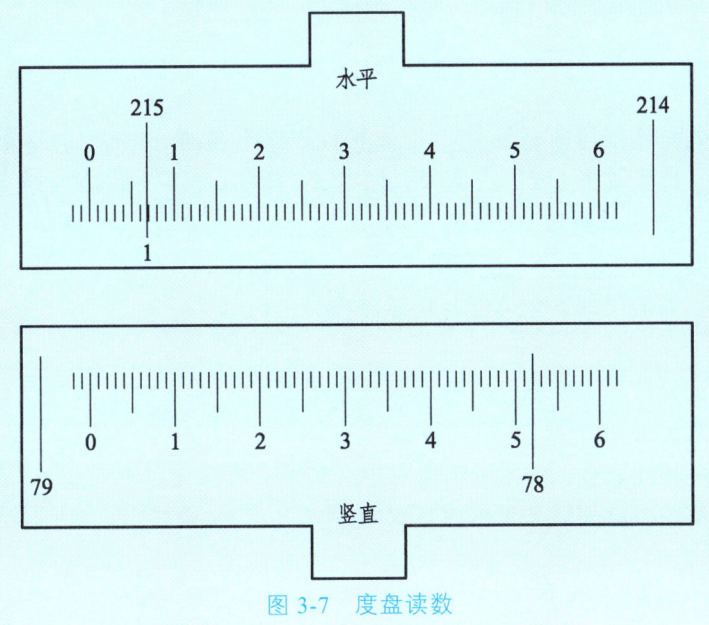

图 3-7　度盘读数

（三）检查与评价

➤ **引导 5**：小组成员互相检查，检查对方小组对经纬仪的认识是否正确，小组之间完成互评。

➤ **引导 6**：各小组推荐代表进行经纬仪读数汇报，教师讲评。

二、经纬仪的使用

（一）准备与计划

> **引导**1：角度测量过程中要使用测量仪器和工具得到水平角和竖直角的角值大小，经纬仪的基本操作程序是什么呢？

经纬仪的使用

（二）决策与实施

> **引导**2：在工程测量过程中，测量角度值的大小，必须正确操作仪器，才能保证测量误差在允许值之内。

> **引导**3：经纬仪使用中为什么要对中？对中的要领是什么？

> **引导**4：经纬仪为什么要整平后才能测角？

经纬仪的使用包括对中、整平、调焦和照准、读数四项基本操作。

（1）对中。

对中的目的是使仪器中心与_____标志中心在同一条铅垂线上。具体做法：安置三脚架，如图3-8所示，目估_____，然后挂垂球对中，对中可_____摇动三脚架腿，仪器可在_____范围平移（±3 mm）。

有光学对点器的仪器，也可配合垂球对中。

（2）整平。

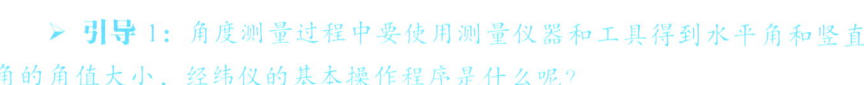

图3-8 三脚架

整平的目的是使仪器竖轴竖直和水平度盘处于_____，整平方法与水准仪相同，居中误差不大于_____。

对中、整平相互影响，应本着粗略对中、整平，再精确对中、整平，反复进行，对中后整平时可伸缩三脚架腿，可不破坏对中。

知识链接

安置经纬仪

进行角度测量时，首先要在测站上安置经纬仪，即进行对中和整平。对中的目的是使仪器中心（或水平度盘中心）与测站点的标志中心位于同一铅垂线上；而整平则是为了使水平度盘处于水平位置。由于经纬仪的对中设备不同，对中和整平的方法步骤也不一样，现分述如下。

1. 用垂球对中的安置方法

（1）对中。

① 在测站点上张开三脚架，使其高度适中，架头大致水平，并目估使架顶中心大致对准测站点标志中心。

② 将仪器放在架头上，并随手拧紧连接仪器和三脚架的中心连接螺旋，挂上垂球。调整垂球线长度。当垂球尖端离测站点较远时，可平移三脚架使垂球尖端对准测站点；如果垂球尖端与测站点相距较近，可适当放松中心连接螺旋，在三脚架头上缓缓移动仪器，使垂球尖端精确对准测站点。对中完成后，应随手拧紧中心连接螺旋。操作时，由于垂球难于稳定，可根据垂球摆动中心度量，直到摆动中心偏离量小于规定的限差为止（一般规定应小于 3 mm）。如果偏离量过大，而且仪器在架头上平移仍无法达到限差要求时，应按上述方法重新整置三脚架，直到符合要求为止。

（2）整平。

① 先旋转脚螺旋使圆水准器气泡居中，然后松开水平制动螺旋，转动照准部使照准部管水准器平行于任意两个脚螺旋的连线，如图 3-9（a）所示。

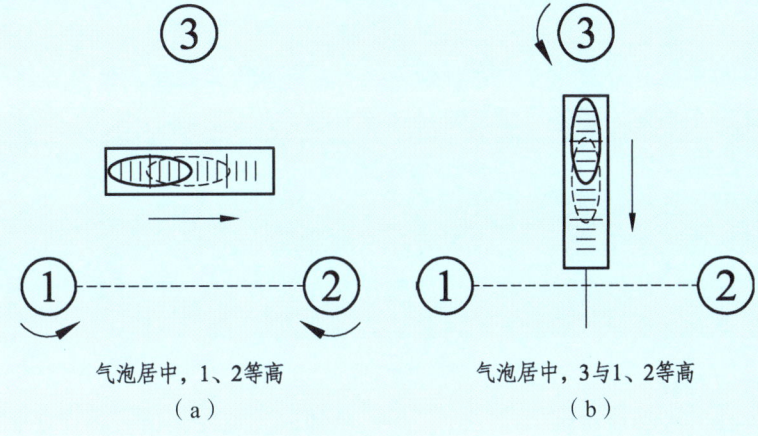

图 3-9　整平

② 根据气泡的偏离方向，两手同时由内向外旋转脚螺旋，使气泡居中（气泡移动方向与左手大拇指的转动方向一致）。

③ 转动照准部 90°，如图 3-9（b）所示，旋转第三个脚螺旋使气泡居中。如此反复进行，直至照准部转到任何位置时，气泡都居中为止。

2. 用光学对中器对中的安置方法

使用光学对中器对中，不但精度高，而且受外界条件影响小，在工作中被广泛采用。该项操作需使对中和整平反复交替进行，其操作步骤如下：

（1）将仪器三脚架安置在测站点上，目估使架头水平，并使架头中心大致对准测站点标志中心。

（2）装上仪器，先将经纬仪的三个脚螺旋转到大致同高的位置上，再调节（旋转或抽动）光学对中器的目镜，使对中器内分划板上的圆圈（简称照准圈）和地面测站点标志同时清晰，然后固定一条架腿，移动其余两条架腿，使其稳固地插入地面。

（3）对中：旋转脚螺旋，使照准圈精确对准测站点标志。

（4）粗平：根据气泡偏离情况，分别伸长或缩短三脚架腿，使圆水准器气泡居中。

(5) 精平：用前面垂球对中所述整平方法，使照准部管水准器气泡精确居中。

(6) 检查仪器对中情况，若测站点标志不在照准圈中心且偏移量较小，可松开仪器中心连接螺旋，在架顶上平移（不要扭转）仪器使其精确对中，再重复步骤（5）进行整平；如偏移量过大，则重复操作（3）、（4）、（5）的步骤，直至对中和整平均达到要求为止。

(3) 照准目标。

先调_____，再用照门和准星_____目标，物镜_____，消除视差，精确照准。

> ### 知识链接
> **照准目标**
>
> 松开水平和望远镜制动螺旋，调节望远镜目镜使十字丝清晰；利用望远镜上的准星或粗瞄器粗略照准目标并拧紧制动螺旋；调节物镜调焦螺旋使目标清晰并消除视差；利用水平和望远镜微动螺旋精确照准目标。
>
> 照准时应注意：
> (1) 水平角观测时要照准目标底部。
> (2) 目标离仪器较近时，成像较大，可用单丝平分目标。
> (3) 目标离仪器较远时，可用双丝夹住目标或用单丝和目标重合。
> (4) 竖直角观测时应照准目标顶部或某一预定部位。

(4) 读数或置数。

调节反光镜及读数显微镜_____，使影像清晰，亮度适中，然后读数。

> 引导5：转动测微轮时，望远镜中目标的像是否也随度盘影像的移动而移动？为什么？

> ### 知识链接
> **读数或置数**
>
> (1) 读数：读数方法如前面所述。
>
> 读数时要注意以下两点：
> 一是应打开度盘照明反光镜，并调节反光镜方向使读数窗内亮度最大。
> 二是应调节读数显微镜目镜使度盘影像清晰。
>
> (2) 置数：在水平角观测或建筑工程施工放样中，常常需要使某一方向的读数为零或达到某一预定值。照准某一方向时，使度盘读数为某一预定值的工作称为置数。测微尺读数装置的经纬仪多采用度盘变换器结构，其置数方法可归纳为"先照准后置数"，即先精确照准目标，并固紧水平及望远镜制动螺旋，再打开度盘变换手轮保险装置，转动度盘变换手轮，使度盘读数等于预定数值，然后关上变换手轮保险装置。

> **引导** 6：学生应树立严谨的工作态度，养成良好的职业素养和爱岗敬业的精神，提升学生严谨科学的专业精神和团队协作的工作作风。

> **引导** 7：各小组推荐代表进行汇报，教师讲评，明确经纬仪的使用方法。

> **引导** 8：不同型号的经纬仪，它们的使用方法是否都一样？

（三）检查与评价

> **引导** 9：各小组互评，提出操作过程的优缺点。

> **引导** 10：各小组推荐代表进行经纬仪操作程序结果汇报，教师讲评。

三、经纬仪的检验与校正

（一）准备与计划

> **引导** 1：【工程案例】在平面控制测量中，观测人员连续观测了 3 次超过 5 000 米的导线测量，角度闭合差均达不到规范精度要求。

原因分析：经检验发现，由于工作人员作业时不慎把经纬仪摔落，导致经纬仪的几何条件无法满足，致使数据不合格，最后经过严格校正，观测数据恢复正常。

预防措施：测量工作要求作业人员务必爱护仪器，具有爱岗敬业、严谨认真的测绘精神。在角度测量前必须先对经纬仪进行检验和校正，使经纬仪的各轴线间满足《工程测量规范》规定的技术标准，经过检验与校正的测量仪器才能应用于工程作业。

> **引导** 2：经纬仪应满足的几何条件是什么？

1. 主要轴线

如图 3-10 所示，经纬仪的主要轴线有：_____HH_1、_____VV_1、_____CC_1、_____LL_1、_____$L'_1L'_1$。

2. 经纬仪应满足的主要几何关系

（1）竖轴应垂直于_____且过其中心。

（2）照准部水准管轴应垂直于_____（$LL_1 \perp VV_1$）。

（3）视准轴应垂直于_____（$CC_1 \perp HH_1$）。

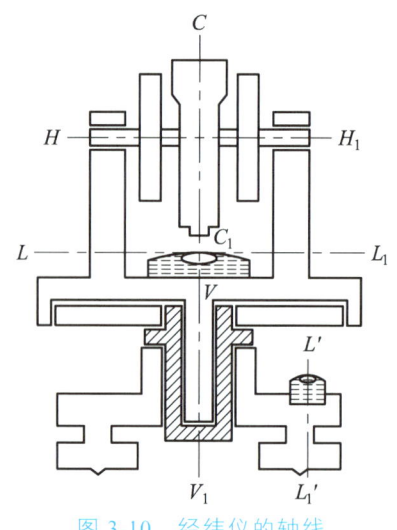

图 3-10　经纬仪的轴线

（4）横轴应垂直于＿＿＿＿＿＿＿＿＿（$HH_1 \perp VV_1$）。

（5）横轴应垂直于竖盘且过其中心。

（6）竖盘指标差 = 0。

知识链接

经纬仪应满足的几何条件

上述前四项条件正确时可满足水平角测量要求。即（1）、（2）项满足时，通过对中和整平（照准部水准管轴水平）可使仪器的水平度盘水平地安置在过测站点的铅垂线上；（3）、（4）两项满足时，能保证仪器的照准面为铅垂平面。在前四项条件的基础上满足第五项条件时，能保证仪器竖盘处于铅垂位置，从而满足竖直角测量要求。

上述五项条件中，第（1）、（5）两项仪器出厂时已保证满足，作业时只检查（2）、（3）、（4）项。另外，还要对仪器十字丝、指标差及光学对中器进行检验和校正。

▶ **引导**3：由于经纬仪长期在野外使用，其轴线关系可能被破坏，若不进行检验校正，就会产生测量误差。

（二）决策与实施

1. 照准部水准管轴应垂直于仪器竖轴

（1）检验目的：照准部水准管轴应垂直于仪器竖轴，即（$LL_1 \perp VV_1$）。

（2）检验过程：

① 仪器粗平：圆水准器气泡＿＿＿＿＿＿＿＿。

② 水准管平行某两个＿＿＿＿＿＿螺旋，使水准管气泡居中。

③ 照准部旋转180°，若气泡仍居中，则＿＿＿＿＿＿＿，若气泡偏离，则需校正。

知识链接

照准部水准管轴垂直于仪器竖轴的检验与校正

（1）检验。

将仪器大致整平，然后使照准部水准管平行于任意两个脚螺旋的连线，相对旋转两脚螺旋使气泡居中；将照准部旋转180°，如果气泡仍居中或偏离中心不超过1格，则说明条件满足，否则，应进行校正。

（2）校正。

相对旋转这两个脚螺旋，使气泡向中央返回所偏格数的一半，用校正针拨动水准管一端的上、下两个校正螺钉，使水准管一端升高或降低，改正偏移量的另一半使气泡居中。此项检验校正应反复进行，直至照准部旋转到任意位置时，气泡偏移量均不超过格为止。

（3）检校原理。

如图 3-11（a）所示，显然是由于水准器两端支架不等高造成了该项条件不满足。当照准部水准管轴水平（即气泡居中）时，水平度盘倾斜了 α 角，竖轴也偏离了铅垂线 α 角。转动照准部180°后，由于竖轴方向不变，水准管轴与水平度盘的夹角仍为 α，但与水平面的夹角则为 2α，如图 3-11（b）所示。此时气泡偏移量 e 是水准管轴倾斜 2α 造成的。校正时，先用脚螺旋改正气泡偏移量的一半（即 $e/2$），此时，竖轴处于铅垂位置，水准管轴仍不水平，它与水平面的夹角为 α，如图 3-11（c）所示。当用校正螺钉改正气泡偏移量的另一半使气泡居中时，水准管轴处于水平位置并且和处于铅垂状态的竖轴相垂直，如图 3-11（d）所示。

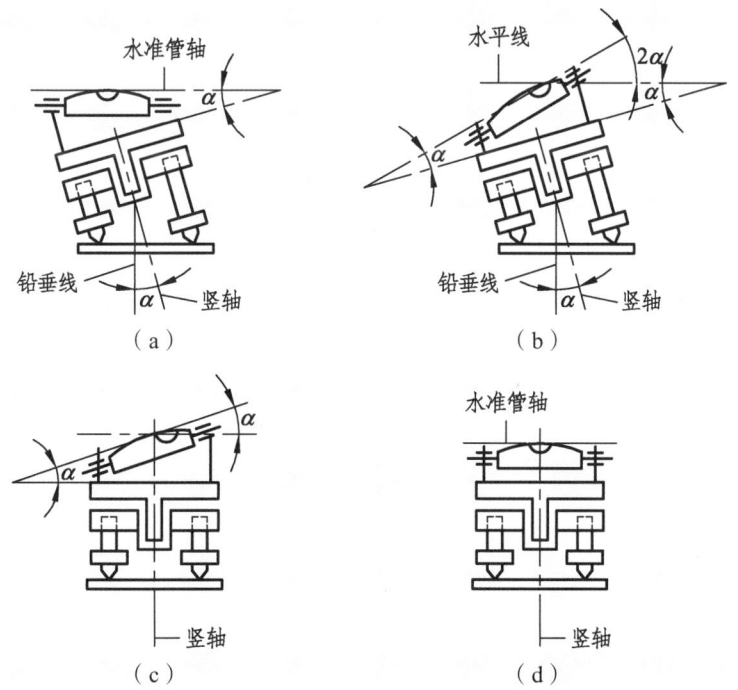

图 3-11　照准部水准管轴应垂直于仪器竖轴的检验与校正

2. 十字丝竖丝应垂直于横轴

检验目的：使十字丝的竖丝铅直，保证精确照准目标。

知识链接

十字丝竖丝垂直于横轴的检验与校正

（1）检验。

首先整平仪器，用十字丝交点精确瞄准一明显的点状目标，如图 3-12 所示，然后制动照准部和望远镜，转动望远镜微动螺旋使望远镜绕横轴做微小俯仰，如果目标点始终在竖丝上移动，说明条件满足，如图 3-12（a）所示；否则需要校正，如图 3-12（b）所示。

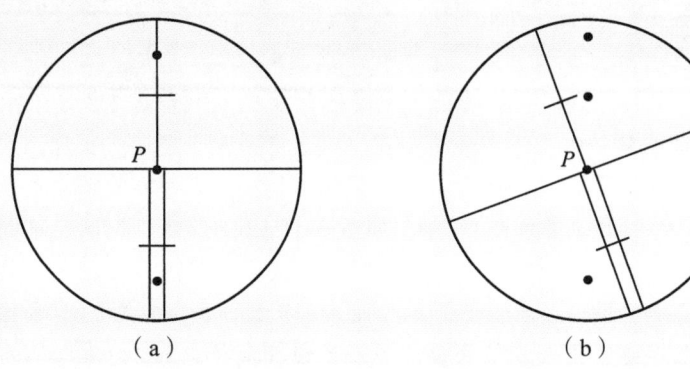

图 3-12 十字丝竖丝的检验

（2）校正。

与水准仪中横丝应垂直于竖轴的校正方法相同，此处只是应使纵丝竖直。如图 3-13 所示，校正时，先打开望远镜目镜端护盖，松开十字丝环的四个固定螺钉，按竖丝偏离的反方向微微转动十字丝环，使目标点在望远镜上下俯仰时始终在十字丝纵丝上移动为止，最后将固定螺钉拧紧，旋上护盖。

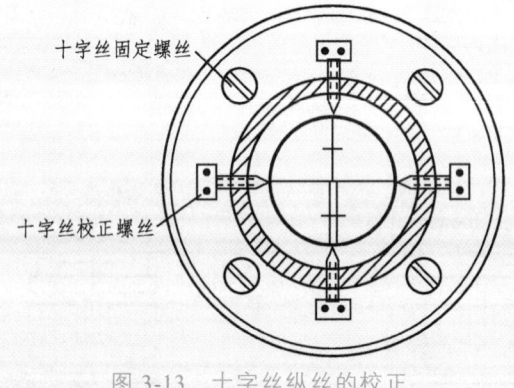

图 3-13 十字丝纵丝的校正

3. 视准轴 CC_1 应垂直于横轴 HH_1

检验目的：望远镜视准轴与横轴垂直。

知识链接

视准轴不垂直于水平轴所偏离的角值 c 称为视准轴误差。具有视准轴误差的望远镜绕水平轴旋转时,视准轴将扫过一个圆锥面,而不是一个平面。

(1) 检验。

视准轴误差的检验方法有盘左盘右读数法和四分之一法两种,下面具体介绍四分之一法的检验方法。

① 在平坦地面上,选择相距约 100 m 的 A、B 两点,在 AB 连线中点 O 处安置经纬仪,如图 3-14 所示,并在 A 点设置一瞄准标志,在 B 点横放一根刻有毫米分划的直尺,使直尺垂直于视线 OB,A 点的标志、B 点横放的直尺应与仪器大致同高。

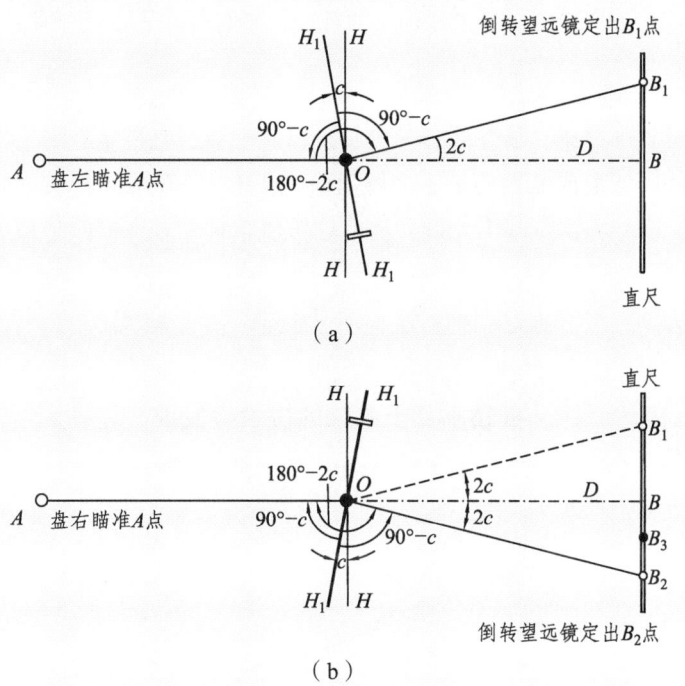

图 3-14　视准轴误差的检验(四分之一法)

② 用盘左位置瞄准 A 点,制动照准部,然后纵转望远镜,在 B 点尺上读得 B_1,如图 3-14(a)所示。

③ 用盘右位置再瞄准 A 点,制动照准部,然后纵转望远镜,再在 B 点尺上读得 B_2,如图 3-14(b)所示。

如果 B_1 与 B_2 两读数相同,说明视准轴垂直于横轴。如果 B_1 与 B_2 两读数不相同,由图 3-14(b)可知,$\angle B_1OB_2 = 4c$,由此算得

$$c = \frac{B_1B_2}{4D}\rho$$

式中 D——O 到 B 点的水平距离（m）；

B_1B_2——B_1 与 B_2 的读数差值（m）；

ρ——弧度秒值，$\rho = 206\ 265$（″）。

对于 DJ_6 型经纬仪，如果 $c > 60''$，则需要校正。

（2）校正。

校正时，在直尺上定出一点 B_3，使 $B_2B_3 = B_1B_2/4$，OB_3 便与横轴垂直，如图 3-14（b）所示。打开望远镜目镜端护盖，用校正针先松开十字丝上、下的十字丝校正螺钉，再拨动左右两个十字丝校正螺钉，一松一紧，左右移动十字丝分划板，直至十字丝交点对准 B_3。此项检验与校正也需反复进行。

仪器整平后，在望远镜中用横丝的十字丝中心对准某一标志 P，拧紧制动螺旋，转动微动螺旋。微动时，如果标志始终在十字丝横丝上移动，则表明横丝水平；如果标志不在横丝上移动，如图 3-14（a）所示，则需要校正。

4. 横轴垂直于竖轴

若横轴不垂直于竖轴，则仪器整平后竖轴虽已竖直，但横轴并不水平，因而视准轴绕倾斜的横轴旋转所形成的轨迹是一个倾斜面。这样，当瞄准同一铅垂面内高度不同的目标点时，水平度盘的读数并不相同，从而产生测角误差，影响测角精度，因此必须进行检验与校正。

横轴垂直于竖轴的检验与校正

（1）检验。

检验方法如下：

① 在距一垂直墙面 20～30 m 处，安置经纬仪，整平仪器，如图 3-15 所示。

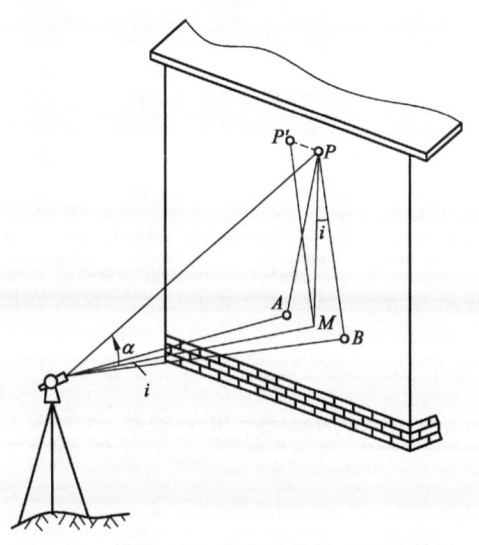

图 3-15　横轴 HH_1 垂直于竖轴 VV_1 的检验

② 盘左位置，瞄准墙面上高处一明显目标 P，仰角宜在 30°左右。

③ 固定照准部，将望远镜置于水平位置，根据十字丝交点在墙上定出一点 A。

④ 倒转望远镜成盘右位置，瞄准 P 点，固定照准部，再将望远镜置于水平位置，定出点 B。

如果 A、B 两点重合，说明横轴是水平的，横轴垂直于竖轴；否则，需要校正。

（2）校正。

校正方法如下：

① 在墙上定出 A、B 两点连线的中点 M，仍以盘右位置转动水平微动螺旋，照准 M 点，转动望远镜，仰视 P 点，这时十字丝交点必然偏离 P 点，设为 P' 点。

② 打开仪器支架的护盖，松开望远镜横轴的校正螺钉，转动偏心轴承，升高或降低横轴的一端，使十字丝交点准确照准 P 点，最后拧紧校正螺钉。

此项检验与校正也需反复进行。

由于光学经纬仪密封性好，仪器出厂时又经过严格检验，一般情况下横轴不易变动。但测量前仍应加以检验，如有问题，最好送专业修理单位检修。近代高质量的经纬仪，设计制造时保证了横轴与竖轴垂直，故无须校正。

5. 竖盘水准管的检验与校正

（1）检验。

安置经纬仪，仪器整平后，用盘左、盘右观测同一目标点 A，分别使竖盘指标水准管气泡居中，读取竖盘读数 L 和 R，用式 $x=\frac{1}{2}(\alpha_R - \alpha_L)=\frac{1}{2}(L+R-360°)$ 计算竖盘指标差 x，若 x 值超过 1′时，需要校正。

（2）校正。

先计算出盘右位置时竖盘的正确读数 $R_0 = R - x$，原盘右位置瞄准目标 A 不动，然后转动竖盘指标水准管微动螺旋，使竖盘读数为 R_0，此时竖盘指标水准管气泡不再居中了，用校正针拨动竖盘指标水准管一端的校正螺钉，使气泡居中。

此项检校需反复进行，直至指标差小于规定的限度为止。

▶ 引导 4：经纬仪测角之前应该进行哪些检验工作？

根据《工程测量规范》规定的技术标准，角度测量前应对仪器进行视检，如表 3-2 所示。

表 3-2　仪器视检（在符合的选项前打"√"）

三脚架是否平稳、脚螺旋是否有效	□是　□否	基座脚螺旋是否有效	□是　□否
水平制动与微动螺旋是否有效	□是　□否	望远镜成像是否清晰	□是　□否
望远镜制动与微动螺旋是否有效	□是　□否	其他问题	

▶ 引导 5：在角度测量作业前必须对经纬仪进行检验，使经纬仪的各轴线间满足的几何条件是什么？如表 3-3 所示。

表 3-3　仪器的主要轴线及几何关系

仪器的主要轴线			主要几何关系
序号	名称	代号	
1			1. _____
2			2. _____
3			3. _____
4			
5			

> **引导** 6：仪器安置后，先做哪些一般性检验？

安置仪器后，首先检验：三脚架是否_____，制动、微动螺旋和对光螺旋是否_____，望远镜成像是否_____等，同时了解所用仪器各主要轴线及其相互_____。

> **引导** 7：轴线几何关系检验与校正方法具体是什么？

（1）水准管轴 LL_1 垂直于竖轴 VV_1 的检验与校正：_____
_____
_____

（2）视准轴 CC_1 垂直于横轴 HH_1 的检验与校正：_____
_____
_____

（3）横轴 HH_1 垂直于竖轴 VV_1 的检验与校正：_____
_____
_____

（4）十字丝竖丝的检验与校正：_____
_____
_____

（5）竖盘水准管的检验与校正：_____
_____
_____
_____

（三）检查与评价

> **引导** 8：各小组推荐代表进行"经纬仪检验与校正的方法"汇报。

> **引导** 9：各小组互评，教师讲评，明确经纬仪的检验与校正的方法和实训步骤。

任务三　水平角测量

任务目标

（1）掌握测回法测量水平角的观测、记录和计算方法；
（2）掌握方向观测法测量水平角的观测、记录和计算方法。

测回法测量水平角

一、测回法测量水平角

（一）准备与计划

> **引导 1**：根据不同的观测角度，水平角的观测方法有哪些？

水平角的观测方法有好几种，无论采用何种方法，为了消除仪器的某些误差，一般用盘左和盘右两个位置进行观测。所谓盘左，就是观测者对着望远镜的目镜时，竖盘在望远镜的左侧。盘右是观测者对着望远镜的目镜时，竖盘在望远镜的右侧。盘左又称正镜，盘右又称倒镜。

> **引导 2**：欲对水平角度∠AOB 进行观测，一个测回的观测程序是什么？

（二）决策与实施

测回法只适用于观测两个方向之间的单角。如图 3-16 所示，设要测的水平角为 β，O 为_____，在 O 点安置_____，A、B 为_____目标，分别用测回法照准观测_____与_____两方向的目标并进行读数，两读数之差即_____角值。

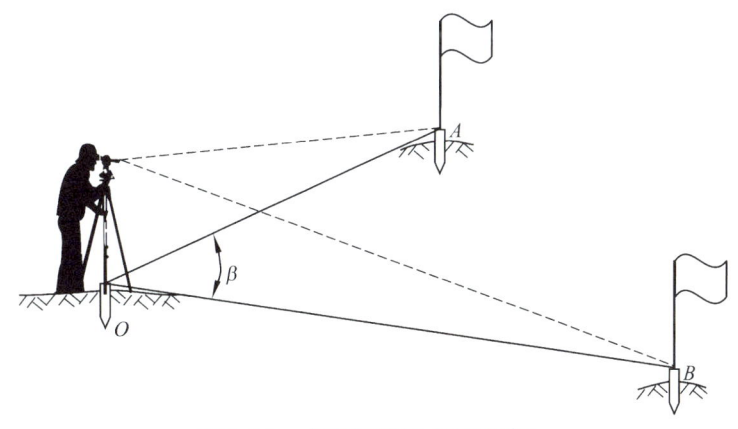

图 3-16　水平角测量（测回法）

> **引导 3**：为什么用盘左、盘右观测水平角，且取平均值？

知识链接

（1）在测站点 O 安置经纬仪，在 A、B 两点竖立测杆或测钎等，作为目标标志。

（2）将仪器置于盘左位置，转动照准部，先瞄准左目标 A（注意消除视差，凡瞄准目标都要如此），用双竖丝准确地夹住标杆或测钎，或用单丝去平分。为了降低标杆或测钎竖立不直的影响，应尽量瞄准标杆或测钎的底部，读取水平度盘读数 a_L，设读数为 0°01′12″，记入水平角观测手簿表 3-4 相应栏内。松开照准部制动螺旋，顺时针转动照准部，瞄准右目标 B，读取水平度盘读数 b_L，设读数为 200°08′54″，记入表 3-4 相应栏内。

以上称为盘左半测回或者上半测回，盘左位置的水平角角值（也称上半测回角值）β_L 为：

$$\beta_L = b_L - a_L = 200°08′54″ - 0°01′12″ = 200°07′42″$$

（3）松开照准部制动螺旋，倒转望远镜，使盘左位置变成盘右位置，按上述方法先瞄准右目标 B，读取水平度盘读数 b_R，设读数为 20°09′30″，记入表 3-4 相应栏内。松开照准部制动螺旋，逆时针转动照准部，瞄准左目标 A，读取水平度盘读数 a_R，设读数为 180°02′00″，记入表 3-4 相应栏内。

以上称为盘右测回或者下半测回，盘右位置的水平角角值（也称下半测回角值）β_R 为：

$$\beta_R = b_R - a_R = 20°09′30″ - 180°02′00″ + 360° = 200°07′30″$$

上半测回和下半测回构成一测回。

（4）对于 DJ_6 型光学经纬仪，如果上、下两半测回角值之差不大于 ±40″，认为观测合格。此时，可取上、下两半测回角值的平均值作为一测回角值 β。

在本例中，上、下两半测回角值之差为：

$$\Delta\beta = \beta_L - \beta_R = 200°07′42″ - 200°07′30″ = 12″ \qquad (3-1)$$

一测回角值为：

$$\beta = \frac{1}{2}(\beta_L + \beta_R) = \frac{1}{2}(200°07′42″ + 200°07′30″) = 200°07′36″$$

将结果记入表 3-4 相应栏内。

表 3-4　测回法观测手簿

测站	竖盘位置	目标	水平度盘读数 ° ′ ″	半测回角值 ° ′ ″	一测回角值 ° ′ ″	各测回平均值 ° ′ ″	备注
第一测回	左	A	0 01 12	200 07 42	200 07 36		
		B	200 08 54				
	右	A	180 02 00	200 07 30		200 07 35	
		B	20 09 30				
第二测回	左	A	90 00 36	200 07 24	200 07 33		
		B	290 08 00				
	右	A	270 01 06	200 07 42			
		B	110 08 48				

> **引导 4**：已知地面三角形，如何测量三角形的内角，使测量内角和与理论内角的差值和在误差范围值之内？

（1）三角形内角和为_____。

（2）测量内角和与理论内角的差值称为_____。

> **引导 5**：在角度测量过程中，必须有求真务实、认真仔细的精神，能吃苦耐劳。

> **引导 6**：在水平角观测中，如果右目标的读数小于左目标的读数时，应如何计算角值？

知识链接

注意：由于水平度盘是顺时针刻划和注记的，所以在计算水平角时，总是用右目标的读数减去左目标的读数，如果不够减，则应在右目标的读数上加上360°，再减去左目标的读数，决不可以倒过来减。

> **引导 7**：为什么观测水平角时，需要多个测回观测，且取平均值？

知识链接

当测角精度要求较高时，需对一个角度观测多个测回，为了降低度盘分划误差的影响，在每一个测回观测完毕之后，应根据测回数 n，以 $180°/n$ 的差值，安置水平度盘读数。例如，当测回数 $n=2$ 时，第一测回的起始方向读数可安置在略大于 0°处；第二测回的起始方向读数可安置在略大于（180°/2）=90°处。各测回角值互差如果不超过 $\pm 40''$（对于 DJ_6 型），取各测回角值的平均值作为最后角值，记入表 3-4 相应栏内。

先转动照准部，瞄准起始目标；然后，按下度盘变换手轮下的保险手柄，将手轮推压进去，并转动手轮，直至从读数窗看到所需读数；最后，将手松开，手轮退出，把保险手柄倒回。

> **引导 8**：某建筑工地欲对某一栋楼进行施工点位放样，施工经理要求施工技术员对这栋楼进行施工点放样。假设你是施工员，你将如何解决问题？

（1）测定这栋楼四个角的角度（测回法测量水平角）。

（2）测定这栋楼四个角的标高（相对高程）。

（3）布设这栋楼角点的龙门桩。

> ➤ **引导**9：各小组推荐代表进行测量外业汇报，教师讲评，明确测回法测角的施测方法。

> ➤ **引导**10：各个小组测量精度是否都一样？

（三）检查与评价

> ➤ **引导**11：各小组互评，修改计算表。

> ➤ **引导**12：各小组推荐代表进行测回法测量施测结果汇报，教师讲评。

方向观测法
测量水平角

二、方向观测法测量水平角

（一）准备与计划

> ➤ **引导**1：观测水平角时，什么情况下采用方向观测法？

当一个测站上有_____或三个以上方向，需要观测多个角度时，通常采用_____。方向观测法是以选定的起始方向（又称零方向），依次观测出其各方向相对于起始方向的方向值，则任意两个方向的方向值之差即为该两方向之间的_____。若方向数超过三个，则须在每个半测回末尾再观测一次零方向（称归零），两次观测零方向的读数应相等或差值不超过规定要求，其差值称"归零差"。由于重新照准零方向时，照准部已旋转了360°，故此法又称为全圆方向法或全圆测回法。

> ➤ **引导**2：欲对 A、B、C、D 四个方向之间进行水平角观测，一个测回的观测程序是什么？

（二）决策与实施

方向观测法

方向观测法的观测程序

方向观测法简称方向法，适用于在一个测站上观测两个以上的方向。如图 3-17 所示，设 O 为测站点，A、B、C、D 为观测目标，用方向观测法观测 O 到 A、B、C、D 各方向间的水平角，具体施测步骤如下：

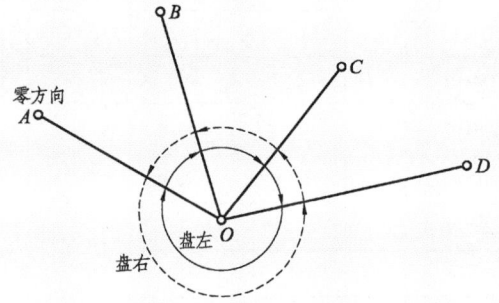

图 3-17 水平角测量（方向观测法）

（1）在测站点 O 安置经纬仪，在 A、B、C、D 观测目标处竖立观测标志。

（2）将仪器安置在盘左位置，选择一个明显目标 A 作为起始方向，瞄准零方向 A，将水平度盘读数安置在稍大于 0°处，读取水平度盘读数，记入表 3-5 方向观测法观测手簿第 4 栏。松开照准部制动螺旋，顺时针方向旋转照准部，依次瞄准 B、C、D 各目标，分别读取水平度盘读数，记入表 3-5 第 4 栏。为了校核，再次瞄准零方向 A，读取水平度盘读数，记入表 3-5 第 4 栏，这最后一步称为"归零"，其目的是为了检查水平度盘的位置在观测过程中是否发生变动。

零方向 A 的两次读数之差的绝对值，称为半测回归零差，归零差不应超过表 3-6 中的规定，如果归零差超限，应重新观测。以上称为盘左半测回或者上半测回。

（3）松开照准部制动螺旋，倒转望远镜，使盘左位置变成盘右位置，逆时针方向依次照准目标 A、D、C、B、A，并将水平度盘读数由下向上记入表 3-5 第 5 栏，此为盘右半测回或者下半测回。上、下两个半测回合称一测回。为了提高精度，有时需要观测 n 个测回，则各测回起始方向仍按 $180°/n$ 的差值，安置水平度盘读数。

记录和计算方法基本上与测回法一样，但由于有归零观测，因此起始方向有前后两个读数，最后取平均值记于表 3-5 第 7 列上方，并加上括号。为了便于以后的计算和比较，要把起始方向值改为 0°00′00″，在半测回方向值中，是把原来的方向值减去起始方向归零后的平均值而得到的。

方向观测法通常有三项限差规定：一是半测回中两次瞄准起始方向的读数之差，称为半测回归零差；二是上、下半测回同一方向的方向值之差；三是各测回同一方向的方向值之差，称为各测回方向差。以上三项限差，根据不同精度的仪器而有不同的规定。

表 3-5　方向观测法观测手簿

测站	测回数	目标	水平度盘读数		2c	平均读数	归零后方向值	各测回归零后方向平均值	略图及角值
			盘左	盘右					
			○ ′ ″	○ ′ ″	″	○ ′ ″	○ ′ ″	○ ′ ″	
1	2	3	4	5	6	7	8	9	10
O	1	A	0 01 06	180 01 06	0	(0 01 09) 0 01 06	0 00 00	0 00 00	
		B	37 43 18	217 43 06	+12	37 43 12	37 42 03	37 42 06	
		C	115 28 06	295 27 54	+12	115 28 00	115 26 51	115 26 54	
		D	156 13 48	336 13 42	+6	156 13 45	156 12 36	156 12 32	
		A	0 01 18	180 01 06	+12	0 01 12			
	2	A	90 02 30	270 02 24	+6	(90 02 24) 90 02 27	0 00 00		
		B	127 44 36	307 44 28	+8	127 44 32	37 42 08		
		C	205 29 18	25 29 24	+6	205 29 21	115 25 57		
		D	246 14 54	66 14 48	+6	246 14 51	156 12 27		
		A	90 02 24	270 02 18	+6	90 02 21			

> **引导 3**：方向观测法计算过程中，应该注意哪些问题？

知识链接

方向观测法的计算方法：

（1）计算两倍视准轴误差 $2c$ 值。

$$2c = 盘左读数 - (盘右读数 \pm 180°)$$

上式中，盘右读数大于 180°时取"－"号，盘右读数小于 180°时取"＋"号。计算各方向的 $2c$ 值，填入表 3-5 第 6 栏。一测回内各方向 $2c$ 值互差不应超过表 3-6 中的规定。如果超限，应在原度盘位置重测。

（2）计算各方向的平均读数。

平均读数又称为各方向的方向值。

$$平均读数 = \frac{1}{2}[盘左读数 + (盘右读数 \pm 180°)]$$

计算时，以盘左读数为准，将盘右读数加或减 180°后，和盘左读数取平均值。计算各方向的平均读数，填入表 3-5 第 7 栏。起始方向有两个平均读数，故应再取其平均值，填入表 3-5 第 7 栏上方小括号内。

（3）计算归零后的方向值。

将各方向的平均读数减去起始方向的平均读数（括号内数值），即得各方向的"归零后方向值"，填入表3-5第8栏。起始方向归零后的方向值为零。

（4）计算各测回归零后方向值的平均值。

多测回观测时，同一方向值各测回互差，符合表3-6中的规定，则取各测回归零后方向值的平均值，作为该方向的最后结果，填入表3-5第9栏。

表3-6 方向观测法的技术要求

经纬仪型号	半测回归零差	一测回内2c互差	同一方向值各测回互差
DJ$_2$	12″	18″	12″
DJ$_6$	18″		24″

（5）计算各目标间水平角角值。

将第9栏相邻两方向值相减即可求得，注于第10栏略图的相应位置上。

当需要观测的方向为三个时，除不做归零观测外，其他均与三个以上方向的观测方法相同。

> **引导**4：水平角观测具有哪些观测要求？

> **引导**5：在角度测量过程中，必须有实事求是、诚信的职业精神。

> **引导**6：各小组推荐代表进行测量外业汇报，教师讲评，明确方向观测法测角的施测方法。

> **引导**7：各个小组测量精度是否符合要求？

（三）检查与评价

> **引导**8：各小组互评，修改计算表。

> **引导**9：各小组推荐代表进行方向观测法测量施测结果汇报，教师讲评。

任务四 竖直角测量

任务目标

（1）了解竖直度盘与望远镜的转动关系；
（2）了解竖盘指标与竖盘指标水准管的关系；
（3）掌握竖直角的观测、记录和计算；
（4）掌握竖盘指标差的计算。

（一）准备与计划

➤ **引导**1：在同一铅垂面内，观测视线与水平线之间的夹角如何测量？

竖直角的观测

如图3-18所示，在同一铅垂面内，观测视线与水平线之间的夹角，称为_____，又称倾角，用 α 表示。其角值范围为_____。视线在水平线的上方，竖直角为仰角，符号为____（ $+\alpha$ ）；视线在水平线的下方，竖直角为俯角，符号为_____（ $-\alpha$ ）。

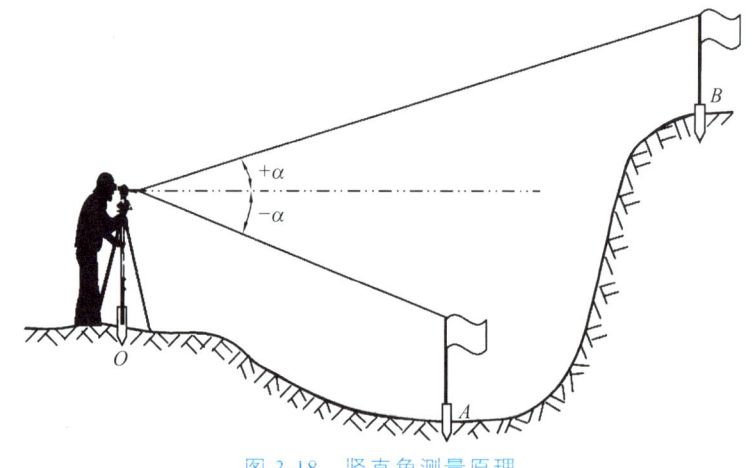

图3-18 竖直角测量原理

➤ **引导**2：欲对 A、B 点进行竖直角观测，其观测程序是什么？

（二）决策与实施

➤ **引导**3：竖直角观测前，应了解竖直度盘构造，竖直度盘构造具有哪些特点？

竖直角的计算及
竖盘指标差

竖直度盘构造包括_____、_____和_____。

知识链接

如图 3-19 所示，光学经纬仪竖直度盘的构造包括竖直度盘、竖盘指标、竖盘指标水准管和竖盘指标水准管微动螺旋。

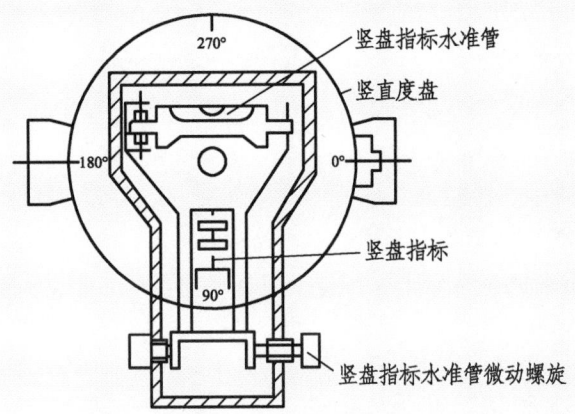

图 3-19 竖直度盘的构造

竖直度盘固定在横轴的一端，当望远镜在竖直面内转动时，竖直度盘也随之转动，而用于读数的竖盘指标则不动。

当竖盘指标水准管气泡居中时，竖盘指标所处的位置称为正确位置。

光学经纬仪的竖直度盘也是一个玻璃圆环，分划与水平度盘相似，度盘刻度 0°~360°的注记有顺时针方向和逆时针方向两种。如图 3-20（a）所示为顺时针方向注记，如图 3-20（b）所示为逆时针方向注记。

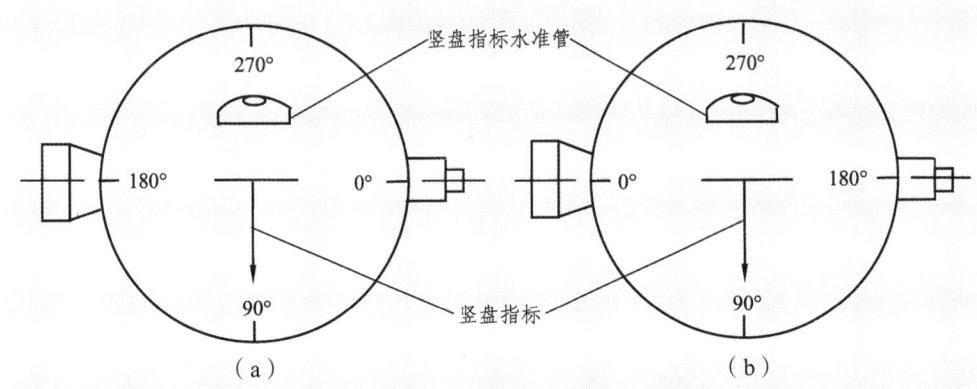

图 3-20 竖直度盘刻度注记（盘左位置）

竖直度盘构造的特点是：当望远镜视线水平，竖盘指标水准管气泡居中时，盘左位置的竖盘读数为 90°，盘右位置的竖盘读数为 270°。

➤ **引导** 4：竖盘注记形式不同，竖直角计算的公式是否相同？

 知识链接

由于竖盘注记形式不同,竖直角计算的公式也不一样。现在以顺时针注记的竖盘为例,推导竖直角计算的公式。

如图 3-21(a)所示,盘左位置:视线水平时,竖盘读数为 90°。当瞄准一目标时,竖盘读数为 L,则盘左竖直角 α_L 为:

$$\alpha_L = 90° - L \tag{3-2}$$

如图 3-21(b)所示,盘右位置:视线水平时,竖盘读数为 270°。当瞄准原目标时,竖盘读数为 R,则盘右竖直角 α_R 为:

$$\alpha_R = R - 270° \tag{3-3}$$

将盘左、盘右位置的两个竖直角取平均值,即得竖直角 α 计算公式为:

$$\alpha = \frac{1}{2}(\alpha_L + \alpha_R) \tag{3-4}$$

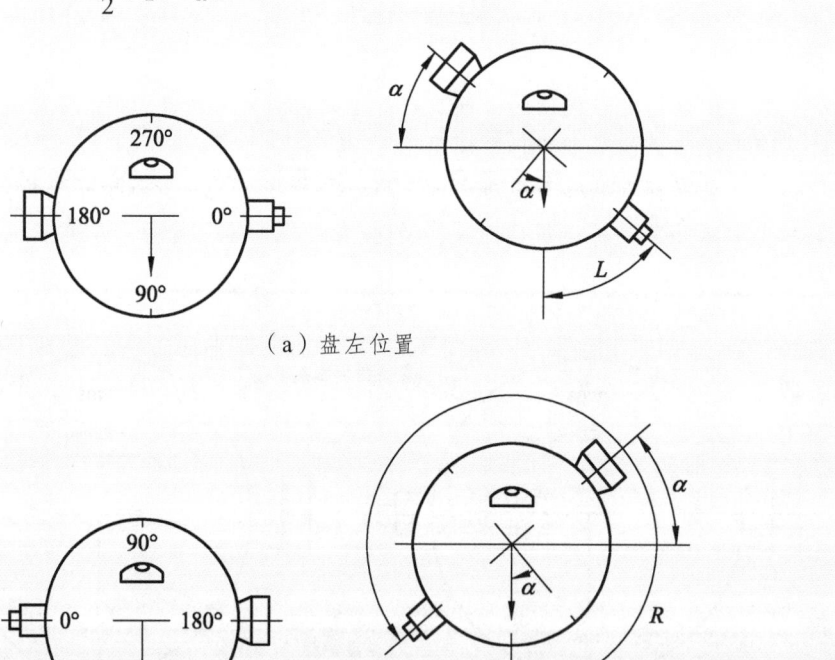

(a)盘左位置

(b)盘右位置

图 3-21 竖盘读数与竖直角计算

对于逆时针注记的竖盘,用类似的方法推得竖直角的计算公式为:

$$\left.\begin{array}{l}\alpha_L = L - 90° \\ \alpha_R = 270° - R\end{array}\right\} \tag{3-5}$$

> **引导** 5：在竖直角观测之前，如何判断竖直角的计算公式呢？

 知识链接

在观测竖直角之前，将望远镜大致放置水平，观察竖盘读数，首先确定视线水平时的读数；然后上仰望远镜，观测竖盘读数是增加还是减少：

若读数增加，则竖直角的计算公式为：

$$\alpha = 瞄准目标时竖盘读数 - 视线水平时竖盘读数 \tag{3-6}$$

若读数减少，则竖直角的计算公式为：

$$\alpha = 视线水平时竖盘读数 - 瞄准目标时竖盘读数 \tag{3-7}$$

以上规定，适合任何竖直度盘注记形式和盘左盘右观测。

> **引导** 6：在角度测量过程中，必须有求真务实、认真仔细的精神，能吃苦耐劳。

> **引导** 7：在竖直角观测中，如果竖盘指标偏离了正确位置，应如何计算角值？

 知识链接

在竖直角计算公式中，我们认为当视准轴水平、竖盘指标水准管气泡居中时，竖盘读数应是 90°的整数倍。但是实际上这个条件往往不能满足，竖盘指标常常偏离正确位置，这个偏离的差值 x 角，称为竖盘指标差。竖盘指标差 x 本身有正负号，一般规定当竖盘指标偏移方向与竖盘注记方向一致时，x 取正号，反之 x 取负号。

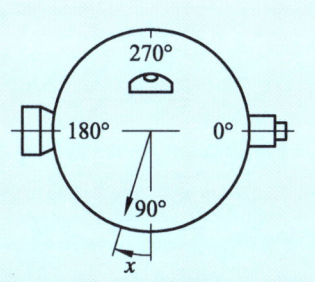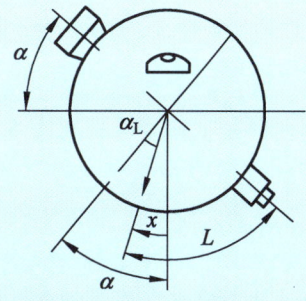

（a）盘左位置

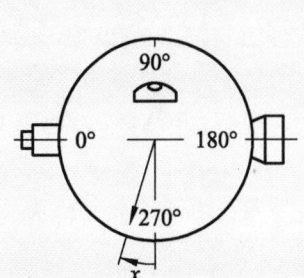 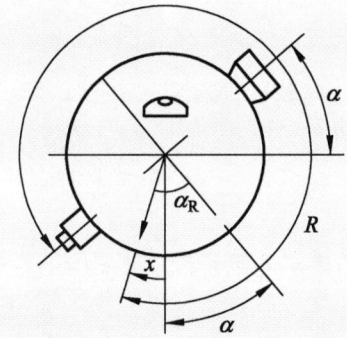

（b）盘右位置

图 3-22　竖直度盘指标差

如图 3-22（a）所示盘左位置，由于存在指标差，其正确的竖直角计算公式为：

$$\alpha = 90° - L + x = \alpha_L + x \qquad (3\text{-}8)$$

同样如图 3-22（b）所示盘右位置，其正确的竖直角计算公式为：

$$\alpha = R - 270° - x = \alpha_R - x \qquad (3\text{-}9)$$

将式（3-8）和（3-9）相加并除以 2，得：

$$\alpha = \frac{1}{2}(\alpha_L + \alpha_R) = \frac{1}{2}(R - L - 180°) \qquad (3\text{-}10)$$

由此可见，在竖直角测量时，用盘左、盘右观测，取平均值作为竖直角的观测结果，可以消除竖盘指标差的影响。

将式（3-8）和式（3-9）相减并除以 2，得：

$$x = \frac{1}{2}(\alpha_R - \alpha_L) = \frac{1}{2}(L + R - 360°) \qquad (3\text{-}11)$$

式（3-11）为竖盘指标差的计算公式。指标差互差（即所求指标差之间的差值）可以反映观测成果的精度。有关规范规定：竖直角观测时，指标差互差的限差，DJ_2 型仪器不得超过 ±15″；DJ_6 型仪器不得超过 ±25″。

> 引导 8：观测竖直角时，观测程序是什么？

知识链接

竖直角的观测、记录和计算步骤如下：

（1）在测站点 O 安置经纬仪，在目标点 A 竖立观测标志，按前述方法确定该仪器竖直角计算公式，为方便应用，可将公式记录于竖直角观测手簿表 3-7 备注栏中。

（2）盘左位置：瞄准目标 A，使十字丝横丝精确地切于目标顶端，如图 3-23 所示。转动竖盘指标水准管微动螺旋，使水准管气泡严格居中，然后读取竖盘读数 L，设为 98°43′18″，记入竖直角观测手簿表 3-7 相应栏内。

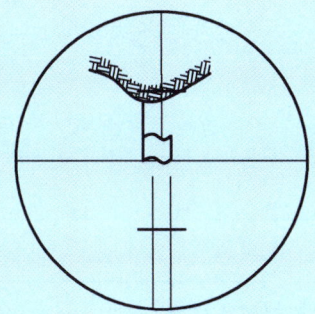

图 3-23 竖直角测量瞄准

（3）盘右位置：重复步骤 2，设其读数 R 为 261°15′30″，记入表 3-7 相应栏内。

表 3-7 竖直角观测手簿

测站	目标	竖盘位置	竖盘读数 /(° ′ ″)	半测回竖直角 /(° ′ ″)	指标差 /(″)	一测回竖直角 /(° ′ ″)	备注
1	2	3	4	5	6	7	8
O	A	左	98 43 18	-8 43 18	-36	-8 43 54	
		右	261 15 30	-8 44 30			

> **引导** 9：某建筑工地欲对某一栋楼角进行测量，施工经理要求施工技术员对这栋楼角高程进行测量。假设你是施工员，你将如何解决问题？测定这栋楼四个角的标高（相对高程）。

> **引导** 10：各小组推荐代表进行测量外业汇报，教师讲评，明确竖直角测角的施测方法。

> **引导** 11：各个小组测量精度是否都一样？

（三）检查与评价

> **引导** 12：各小组互评，修改计算表。

> **引导** 13：各小组推荐代表进行竖直角测量施测结果汇报，教师讲评。

附表 1

学习情况反馈表

学习任务					
班级		小组编号		负责人	
开始时间		计划完成时间		实际完成时间	
序号	学习记录				
	学习项目	任务内容		备注	
1	工作页的填写				
2	独立完成的任务				
3	小组合作完成的任务				
4	教师指导下完成的任务				
5	是否达到了学习目标,能否独立完成工程测量学习任务				
存在的问题及建议					

附表 2

测回法观测水平角记录表

仪器：_____　　测站：_____　　等级：_____　　日期：___年___月___日

天气：_____　　观测者：_____　　$Y=$_____　　开始时间：_____

成像：_____　　记录者：_____　　觇标类型：_____　　结束时间：_____

测站	竖盘位置	目标	水平度盘读数 /（° ′ ″）	半测回角值 /（° ′ ″）	一测回角值 /（° ′ ″）	各测回平均角值 /（° ′ ″）	备注

附表 3

全圆方向法观测水平角记录表

班级：_____ 组别：_____ 姓名：_____ 学号：_____ 日期：_____

主要仪器与工具		成绩	
实训目的			

仪器：_____ 测站：_____ 等级：_____ 日期：___年___月___日
天气：_____ 观测者：_____ $Y=$_____ 开始时间：_____
成像：_____ 记录者：_____ 觇标类型：_____ 结束时间：_____

测站	测点	水平度盘读数		$2c$ /(″)	盘左+(盘右±180°)/2 /(° ′ ″)	一测回归零后方向 /(° ′ ″)	各测回平均方向值 /(° ′ ″)	平均角值 /(° ′ ″)	备注
		盘左 /(° ′ ″)	盘右 /(° ′ ″)						

附表 4

竖直角观测记录表

仪器：_____　　测　站：_____　　日期：____年____月____日
天气：_____　　观测者：_____　　开始时间：_____
成像：_____　　记录者：_____　　结束时间：_____

测站	目标	竖盘位置	竖盘读数/(° ′ ″)	指标差/(° ′ ″)	竖直角/(° ′ ″)	备注
						竖盘注记形式

项目四

距离测量

项目四	距离测量	建议学时	6
任务描述			
本章介绍了距离测量的方法,包括钢尺量距、视距测量和光电量距。通过学习本章,学生要掌握水平距离的概念;掌握钢尺量距的一般方法和精密量距;掌握直线定线的概念和方法;掌握视距测量的基本原理和施测方法;了解光电测距的基本原理;掌握光电测距仪的使用及电子全站仪的使用			
学习目标			
完成本学习项目工作任务后,学生应当能够: 1. 理解距离的概念、了解距离测量的仪器和工具; 2. 掌握钢尺一般量距、精密量距的实施; 3. 掌握直线定位、方位角的概念及方位角的计算方法			
提交材料			
1. 每个任务的测量记录、计算和检核表; 2. 学习情况反馈表(附表1); 3. 分项训练评价表(附表2)			
学业评价形式及标准			
每位学生独立完成学习内容和工作任务,以百分制分数对个人单独评价			

序号	考核要求	分数	评分标准	得分
1	遵守纪律,能按时独立完成工作任务	15	在该情境安排的学时结束时没完成工作任务的,每延迟2学时扣5分,直至扣完为止,延迟超过1天本单项成绩评0分	
2	距离测量基础知识	10	正确10分;基本正确8分;有缺陷6分;不正确0分	
3	实际情况选用钢尺量距方法	10	正确10分;基本正确8分;有缺陷6分;不正确0分	
4	视距量距方法	15	正确15分;基本正确13分;有缺陷10分;不正确0分	
5	经纬仪等测量工具进行距离测量	10	正确10分;基本正确8分;有缺陷6分;不正确0分	
6	光电量距方法	15	正确15分;基本正确13分;有缺陷10分;不正确0分	
7	电子全站仪等进行距离测量	15	正确15分;基本正确13分;有缺陷10分;不正确0分	
8	量距成果整理和计算	10	正确10分;基本正确8分;有缺陷6分;不正确0分	
合计				

任务一 钢尺量距

任务目标

（1）认识钢尺量距工具；
（2）掌握直线定向的方法；
（3）掌握钢尺精密量距及其误差分析的方法。

距离测量的基本概念

一、认识量距工具

（一）准备与计划

➤ **引导**1：距离测量是测量的三项基本工作之一，测量学上所谓距离是指两点间的水平长度及地面上两点垂直投影到水平面上的直线距离。实际工作中，如果测得的是倾斜距离，还必须改算为水平距离。如图 4-1 所示，$A'B'$ 为水平距离，AB 为斜距。

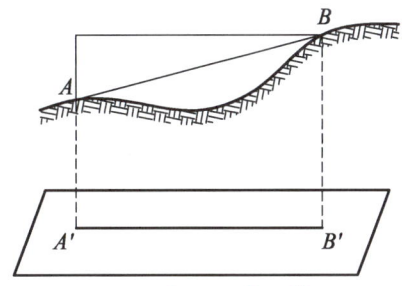

图 4-1 水平距离示意图

距离测量方法根据所用仪器、工具的不同，分为钢尺量距、视距量距和光电量距三种方法。钢尺量距是指利用钢尺工具进行距离测量的方法。视距量距是指利用经纬仪等工具进行距离测量的方法。光电测距是指利用光电测距仪和电子全站仪等工具进行距离测量的方法。

➤ **引导**2：钢尺是否可以作为量距的工具？钢尺量距的工具都有哪些？

1. 钢　尺

钢尺是由优质钢制成的带状尺，可卷放在图形盒内或金属架上，故又称钢卷尺，钢尺厚 0.2～0.4 mm，宽为 10～15 mm，全长有 20 m、30 m 及 50 m 几种。钢尺的基本分划为厘米，在每米及每分米处有数字标注。一般在起点处 1 分米内刻有毫米分划；有的钢尺整个尺长内都刻有毫米分划。

由于尺的零点位置不同，钢尺有端点尺和刻线尺之分。端点尺是以尺的最外端作为尺的零点[见图 4-2（a）]，当从建筑物墙边开始丈量时很方便。刻线尺是以尺前端的一刻线作为尺的零点[见图 4-2（b）]。

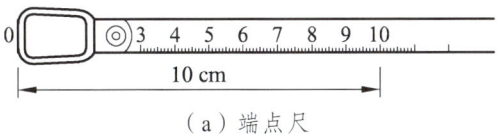

（a）端点尺

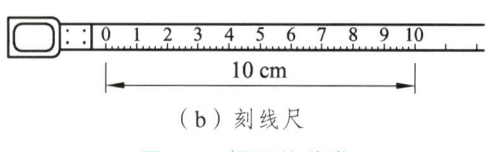

（b）刻线尺

图 4-2　钢尺的种类

钢尺由优质钢制成，抗拉强度高，受拉力的影响较小，在工程测量中常用钢尺量距。但钢尺有热胀冷缩性，同时钢尺较薄，性脆易折，应防止打结、车轮碾压，钢尺受潮易生锈，应防雨淋、水浸。

2. 标　杆

标杆用圆木杆或合金材料制成，直径 3~4 cm，全长 2~3 m，杆上涂以红白相间的双色油漆，间隔长为 20 cm，故标杆又称花杆。杆的下端有铁制尖脚，以便插入地内，如图 4-3（a）所示。标杆是一种简单照准标志，在丈量中用于直线定线。合金材料制成的标杆重量轻且可以收缩，携带方便。

3. 测　钎

测钎一般用长为 25~35 cm，直径为 3~4 mm 粗的铁丝制成，一端卷成圆环，便于套在另一铁环内，以 6 根或 11 根为一串，另一端磨削成尖锥状，以便于插入地内，如图 4-3（b）所示，测钎常作为丈量的尺段标记。

4. 垂　球

垂球也称线垂，为铁制圆锥状重物，它上大下尖，上端的中心悬吊在细线下端，如图 4-3（c）所示。当垂球自由静止后，细线和垂球即在同一垂线上。利用其吊线为铅垂线的特性，丈量时用铅垂投递点位位置。

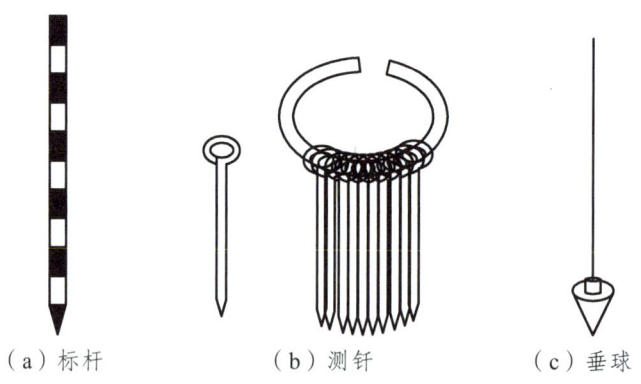

（a）标杆　　　　（b）测钎　　　　（c）垂球

图 4-3　钢尺量距的辅助设备

知识链接

除了以上距离测量的仪器，在进行钢尺量距时，尤其是精密丈量距离时，尚需水准仪、弹簧秤、温度计等工具。

（二）决策与实施

> **引导** 3：各小组推荐代表进行汇报，教师讲评，明确钢尺量距的主要工具，并举例说明每种工具的具体作用。

（三）检查与评价

> **引导** 4：小组成员互相检查，检查对方小组距离测量计算方法是否正确，计算过程是否完整，小组之间完成互评。

> **引导** 5：各小组推荐代表进行案例计算结果的汇报，教师讲评。

二、直线定线

（一）准备与计划

> **引导** 1：水平地面上两点间的距离超过尺的全长或地势起伏较大时，必须逐个尺长地连续沿直线方向进行分段丈量，或者距离虽不足一个尺长，但仍要求分段进行丈量。那么如何在地面上标定出直线丈量的方向线？

> **引导** 2：直线定线的方法有拉线定线、目估定线和经纬仪定线三种。在一般距离测量中常用拉线定线法和目估定线，而在精密距离测量中则采用经纬仪定线。

1. 拉线定线

定线时，先在两点间拉一细绳，沿着细绳定出各中间点。

2. 目估定线

目估定线精度较低，但能满足一般量距的精度要求。

如图 4-4 所示，欲在通视良好的 A、B 两点间定出 1、2 两点，可由两人进行，先在 A、B 两点竖立标杆，甲立于 A 点标杆后，乙持另一标杆沿 BA 方向走到离 B 点约一尺段长的 1 点附近，甲用手势指挥乙沿与 AB 垂直的方向移动标杆，直到标杆移到位于 AB 直线上为止，然后在 1 点处插上标杆或测钎，定出 1 点。乙再带着标杆走到 2 点附近，用同样的方法定出 2 点，插上标杆或测钎。

这种从直线远端 B 走向近端 A 的定线方法称为走近定线。从直线近端 A 走向远端 B 的定线方法称为走远定线。走近定线的精度高于走远定线。

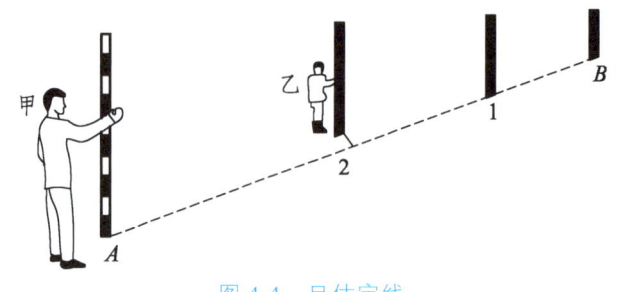

图 4-4　目估定线

3. 经纬仪定线

当量距精度要求较高时，应采用经纬仪定线法。如图 4-5 所示，欲在 A、B 两点间精确定出 1，2…点的位置，可将经纬仪安置于 A 点，用望远镜瞄准 B 点，固定照准部制动螺旋，然后将望远镜向下俯视，将十字丝交点投到木桩上，并钉小钉以确定出 1 点的位置。同法可定出其余各点的位置。

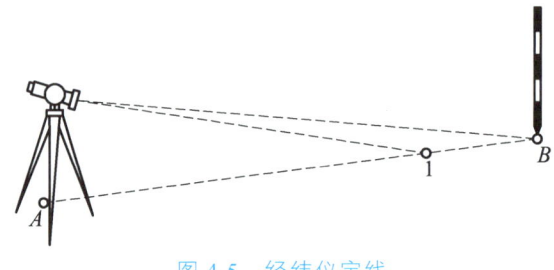

图 4-5　经纬仪定线

（二）决策与实施

> **引导** 3：距离测量的方法主要有几种？

> **引导** 4：直线定向的方法有哪些？具体以小组为单位进行练习。

（三）检查与评价

> **引导** 5：各小组推荐代表进行直线定线方法的汇报，教师讲评。

三、钢尺精密量距和误差分析

（一）准备与计划

> **引导** 1：在平坦地面，用钢尺进行量距，应该按什么步骤进行？

钢尺量距的
精密方法

> **引导**2：在倾斜的地面，如何进行精密钢尺量距？

1. 平坦地面的距离丈量

平坦地面的距离丈量分为短距测量和长距测量两种。

（1）短距测量是指地面上两点之间距离不大于整尺全长的量距工作（见图4-6）。欲在A、B两端点间丈量其水平距离，其方法是后尺手持尺的零点留在A点，前尺手沿直线方向向B点行进，到B点时，前后尺手将尺落下地面，用力拉紧、拉稳、拉平钢尺，前尺手将钢尺置于B点，呼叫"预备"，后尺手听到呼叫后，将尺的零刻线对齐在起点A的位置上，并呼叫"好"。前尺手在B点位置处迅速读出尺上读数。

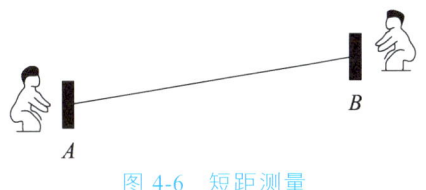

图4-6 短距测量

（2）长距测量是指距离大于整尺长的量距工作（见图4-7）。欲在A、B两端点间丈量其水平距离，其方法是在A、B两点标记外侧各竖立一根标杆，后尺手持尺的零端留在A点，前尺手持尺、一根标杆及测钎沿直线方向向B点走一个尺长距离。记录者指挥前尺手定线，并在地面上做出直线方向位置标记。前、后尺手将尺落于地面，用力拉紧、拉稳、拉平钢尺，前尺手将钢尺置于做出的直线方向位置标记上，呼叫"预备"，后尺手听到呼叫后，将尺的零刻线对齐在起点A的位置上，并呼叫"好"。前尺手此时在尺的终点（整尺长30 m或50 m）的刻线位置处迅速垂直插下测钎1，量完第一个整尺长A_1。然后两人将尺悬空，同时沿直线方向再前进一个尺长距离，当后尺手走至测钎1处时，记录者重新指挥前尺手进行定线，重复第一个尺段的丈量工作。后尺手将尺的零刻线对准测钎的中间位置，前尺手再插下第二支测钎2，量完1～2尺段，后尺手拨出测钎1带走。如上所述，连续丈量各整尺段至n，q为最后一个不足整尺长的零尺段。后尺手将尺的零刻线对准第n支测钎中间位置后，前尺手根据B点位置读出尺上读数（读至毫米位），直线AB丈量完毕。如以AB前进方向，测完往测的丈量，其直线全长为：

$$D_{AB} = n \times l + q \tag{4-1}$$

式中　n——整尺段数；

　　　l——钢尺整尺长；

　　　q——不足一整尺的余长。

图4-7 长距测量

为防止丈量中发生错误且提高量距精度，距离要往、返丈量。上述为往测，返测时要重新进行定线，取往、返测距离的平均值作为丈量结果。

2. 倾斜地面的距离丈量

倾斜地面的距离丈量方法分为平量法和斜量法两种。

（1）平量法。当地面倾斜起伏不是很大时，将钢尺一端抬高，拉成水平状态进行丈量，得到各尺段的水平长度。如图 4-8 所示，欲丈量 AB 直线的水平距离，在 A、B 点外侧各竖立一根标杆，后尺手留在 A 点，前尺手持尺沿 AB 方向前进一个尺段，进行直线定线。前尺手将尺抬高，目估拉成水平状态，呼叫"预备"，后尺手将尺零刻线对准 A 点，呼叫"好"。前尺手用线垂对准尺末端 30 m 或 50 m 刻线处，将整尺长位置投递于地面，并插下测钎（前尺手此时既要拉尺，又要抬平，并要对准尺末端整 30 m 或 50 m 刻画线进行投点，可能感到困难，可另配一人专门投点或读数，前尺手只负责拉尺、抬平）。量完一个尺段，如遇倾斜起伏较大处，按整尺长抬高拉成水平有困难，则可按零尺段进行丈量，用垂球投递点位于地面，应及时记录其长度值，平量法在起伏较大地段丈量时，可能有多个零尺段，故整尺段数与零尺段长度值务必记录清楚。平量法由上往下坡方向丈量较方便。如由下往上坡方向丈量，立下端者既要抬高钢尺，拉成水平，又要注意钢尺零刻线对准垂球吊线，难以兼顾，丈量较困难，因而倾斜地面平量法采用由上往下方向丈量两次，代替往返丈量进行校核。取两次测得距离的平均值作为丈量结果，具体公式为：

$$D = \sum L_i \tag{4-2}$$

（2）斜量法。如图 4-9 所示，当地面呈等倾斜时，可按斜面直接丈量斜距，经过计算后获得水平直线距离。具体操作仍然是在两端各竖立一根标杆，直线定线，逐个进行整尺长丈量，得到往测斜距 $L_{往}$。然后进行返测丈量，得到返测斜距 $L_{返}$。根据地面倾角 α，算得 AB 两点间的水平长度。取往、返测距离的平均值作为丈量结果。具体公式为：

$$D = L\cos\alpha \tag{4-3}$$

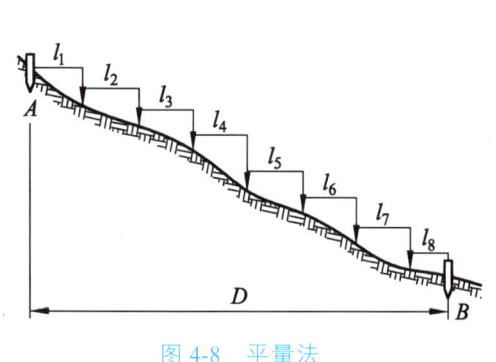
图 4-8 平量法

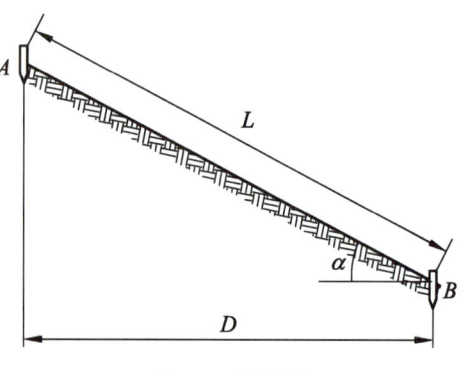
图 4-9 斜量法

（二）决策与实施

> **引导** 3：钢尺一般量距方法，采用 50 m 的钢尺丈量 AB 两点距离，往、返均测 5 个尺段，往测余长为 35.613 m，返测余长为 35.645 m，试计算 AB 间的实际距离及精度并填入表 4-1 中。

表 4-1 一般距离测量手簿

地点：绵阳　　　　　　　钢尺编号：289（50 m）　　　　　量距者：王东
日期：2007-08-08　　　　天　　气：阴　　　　　　　　　记录者：张强

线　　段	观测次数	整尺段/m	总计/m	相对误差	平均值/m
AB	往	5×50	35.613		
	返	5×50	35.645		

> **知识链接**

钢尺量距的精密方法

用钢尺一般量距，量距精度只能达到 1/5 000～1/1 000，当量距精度要求更高时，例如 1/40 000～1/10 000，这就要求用精密的方法进行丈量。

1. 量距前的准备工作

（1）清理场地。在量距开始之前，必须保证量距时每一尺段都不会因障碍物使钢尺产生扰曲。

（2）经纬仪定线。如图 4-10 所示，用钢尺进行概量，在视线上依次定出比钢尺一整尺略短的 A1、12、23…等尺段，然后在各尺段端点打下大木桩，在木桩上用小钉（或钉白铁皮后于其上划十字）精确定出中间点的位置。

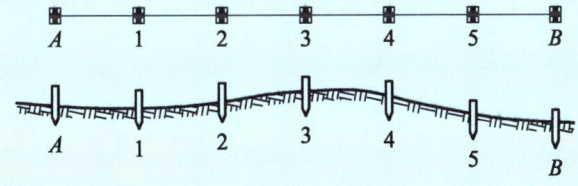

图 4-10 经纬仪定线

（3）测量高差。定线完成后，用水准仪测量相邻桩顶间的高差，高差测量应经过测站检核。测站校核高差之差不得超过±10 mm；如在限差以内，取其平均值作为观测成果。

2. 测量方法

精密量距一般由 5 人组成，2 人拉尺，2 人读数，1 人测定丈量时的钢尺温度兼记录员。

丈量时，后尺手挂拉力计于钢尺零端，前尺手执尺子末端，两人同时拉紧钢尺，把钢尺有刻划的一侧贴于木桩顶十字线交叉点，待拉力计指针指示在标准拉力

（30 m 钢尺，标准拉力为 100 N）时，由后尺手发出"预备"口令，两人拉稳尺子，由前尺手呼叫"好"，前后尺手在此瞬间同时读数，估读至 0.5 mm，记录员依次记入观测手簿，并计算尺段长度。

前后移动钢尺 10 cm，依同法再次丈量，每一尺段丈量三次，由三组读数算得长度之差不应超过 3 mm，否则应重测。如在限差之内，取三次丈量的平均值作为该尺段的观测成果。每一尺段应测定温度一次，估读至 0.5 ℃。同法丈量至终点完成往测。完成往测后，应立即返测。

3. 成果计算

（1）尺长改正数。钢尺在标准拉力、标准温度下的检定长度，与钢尺名义长度往往不一致，其差数为 $\Delta l = l' - l_0$，即为整尺段尺长改正数。任意尺段的尺长改正数为：

$$\Delta l_{di} = \frac{\Delta l}{l_0} l \tag{4-4}$$

式中　Δl——$\Delta l = l' - l_0$ 为在检定温度下的整尺段改正数（m）；

　　　l_0——钢尺的名义长度（m）；

　　　l'——在检定温度下钢尺实际长度（m）；

　　　Δl_{di}——在检定温度下任意尺段的尺长改正数（m）；

　　　l——尺段的实测距离（m）。

（2）温度改正数。由于钢尺检定时的标准温度与实际丈量时的温度不同，有一个差值。任意尺段的温度改正数为：

$$\Delta l_{ti} = \alpha(t - t_0) l_i \tag{4-5}$$

式中　Δl_{ti}——任意尺段的温度改正数（m）；

　　　α——钢尺的膨胀系数，一般取 $\alpha = 1.25 \times 10^{-5}/1\ ℃$；

　　　t——钢尺量距时的温度（℃）；

　　　t_0——钢尺检定时的温度（℃）；

　　　l_i——尺段的实测距离（m）。

（3）倾斜改正数。精密丈量是在木桩桩顶间丈量其尺段长度，由于桩顶间存在高差，丈量是在倾斜面上量得的斜距，而不是水平面上的长度，所以要利用两相邻桩顶的高差来进行倾斜改正。任意尺段的倾斜改正数为：

$$\Delta l_{hi} = -\frac{h^2}{2l} \tag{4-6}$$

式中　h——任意两相邻桩顶之间的高差（m）；

　　　l——尺段的实测距离（m）；

　　　Δl_{hi}——任意尺段的倾斜改正数（m）。

（4）改正后尺段长。量得距离、尺长改正数、温度改正数和倾斜改正数之和。

$$d_i = l_i + \Delta l_{di} + \Delta l_{ti} + \Delta l_{hi} \tag{4-7}$$

式中　　l_i——任意尺段的实测距离（m）；

　　　　d_i——单段距离的实际长度（m）。

（5）往、返丈量总长。各尺段长之和：

$$D_{往} = \sum_{i=1}^{n} d_{往i}$$

$$D_{返} = \sum_{i=1}^{n} d_{返i}$$

（6）计算丈量精度。

$$K = \frac{|D_{AB} - D_{BA}|}{D_{平均}} = \frac{1}{\dfrac{D_{平均}}{|\Delta D|}} \tag{4-8}$$

【案例1】如表4-2所示，钢尺名义长度为30 m，25 ℃时检定，实际长度为29.998 m，钢尺的膨胀系数为$\alpha = 1.25 \times 10^{-5}/1\ ℃$。1-2尺段实测距离$l = 29.905\ 8$ m，量距时温度$t = 30.5\ ℃$，1-2两点间的高差$h_{1-2} = -0.258$ m，计算该尺段改正后的水平距离。

表4-2　精密量距记录计算表

钢尺的膨胀系数：$1.25 \times 10^{-5}/1\ ℃$；钢尺检定时长度：29.998 m；钢尺检定时温度：25 ℃；钢尺检定时拉力：100 N；钢尺编号：No.3；钢尺名义长度：30 m

	实测次数	前尺读数/m	后尺读数/m	尺段长度/m	温度/℃	高差/m	尺长改正数/m	温度改正数/m	倾斜改正数/m	改正后尺段长/m
A-1	1	29.719 5	0.100 0	29.619 5	29.0	0.158	-0.002 0	0.001 5	-0.002 7	29.616 1
	2	7 865	1 670	195						
	3	8 927	2 737	190						
	平均			29.619 3						
1-2	1	29.917 5	0.011 5	29.906 0	30.5	-0.258	-0.002 0	0.002 1	0.004 3	29.910 2
	2	875	815	060						
	3	455	400	055						
	平均			29.905 8						
2-B	1	24.160 0	0.050 5	24.109 5	31.0	0.615	-0.001 6	0.001 8	-0.012 8	24.097 7
	2	20	510	110						
	3	25	520	105						
	平均			24.110 3						
B-2	1	24.210 5	0.100 0	24.110 5	29.5	0.658	-0.001 6	0.001 4	-0.013 7	24.096 1
	2	1 175	065	110						
	3	1 275	175	100						
	平均			24.110 0						

续表

实测次数		前尺读数/m	后尺读数/m	尺段长度/m	温度/°C	高差/m	尺长改正数/m	温度改正数/m	倾斜改正数/m	改正后尺段长/m
2-1	1	29.913 5	0.006 0	29.907 5	30.5	0.247	-0.002 0	0.002 1	-0.004 1	29.903 0
	2	40	075	065						
	3	80	110	070						
	平均			29.907 0						
1-A	1	29.718 5	0.108 0	29.610 5	30.0	0.325	-0.002 0	0.001 9	-0.005 5	29.605 4
	2	6 825	715	110						
	3	6 155	040	115						
	平均			29.611 0						
备注				因 K 值>1/10 000，数据无效，需重测						

（三）检查与评价

➤ **引导**4：各小组互评，相互检查精密量距记录计算表的计算成果正确性，教师讲评。

任务二　视距测量

 任务目标

（1）掌握视距测量的基本原理；
（2）掌握视距测量的观测和计算方法；
（3）掌握视距测量误差分析。

一、视距测量基本知识

（一）准备与计划

视距测量

➤ **引导**1：除了用钢尺进行精密量距外，还可以借助测量仪器进行视距测量，那么视距测量的原理是什么？视距测量的操作步骤是什么？

1. 视距测量的原理

视距测量是根据几何光学原理，利用望远镜内视距丝，同时间接测定距离和高差的一种方法。此法操作简单，速度快，不受地形起伏的限制，虽测距精度较低，一般可达 1/300～1/200，但能满足地形测图测绘中距离测量的精度要求。视距测量所用的主要仪器和工具有经纬仪、水准仪和视距尺。视距尺与水准尺基本相同。

2. 视线水平时的视距测量公式

欲测定 A、B 两点间的水平距离，如图 4-11 所示，在 A 点安置经纬仪，在 B 点竖立视距尺,当望远镜视线水平时,视准轴与尺子垂直,对光后,通过上、下两条视距丝 m、n 就可读得尺上 M、N 两点处的读数,两读数的差值 l 称为视距间隔或视距。f 为物镜焦距,p 为视距丝间隔,δ 为物镜至仪器中心的距离,由图可知,A、B 两点之间的平距为:

$$D = d + f + \delta \tag{4-9}$$

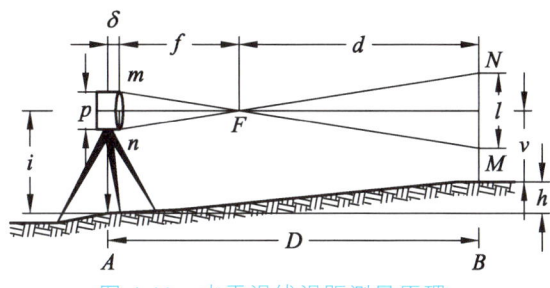

图 4-11 水平视线视距测量原理

其中 d 由两相似三角形 MNF 和 mnF 求得:

$$\frac{d}{f} = \frac{l}{p}$$

从而得出:

$$d = \frac{l}{p} f$$

因此

$$D = d + f + \delta = \frac{f}{p} l + f + \delta$$

令 $K = \dfrac{f}{p}$,K 称为视距乘常数,$C = f + \delta$,C 称为视距加常数,则:

$$D = Kl + C \tag{4-10}$$

式中 K——视距乘常数,通常为 100;

C——视距加常数。

在设计望远镜时,适当选择有关参数后,可使 $K = 100$,$C = 0$。于是,视线水平时的公式为:

$$D = 100l \tag{4-11}$$

两点间的高差为:

$$h = i - v \tag{4-12}$$

式中 i——仪器高(m);

v——望远镜的中丝在尺上的读数,即中丝读数(m)。

➤ **引导** 2:上文总结了视线水平时的视距测量原理,但是在实际工程项目中,往往施工场地并不是水平的,此时应该怎么做?

当地面起伏较大时，必须使视线倾斜才能照准视距尺读取视距间隔，如图 4-12 所示，由于视准轴不再垂直于尺子，故不能直接用上述公式。若想引用前面的公式，测量时则必须将尺子置于垂直于视准轴的位置，但那是不太可能的。因此，在推导倾斜视线的视距公式时，必须加上两项改正：

（1）视距尺不垂直于视准轴的改正。
（2）倾斜视线（距离）化为水平距离的改正。

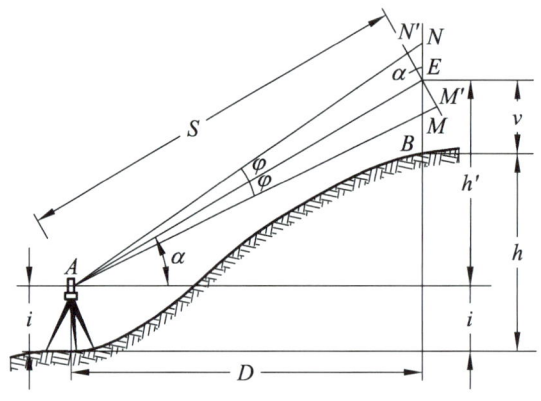

图 4-12　倾斜视线视距测量原理

在图 4-12 中，设视准轴倾斜角为 α，由于 φ 角很小，略为 $17'$，故可将 $\angle NN'E$ 和 $\angle MM'E$ 近似看成直角，则 $\angle NEN' = \angle MEM' = \alpha$，于是有：

$$l' = MN' = M'E + EN' = ME\cos\alpha + EN\cos\alpha$$
$$= (ME + EN)\cos\alpha = l\cos\alpha$$

根据式（4-11）得倾斜距离：

$$S = Kl' = Kl\cos\alpha$$

换算成平距为：

$$D = S\cos\alpha = Kl\cos^2\alpha \tag{4-13}$$

A、B 两点间的高差为：

$$h = h' + i - v$$

式中，$h' = S\sin\alpha = Kl\cos\alpha\sin\alpha = \frac{1}{2}Kl\sin 2\alpha$，$h'$ 称为初算高差。

故视线倾斜时的高差公式为：

$$h = \frac{1}{2}Kl\sin 2\alpha + i - v = D\tan\alpha + i - v \tag{4-14}$$

 知识链接

视距测量适用范围

视距测量是指利用光学仪器（如水准仪或经纬仪）进行距离丈量的方法。视距测量的精度较低，一般仅为 1/300～1/200。若用水准仪进行视距测量时，要求地面起伏不能大于仪器高度。若用经纬仪进行视距测量，则无此限制。视距测量可用于平坦地区，也可用于山区。

（二）决策和实施

> **引导**3：尝试对倾斜视线视距测量原理绘图并进行推导。

（三）检查与评价

> **引导**4：各小组推荐一名同学，对倾斜视线视距测量原理进行推导。

二、视距测量的观测和计算

（一）准备与计划

> **引导**1：掌握了视距测量的原理，请同学们思考如何使用仪器进行视距测量。

视距测量的方法和步骤：

（1）在测站上安置仪器，对中、整平后，量取仪器高至厘米并记入手簿。

（2）转动经纬仪，用盘左（或盘右）照准视距尺，调节竖直度盘指标水准管使气泡居中。

（3）迅速读取竖直度盘读数，计算竖直角 α 和上、中、下三丝读数。

（4）计算水平距离 D 和高差 h。

在实际工作中，可列表计算，如表 4-3 所示。用中丝瞄准仪器高 i 的数值从而读取竖直角 α；使上丝照准标尺整米数，以便直接读取尺间隔 l，可简化计算。同时应注意，竖直角测量采用的是半测回测量，在计算竖直角时，需加上竖盘指标差。

表 4-3 视距测量手簿

测站：　　　　仪器高：　　　　测站高程：　　　　指标差：

测点	尺间隔 l/m	中丝读数 v/m	竖盘读数 L/(°′″)	竖直角 α/(°′″)	高差 h/m	水平距离 D/m	高程 H/m	备注

> **引导**2：尝试使用测量仪器对视距测量进行实操训练。

（二）决策与实施

> **引导** 3：用竖盘顺时针注记的光学经纬仪（竖盘指标差忽略不计）进行视距测量，测站点高程 H_A = 56.87 m，仪器高 i = 1.45 m，视距测量结果见表4-4，计算完成表4-4中各项。

表4-4　视距测量结果

点号	上、下丝读数 /m	中丝读数 /m	竖盘读数 /(° ′ ″)	竖直角	水平距离 /m	高差 /m	高程 /m
1	2.154 1.745	1.95	9 2 54				
2	1.987 1.256	1.60	9 0 24				
3	2.486 1.763	2.10	8 8 42				
4	0.985 0.489	0.70	8 5 30				

（三）检查与评价

> **引导** 4：小组成员互相检查，检查对方小组视距测量计算方法是否正确，计算过程是否完整，小组之间完成互评。

> **引导** 5：各小组推荐代表进行案例计算结果的汇报，教师讲评。

三、视距测量误差来源和分析

（一）准备与计划

> **引导** 1：大家思考在视距测量的过程中，有哪些方面会引起误差？

（1）读数误差。

在视距尺上读数误差与人眼的分辨能力、尺子最小分划宽度、望远镜的放大率及视距长度等有关。为使测距准确，应按规范要求进行测量。

（2）大气折射影响。

上、中、下三丝读数是由于光线通过不同密度的空气层到达望远镜，越接近地面的光线受折光影响越显著。经验证明，当视线接近地面在视距尺上读数时，垂直折光引起的误差较大，并且这种误差与距离的平方成比例增加。因此，观测时应尽可能使视线距地面 1 m 以上。

（3）视距尺倾斜引起的误差。

视距尺倾斜引起的距离误差，随地面的坡度增加而使误差增大，因此，视距测量时应尽可能把标尺竖直。

（4）视距乘常数 K 的误差。

由于仪器制造及外界温度变化等因素，使视距乘常数 K 值不为 100。因此，对视距乘常数 K 要严格要求测定。此外，视距尺分划误差、竖直角观测误差及风力、温度影响等，也会影响视距测量的精度。

➤ **引导 2**：明确了视距测量的误差来源，那么如何避免或者减少误差的影响？

视距测量注意事项：

（1）为减少垂直折光的影响，观测时应尽可能使视线离地面 1 m 以上。

（2）作业时，要将视距尺竖直，并尽量采用带有水准器的视距尺。

（3）要严格测定视距乘常数 K，K 值应在 100 ± 0.1 之内，否则应加以改正，或采用实测值。

（4）视距尺一般应是厘米刻划的整体尺。如果使用塔尺，应注意检查各节尺的接头是否准确。

（5）要在成像稳定的情况下进行观测。

（6）读数时注意消除视差，认真读取视距尺间隔，并尽可能缩短视线长度。

（二）决策与实施

➤ **引导 3**：各小组制订视距测量任务计划单，讨论可能会出现的问题并讨论如何解决。

（三）检查与评价

➤ **引导 4**：各小组推荐代表进行汇报，如何在实际操作过程中减少视距测量误差的影响，教师讲评。

任务三　直线定向与坐标正反算

🏆 任务目标

（1）认识标准方向和方位角的原理；
（2）理解正反坐标方位角；
（3）掌握坐标正反算的方法。

一、标准方向和方位角

（一）准备与计划

➤ **引导 1**：前面我们系统地学习了直线定向，那么如何来确定直线的方向？

直线定向——
标准方向的确定

在测量工作中，常要确定两点间平面位置的相对关系，除了需要测量两点之间的_____外，还需要确定这条直线的_____。在测量学中，确定一条直线与_____之间所夹的_____的工作称为_____。

> 引导2：什么叫标准方向？有哪几种标准方向？

标准方向也称基准方向。我国通用的标准方向有 3 种，即真子午线方向、磁子午线方向和坐标纵轴方向，简称为_____、_____和_____。这 3 种标准方向即通常所说的三北方向，如图 4-13 所示。

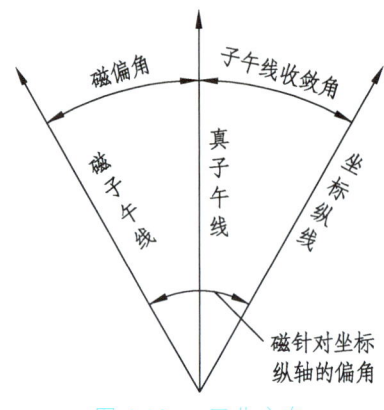

图 4-13　三北方向

1. 真子午线方向

椭球的子午线称为_____，通过地球表面某点的真子午线的切线方向称为该点的_____，即_____。它可以通过天文观测、陀螺经纬仪测量来测定。

2. 磁子午线方向

通过地球表面某点的_____的切线方向称为该点的_____，即磁北方向。它是用罗盘仪测定的，磁针在地球磁场的作用下自由静止时所指的方向即为_____。

3. 坐标纵轴方向

在高斯平面直角坐标系中，其每一投影带中央子午线的投影为坐标纵轴方向，即 x 轴方向。若采用假定坐标系，则将坐标纵轴方向作为标准方向。

> 引导3：测量工作中,常用方位角或象限角来表示直线的方向,那么什么是方位角？

1. 方位角的概念

直线的方位角是从标准方向线的北端顺时针旋转至某直线所夹的水平角，一般用 α 表示，其角值范围在 0°～360°之间。

2. 方位角的分类

根据所选的标准方向不同，方位角又分为真方位角、磁方位角和坐标方位角 3 种。

（1）真方位角。

从真子午线的北端顺时针旋转到某直线所夹的水平角，称为该直线的真方位角，一般用 $\alpha_{真}$ 表示。

（2）磁方位角。

从磁子午线的北端顺时针旋转到某直线所夹的水平角，称为该直线的磁方位角，一般用$\alpha_{磁}$表示。

（3）坐标方位角。

从坐标纵轴的北端顺时针旋转到某直线所夹的水平角，称为该直线的坐标方位角，一般用α表示。在测量工作中常采用坐标方位角来表示直线的方向。以后在不加以说明的情况下，方位角均指坐标方位角。

> 引导4：三种方位角之间的关系是怎么样的？

知识链接

三种方位角之间的关系

（1）真方位角与磁方位角之间的关系。

由于地磁的两极与地球的两极并不重合，故同一点的磁北方向与真北方向一般是不一致的，其之间的夹角称为磁偏角，以δ表示。其换算关系式如下：

$$\alpha_{真} = \alpha_{磁} + \delta \qquad (4\text{-}15)$$

当磁针北端偏向真北方向以东称为东偏，磁偏角为正；当磁针北端偏向真北方向以西称为西偏，磁偏角为负。我国的磁偏角的变化范围在$+6''\sim-10''$之间。

（2）真方位角与坐标方位角之间的关系。

赤道上各点的真子午线方向是相互平行的，地面上其他各点的真子午线都收敛于地球两极，是不平行的。地面上各点的真子午线北方向与坐标纵轴北方向之间的夹角，称为子午线收敛角，一般用γ表示。真方位角与坐标方位角的关系如图4-14所示，其换算关系式如下：

$$\alpha_{真} = \delta + \gamma$$

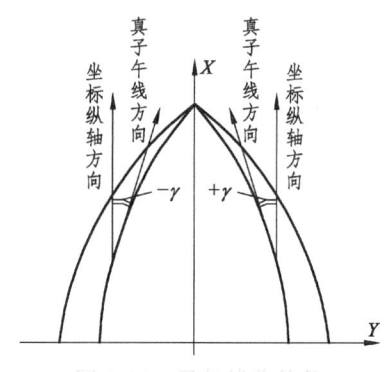

图4-14 子午线收敛角

在中央子午线以东地区，各点的坐标纵轴北方向偏在真子午线的东边，γ为正值；在中央子午线以西地区，γ为负值。

（3）坐标方位角与磁方位角之间的关系。

已知某点的子午线收敛角γ和磁偏角δ，则坐标方位角与磁方位角之间的关系为：

$$\alpha = \alpha_{磁} + \delta - \gamma \qquad (4\text{-}16)$$

（二）决策与实施

> **引导** 5：各小组讨论三种方位角之间的关系，教师讲评。

> **引导** 6：根据标准方向，绘制三种北方向之间的关系图。

（三）检查与评价

> **引导** 7：小组成员互相检查，检查对方小组方位角计算方法是否正确，计算过程是否完整，小组之间完成互评。

二、正反坐标方位角

（一）准备与计划

> **引导** 1：了解了方位角的定义，那么请同学们思考，什么是正反坐标方位角？

测量工作中的直线都是具有一定方向性的，一条直线存在正、反两个方向。如图4-15 所示，就直线 AB 而言，通过 A 点的坐标纵轴北方向与直线 AB 所夹的水平角 α_{AB} 称为直线 AB 的正坐标方位角；过 B 点的坐标纵轴北方向与直线 BA 所夹的水平角 α_{BA} 称为直线 AB 的反坐标方位角。正、反坐标方位角的概念是相对的。由于坐标北方向都是相互平行的，所以一条直线的正、反坐标方位角互差180°，即

$$\alpha_{AB} = \alpha_{BA} \pm 180° \tag{4-17}$$

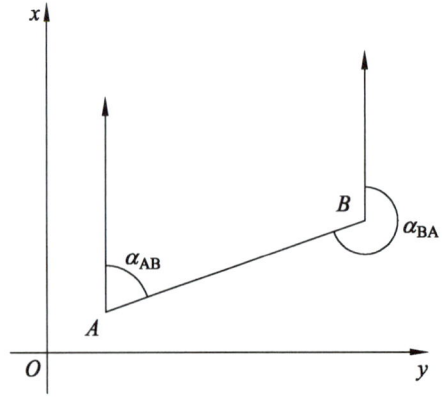

图 4-15　正反坐标方位角

（二）决策与实施

> **引导** 2：已知直线 AB 的坐标方位角为 215′45″，则直线 BA 的坐标方位角是多少？

（三）检查与评价

> **引导** 3：小组成员互相检查，检查引导 2 方位角计算是否正确，教师总结点评。

三、坐标正反算

（一）准备与计划

> **引导** 1：什么是坐标正反算？

直线定向——方位角的计算

1. 坐标正算

根据直线起点的坐标、直线的水平距离及直线的坐标方位角来计算直线终点的坐标，称为坐标正算。如图 4-16 所示，已知直线 AB 的起点 A 的坐标（x_A，y_A），以及 AB 两点间的水平距离 D_{AB} 和 AB 边的坐标方位角 α_{AB}，要计算终点 B 的坐标（x_B，y_B），可按下列步骤计算：

设 $\Delta x_{AB} = x_B - x_A$，$\Delta x_{AB}$ 称为 A 点至 B 点的纵坐标增量。$\Delta y_{AB} = y_B - y_A$，$\Delta y_{AB}$ 称为 A 点至 B 点的横坐标增量。

依数学公式可以得出：

$$\Delta x_{AB} = D_{AB} \cos \alpha_{AB}$$

$$\Delta y_{AB} = D_{AB} \sin \alpha_{AB}$$

B 点的坐标计算式为：

$$x_B = x_A + \Delta x_{AB} = x_A + D_{AB} \cos \alpha_{AB}$$

$$y_B = y_A + \Delta y_{AB} = y_A + D_{AB} \sin \alpha_{AB}$$

2. 坐标反算

根据直线始点和终点的坐标，计算直线的水平距离和直线的坐标方位角，称为坐标反算。

如图 4-16 所示，A、B 两点的水平距离及坐标方位角可按下列公式计算：

$$D_{AB} = \sqrt{\Delta x_{AB}^2 + \Delta y_{AB}^2} = \sqrt{(x_B - x_A)^2 + (y_B - y_A)^2} \quad （4\text{-}18）$$

$$\alpha_{AB} = \arctan \frac{\Delta y_{AB}}{\Delta x_{AB}} = \arctan \frac{y_B - y_A}{x_B - x_A} \quad （4\text{-}19）$$

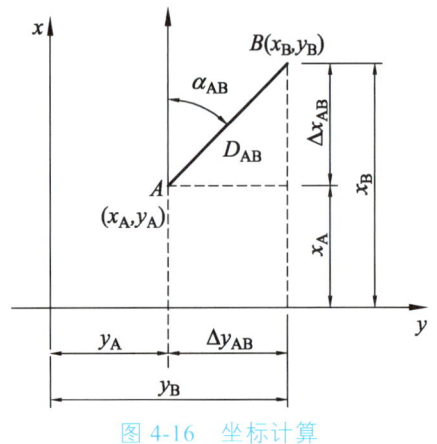

图 4-16 坐标计算

（二）决策与实施

➢ **引导** 2：已知 A 点的坐标为（423.46，654.36），AB 边的边长为 80.56 m，AB 边的坐标方位角 $\alpha_{AB} = 30°30'$，试求 B 点坐标。

➢ **引导** 3：已知 A、B 两点的坐标为：A（350.00，689.48）、B（455.21，500.00），试计算 AB 的边长及 AB 边的坐标方位角。

（三）检查与评价

➢ **引导** 4：小组成员互相检查，检查引导 3 坐标计算是否正确，教师总结点评。

任务四　光电测距

 任务目标

（1）理解光电测距的基本原理；
（2）掌握测距仪的使用方法。

一、光电测距原理

（一）准备与计划

> **引导** 1：除了钢尺量距和视距测量，是否还有更高效、精度更好的其他测距方法呢？

20 世纪 50 年代，人们发明了光电测距仪。它是以光波为载波，通过测定光电波往返传播的时间差或相位差来测量距离。光电测距和传统的钢尺量距相比，具有测程远、精度高、受地形限制少和速度快的特点，目前在精密量距中已普遍采用。

知识链接

随着现代光电技术的发展，出现了以红外线、激光、电磁波为载波的光电测距仪。测距仪按测程远近分为远程测距仪（大于 25 km）、中程测距仪（10～25 km）和短程测距仪（小于 10 km）。短程测距仪常以红外光作载波，故称为红外测距仪。红外测距仪采用半导体砷化镓发光二极管作为光源。该种二极管体积小、亮度高、功耗低、寿命长，且连续发光，加载交变电压后，可直接发射调制光波。因此，红外测距仪被广泛应用于工程测量和地形测量中。本节主要讨论红外光电测距仪。光电测距是通过测量光波在待测距离上往返一次所经历的时间，来确定两点之间的距离。如图 4-17 所示，在 A 点安置测距仪，在 B 点安置反射棱镜，测距仪发射的调制光波到达反射棱镜后又返回到测距仪。设光速 c 为已知，如果调制光波在待测距离 D 上的往返传播时间为 t，则距离 D 为：

$$D = \frac{1}{2}ct \qquad (4\text{-}20)$$

式中，$c = c_0/n$，其中 c_0 为真空中的光速，其值为 299 792 458 m/s，n 为大气折射率，它与光波波长 λ、测线上的气温 T、气压 P 和湿度 e 有关。因此，测距时还需测定气象元素，对距离进行气象改正。

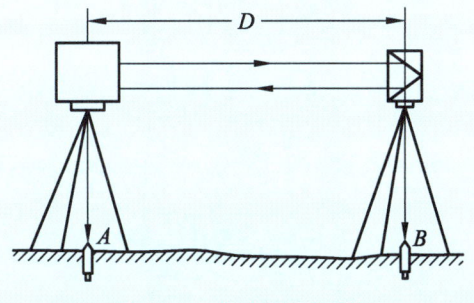

图 4-17 光电测距原理

由式（4-20）可知，测定距离的精度主要取决于时间 t 的测定精度，即 $d_D = \frac{1}{2}cd_t$。当要求测距误差 d_D 小于 1 cm 时，时间测定精度 d_t 要求准确到 6.7×10^{-11} s，这是难以做到的。因此，时间的测定一般采用间接的方式来实现。间接测定时间的方法有相位法和脉冲法。

（二）决策与实施

> **引导** 2：各小组推荐代表进行汇报，教师讲评，明确光电测距原理。

> **引导** 3：依据光电测距原理，绘制光电测距原理示意图。

（三）检查与评价

> **引导** 4：小组成员互相检查，检查对方小组光电测距计算方法是否正确，计算过程是否完整，小组之间完成互评。

二、测距仪的使用

（一）准备与计划

 知识链接

D3000 系列红外测距仪简介

D3000 系列测距仪工艺成熟，质量稳定可靠，是国产测距仪的主要产品，如图 4-18 所示，其主要技术指标如表 4-5 所示。

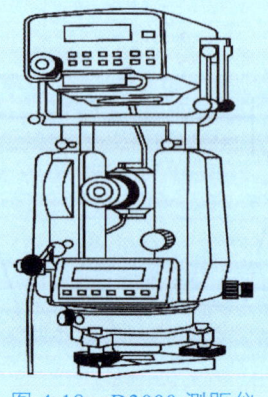

图 4-18 D3000 测距仪

表 4-5 D3000 系列测距仪的主要技术指标

型号	测程
D3010	1 200 m（单块棱镜）
	1 800 m（三块棱镜）
D3030	2 000 m（单块棱镜）
	3 000 m（三块棱镜）
D3050	2 200 m（单块棱镜）
	3 200 m（三块棱镜）
	4 500 m（九块棱镜）

> **引导** 1：测距仪的主要组成部分有哪些？

1. 主　机

如图 4-18 所示，主机有发射、接收物镜以及显示器和键盘。该测距仪主机可通过连接器安置在普通光学经纬仪或电子经纬仪上。利用光轴调节螺旋，可使测距仪主机的光轴与经纬仪视准轴位于同一竖直面内。同时，测距仪水平轴到经纬仪水平轴的高度与觇牌中心到反射镜的高度相同，因此经纬仪瞄准觇牌中心的视线与测距仪瞄准反射棱镜中心的视线能保持平行。

2. 反射镜

反射镜按其镜数的多少分为单棱镜、三棱镜和九棱镜，图 4-19（a）为单棱镜，图 4-19（b）为三棱镜。通常距离在 1 500 m 以内选用单棱镜，如距离超过 1 500 m 但小于 2 500 m 则选用三棱镜，棱镜安置在三脚架上，利用光学对中器和水准管进行对中和整平。

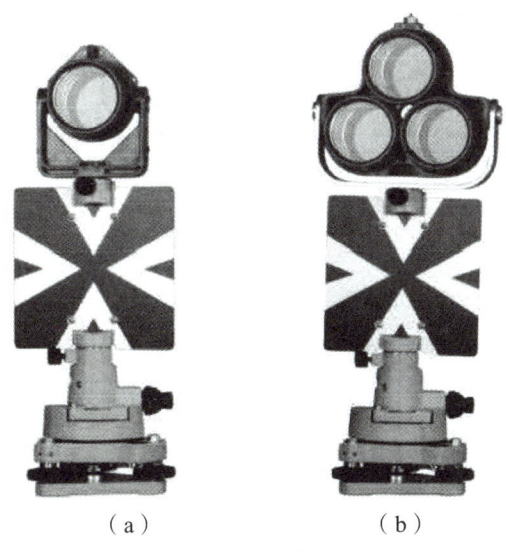

（a）　　　　　（b）

图 4-19　棱镜

(二)决策与实施

> ➤ 引导 2：讨论使用测距仪的步骤有哪些。

1. 安置仪器

先在测站上安置经纬仪,将测距仪主机安装在经纬仪支架上,连接器固定螺钉旋紧,将电池插入主机底部,扣紧。将经纬仪对中、整平,在目标点安置反射棱镜,对中、整平,并使镜面朝向主机。

2. 观测竖直角、气温和气压

对测距仪测量出的斜距进行倾斜改正、温度改正和气压改正,以得到正确的水平距离。

3. 测距准备

按电源开关键 PWR 开机,主机自检并显示原设定的温度、气压和棱镜常数值。

4. 距离测量

调节测距仪主机水平调整手轮(或经纬仪水平微动螺旋)和主机俯仰微动螺旋,使测距仪望远镜精确瞄准棱镜中心,然后按键进行测量。

> ➤ 引导 3：测距仪使用过程中的注意事项有哪些？

（1）不准将测距仪物镜对准太阳或其他强光源,以免损坏测距仪内感光元件。

（2）注意爱护仪器,防止仪器受日晒雨淋,阳光下或雨天观测需撑伞。

（3）防止不利气候对测距的影响,无风的阴天观测最佳。

（4）观测时,反光棱镜后面不应有反光镜和其他强光源。

（5）观测时测线应远离强电磁场。

（6）测线应尽量离开地面障碍物 1.3 km 以上,避免通过发热体和较宽水面的上空。

（7）如出现电压报警,注意及时更换电池。测距完毕后应立即关机,换站时应断电后再搬仪器。

(三)检查与评价

> ➤ 引导 4：各小组讨论视距仪使用过程中容易出现的问题,并预案如何解决。

附表 1

学习情况反馈表

学习任务					
班级		小组编号		负责人	
开始时间		计划完成时间		实际完成时间	
序号	学习记录				
	学习项目		任务内容		备注
1	工作页的填写				
2	独立完成的任务				
3	小组合作完成的任务				
4	教师指导下完成的任务				
5	是否达到了学习目标，能否独立完成工程测量学习任务				
存在的问题及建议					

附表 2

视距测量记录表

班级：_____ 组别：_____ 姓名：_____ 学号：_____ 日期：_____

仪器与工具		成绩	
实训目的			

测站名称：_____ 测站高程：_____ 仪器高：_____

点号	视距读数		视距/m	中丝读数/m	竖盘读数/(° ′ ″)	平距/m	高差/m	高程/m
	上丝	下丝						

项目五
全站仪及 GNSS 测量原理

项目五	全站仪及 GNSS 测量原理	建议学时	14
任务描述			
全站仪和 GNSS 测量系统作为当今建筑工程测量领域重要技术和手段，需要同学们掌握其测量原理，并在此基础上能够应用全站仪和 GNSS 测量技术解决工程中的实际问题			
学习目标			
完成本学习项目工作任务后，学生应当能够： 1. 了解全站仪测量及 GNSS 定位原理； 2. 理解全站仪和 GNSS 定位测量方法； 3. 掌握全站仪测量及 GNSS 测量的外业实施			
提交材料			
1. 每个任务的测量记录、计算和检核表； 2. 学习情况反馈表（附表1）； 3. 分项训练评价表（附表2）			
学业评价形式及标准			
每位学生独立完成学习内容和工作任务，以百分制分数对个人单独评价			

序号	考核要求	分数	评分标准	得分
1	遵守纪律，能按时独立完成工作任务	15	在该情境安排的学时结束时没完成工作任务的，每延迟2学时扣5分，直至扣完为止，延迟超过1天本单项成绩评0分	
2	全站仪的认识	15	正确10分；基本正确8分；有缺陷6分；不正确0分	
3	全站仪的使用方法	20	正确20分；基本正确16分；有缺陷12分；不正确0分	
4	GNSS 全球导航卫星系统简介	15	正确15分；基本正确8分；有缺陷6分；不正确0分	
5	GNSS 定位方法	15	正确10分；基本正确8分；有缺陷6分；不正确0分	
6	RTK 测量原理与方法	20	正确20分；基本正确16分；有缺陷12分；不正确0分	
合计				

任务一　全站型电子速测仪原理与使用

任务目标

（1）认识全站仪；
（2）掌握全站仪的使用方法。

一、全站仪的认识

（一）准备与计划

> 引导1：同学们了解什么是全站仪吗？全站仪可以帮助我们获得哪些数据？

随着科学技术的发展，出现了由电子测角、电子测距、电子计算和数据存储等单元组成的三维坐标测量系统，能自动显示测量结果，能与外围设备交换信息的多功能测量仪器。由于仪器较完善地实现了测量和处理过程的电子一体化，所以人们通常称之为全站型电子速测仪，简称全站仪。

> 引导2：如图5-1所示，尝试说明全站仪的各部分组成，并尝试讨论每部分的作用是什么。

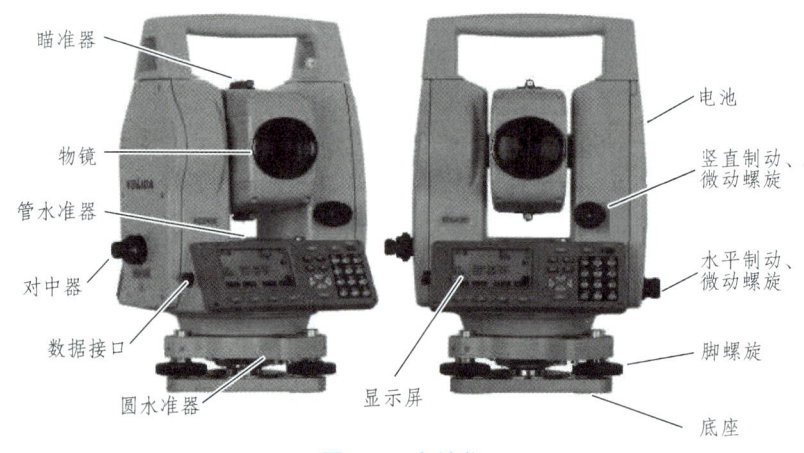

图 5-1　全站仪

全站仪的组成：

（1）采集数据设备：主要有电子测角系统、电子测距系统、自动补偿设备等。

（2）微处理器：微处理器是全站仪的核心装置，主要由中央处理器、随机储存器和只读存储器等构成。测量时，微处理器根据键盘或程序的指令控制各分系统的测量工作，进行必要的逻辑和数值运算以及数字存储、处理、管理、传输、显示等。

通过上述两大部分有机结合，才真正体现出"全站"功能，既能自动完成数据采集，又能自动处理数据，使整个测量过程工作有序、快速、准确地进行。

（二）决策与实施

> 引导3：我们实训室现用的全站仪型号是什么？

科力达全站仪是由广州科力达仪器有限公司生产的。由于其较低的价格,目前已被很多建筑公司、大中专院校采用,作为施工和教学的仪器。本节以科力达全站仪为例,介绍一下全站仪的性能及使用,其技术指标见表 5-1。

表 5-1 技术指标

最大测程(单棱镜)	1.8 km
最大测程(三棱镜)	2.6 km
测距精度	$2+2×10^{-6}D$(D 为距离)
测距时间	精测 3 s,跟踪 1 s
测角方式	绝对编码式
测角精度	2″
测角探测方式	水平盘:对径;竖直盘:对径
望远镜放大倍率	30×
补偿器系统	双轴液体电子传感补偿
补偿器工作范围	±3′
补偿器精度	1″
显示类型	双面、8 行中文显示
电源	可充电镍-氢电池
电池连续工作时间	8 h
质量	6.0 kg

(三)检查与评价

➢ **引导** 4:小组成员讨论,光电测距的优势有哪些?将讨论结果填入表 5-2 中。

表 5-2 光电测距相比传统测距方法的优势

序号	光电测距相比传统测距方法的优势
1	
2	
3	
4	
5	
⋮	

二、全站仪的使用

(一)准备与计划

➢ **引导** 1:了解了全站仪的组成,请同学们思考,全站仪可以完成哪些测量任务?

（1）放样。

点位放样可以有四种不同的方式。三维放样元素由存储的待放样已知点和现场测站综合信息计算而来。

（2）偏心测量。

偏心测量用于测定测站至通视但无法设置棱镜的点，或者测站至不通视点间的距离和角度。测量时，将棱镜（偏心点）设在待测点（目标点）附近，通过对测站至棱镜（偏心点）间距离和角度的测量，来定出测站至待测点（目标点）间的距离和角度。

（3）对边测量。

该程序可以测定任意两点间的距离、方位角和高差。测量模式既可以是相邻两点之间的折线方式，也可以是固定一个点的中心辐射方式。参加对边计算的点既可以是直接测量点，也可以是间接测量点，还可以是由数据文件导入或现场手工输入点。

（4）悬高测量。

悬高测量用于测量计算不可接触点的点位坐标和高程。通过测量基准点，然后照准悬高点，测量员可以方便地得到不可接触点（也称悬高点）的三维坐标，还可得到基准点和悬高点之间的高差。

（5）后方交会测量。

通过对多个已知点的测量（角度、距离）定出测站点的坐标。可测距时，已知点不得少于2个；无法测距时，已知点不得少于3个。

（6）面积测量。

该程序用于测量计算闭合多边形的面积。用于定义面积计算的点可以通过测量、数据文件导入或手工输入等方式来获得。程序通过图形显示可以查看面积区域的形状。

（7）直线放样。

直线放样用来做相对基线到设计距离的必须点的放样，也用于求从基线到一个测量点的距离。

（8）点投影。

点投影用来将一点投影到一确定基线上。待投影点的坐标可以通过测量获得，也可以由手工输入实现。投影后仪器将计算并显示从起始点到垂足（待投影的点向基线引垂线与基线正交）之间的距离。

（9）道路放样。

该程序可以实现道路曲线放样、线路控制以及测设纵、横断面等功能。这个软件还可以在任意中桩处插入断面，计算各类元素。同时，用道路数据编辑器可以查看、编辑甚至创建新的项目文件。

➢ **引导2**：全站仪的操作过程是怎么样的？

（1）仪器安置。

仪器安置包括对中与整平，其方法与光学仪器相同。仪器有双轴补偿器，整平后气泡略有偏离，对观测并无影响。

（2）开机和设置。

开机后仪器进行自检，自检通过后，显示主菜单。测量工作中进行的一系列相关设置，全站仪除了厂家进行的固定设置外，主要包括以下内容：

① 各种观测量单位与小数点位数的设置：包括距离单位、角度单位及气象参数单位等。

② 测距仪常数的设置：包括加常数、乘常数以及棱镜常数设置。

③ 标题信息、测站标题信息、观测信息。根据实际测量作业的需要，如导线测量、交点放线、中线测量、断面测量、地形测量等不同作业建立相应的电子记录文件，主要包括建立标题信息、测站标题信息、观测信息等。标题信息内容包括测量信息、操作员、技术员、操作日期、仪器型号等。仪器安置好后，应在气压或温度输入模式下设置当时的气压和温度。在输入测站点号后，可直接用数字键输入测站点的坐标，或者从存储卡中的数据文件直接调用。按相关键可对全站仪的水平角置零或输入一个已知值。观测信息内容包括附注、点号、反射镜高、水平角、竖直角、平距、高差等。

（3）角度距离坐标测量。

在标准测量状态下，角度测量模式、斜距测量模式、平距测量模式、坐标测量模式之间可互相切换，全站仪精确照准目标后，通过不同测量模式之间的切换，可得到所需要的观测值。

全站仪均备有操作手册，要全面掌握它的功能和使用，使其先进性得到充分的发挥，应详细阅读操作手册。

（二）决策与实施

➢ **引导**3：如何使用全站仪得到未知点的坐标？请简述其原理和操作过程。

➢ **引导**4：全站仪使用过程中的注意事项有哪些？

（1）严禁将仪器直接置于地上，以免砂土对仪器、中心螺旋及螺孔造成损坏。

（2）作业前应仔细、全面检查仪器，确定电源、仪器各项指标、功能、初始设置和改正参数均符合要求后，再进行测量。

（3）在烈日、雨天或潮湿环境下作业时，请务必在测伞的遮掩下进行，以免影响仪器的精度或损坏仪器。此外，在烈日下作业应避免将物镜直接照准太阳，若需要可安装滤光镜。

（4）全站仪是精密仪器，务必小心轻放，不使用时应将其装入箱内，置于干燥处，注意防振、防潮、防尘。

（5）若仪器工作处的温度与存放处的温度相差太大，应先将仪器留在箱内，直至它适应环境温度后再使用。

（6）仪器使用完毕，应用绒布或毛刷清除表面灰尘；若被雨淋湿，切勿通电开机，应该用干净的软布轻轻擦干，并放在通风处一段时间。

（7）取下电池务必先关电源，否则会造成内部线路的损坏。将仪器放入箱内，必须先取下电池并按原布局放置；如果不取下电池可能会使仪器发生故障或耗尽电池的电能。关箱时，应确保仪器和箱子内部的干燥，如果内部潮湿将会损坏仪器。

（8）若仪器长期不使用，应将电池卸下，并与主机分开存放。电池应每月充电一次。

（9）外露光学件需要清洁时，应用脱脂棉或镜头纸轻轻擦净，切不可使用其他物品擦拭。

（10）仪器运输时应将其置于箱内，运输时应小心，避免挤压、碰撞和剧烈振动。长途运输最好在箱子周围放一些软垫。

（11）若发现仪器功能异常，非专业维修人员不可擅自拆开仪器，以免发生不必要的损失。

（三）检查与评价

> 引导5：各小组互查引导3的内容，教师点评。

任务二　GNSS（全球导航卫星系统）

 任务目标

（1）认识全球导航卫星系统；
（2）了解全球导航卫星系统定位方法；
（3）认识RTK和CORS系统。

一、GNSS（全球导航卫星系统）简介

（一）准备与计划

> 引导1：GNSS有哪些组成部分？

GNSS包括三大部分：① 空间部分：GPS卫星星座（见图5-2）；② 地面监控部分：地面监控系统；③ 用户设备：GPS接收机。

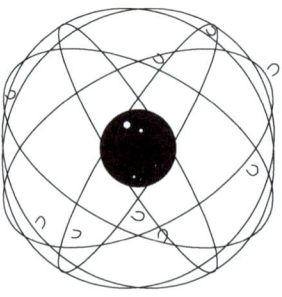

图5-2　卫星星座分布图

卫星的基本功能如下：

（1）接收和储存由地面监控站发来的导航信息，接收并执行监控站的控制命令。

（2）借助于卫星上的微处理机进行必要的数据处理工作。
（3）通过星载的高精度铯原子钟和铷原子钟提供精密的时间标准。
（4）向用户发送定位信息。
（5）在地面监控站的指令下，通过推进器调整卫星轨道和启用备用卫星。

知识链接

卫星导航定位系统的起源

全球卫星定位系统是美国国防部从20世纪70年代主持研制，1989年开始正式实施的以卫星为基础的无线电导航定位系统。其英文全称为：Navigation by Satellite Timing and Ranging Global Positioning System，依据Global Positioning System的首字母缩写为GPS。起初它的研制目标是为美国陆海空三军提供一种高效、成本低廉、全球性、全天候、连续性和实时性的导航定位服务，但通过GPS试验卫星的应用开发，发现GPS可以实现毫米级的静态定位、亚米级的动态定位以及10纳秒级（1纳秒＝10^{-9}秒）的定时精度，因此GPS被推广应用于各行业领域，并在测绘行业引起了一场深刻的技术革命。

（二）决策与实施

➢ **引导**2：GNSS由哪些部分组成？简述各组成部分的功能。

➢ **引导**3：查询相关资料，说一说目前北斗卫星导航系统（BDS）的应用已经被扩展到了哪些方面？

（三）检查与评价

➢ **引导**4：小组成员互相检查，检查对方小组关于GNSS组成部分的描述是否正确，组之间完成互评。

二、GNSS定位原理与方法

（一）准备与计划

➢ **引导**1：GNSS定位的基本原理是什么？和测量学中的哪些知识可以联系起来？

测量学中有测距交会确定点位的方法。与其相似，无线电导航定位系统、卫星激光测距定位系统，其定位原理也是利用测距交会的原理确定点位。

就无线电导航定位来说，设在地面上有3个无线电信号发射塔，其坐标已知，用户接收机在某一时刻采用无线电测距的方法分别测得了接收机至3个发射塔的距离d_1、d_2、

d_3。只需要以 3 个发射塔为球心，以 d_1、d_2、d_3 为半径作出 3 个球面，即可交会出用户接收机的空间位置。

GPS 卫星定位也是通过距离交会原理来解算观测点坐标的。GPS 卫星是高速运动的卫星，其坐标值随时间快速变化。GPS 用户接收机通过接收和解译 GPS 卫星发送的卫星星历，可以实时计算出卫星的空间坐标，所以 GPS 卫星可看作是动态已知点。因为接收机上安装的是稳定性较差的石英钟，所以把接收机钟改正数 V_{tr} 作为一个未知数来处理，这样就有（X，Y，Z，V_{tr}）4 个未知数，至少需要观测 4 颗 GPS 卫星到测站（GPS 接收机天线相位中心）的距离，才能通过距离交会法解算出测站坐标（X，Y，Z），如图 5-3 所示。

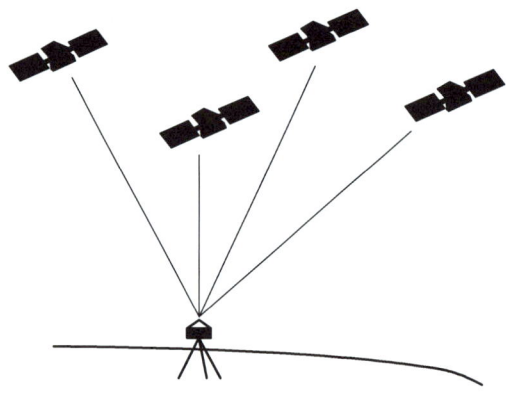

图 5-3　GPS 卫星定位原理

 知识链接

北斗卫星导航定位系统

北斗卫星导航系统（BeiDou Navigation Satellite System，BDS）是中国自行研制的全球卫星导航系统，也是继 GPS、GLONASS 之后的第三个成熟的卫星导航系统。北斗卫星导航系统（BDS）和美国的 GPS、俄罗斯的 GLONASS、欧盟的 GALILEO，是联合国卫星导航委员会已认定的供应商。

北斗卫星导航系统由空间段、地面段和用户段三部分组成，可在全球范围内全天候、全天时为各类用户提供高精度、高可靠定位、导航、授时服务，并且具备短报文通信能力，已经初步具备区域导航、定位和授时能力，定位精度为分米、厘米级别，测速精度 0.2 米/秒，授时精度 10 纳秒。

全球范围内已经有 137 个国家与北斗卫星导航系统签下了合作协议。随着全球组网的成功，北斗卫星导航系统未来的国际应用空间将会不断扩展。2023 年 5 月 17 日 10 时 49 分，中国在西昌卫星发射中心用长征三号乙运载火箭，成功发射第五十六颗北斗导航卫星。

（二）决策与实施

> **引导** 2：各小组讨论并查询相关资料，选派代表进行汇报，简述北斗卫星导航系统在我们日常生活中给我们所带来的便利，由教师进行点评。

（三）检查与评价

> **引导** 3：由教师对每组所收集的资料以及汇报情况进行点评。

三、RTK 测量及 CORS 系统认识

（一）准备与计划

> **引导** 1：如何运用 GNSS 设备进行定位？

1. 静态定位

在定位观测时，若 GPS 接收机天线在捕获和跟踪 GPS 卫星的过程中固定不变，则称为静态定位。观测对象既可以是一个固定点，也可以是若干点位构成的 GPS 网。静态定位的特点是多余观测量大、可靠性强、定位精度高。在进行控制网观测时，一般均采用这种方式，由几台接收机同时观测，它能最大限度地发挥 GPS 的定位精度。

2. 动态定位

运动载体上的 GPS 接收机天线在跟踪 GPS 卫星的过程中相对地球运动，接收机用 GPS 信号实时地测得运动载体的状态参数（瞬间三维位置和三维速度）。动态定位的特点是多余观测量少、定位精度低。

3. 单点定位

独立确定待定点在坐标系中绝对位置的方法称为单点定位。其优点是只需要一台接收机，既可以独立定位，数据观测又较为自由方便，数据处理速度快，无多值性问题，从而在运动载体的导航定位上得到了广泛的应用；缺点是定位结果受卫星钟的钟误差、卫星星历误差、卫星信号在大气中的传播误差的影响比较显著，定位精度比较差。单点定位由于受大气电离层和对流层折射误差、星历误差的影响，所以单点定位的精度不高，定位精度一般为 10～30 m。

4. 差分定位

差分定位又叫相对定位，是确定同步跟踪相同的 GPS 卫星信号的若干台接收机之间相对位置的一种定位方法。由于用同步观测资料进行相对定位时，对于几个同步测站来讲有许多误差是相同或大体相同的（如卫星钟的钟误差、卫星星历误差、卫星信号在

大气中的传播误差），在相对定位的过程中这些误差可以消除或大幅度削弱，因而可以获得很高精度的相对位置。相对定位的解算结果不再是点位坐标（X，Y，Z），而是各观测点之间的三维坐标差（ΔX，ΔY，ΔZ）（又称为基线向量）。差分定位至少需要给出GPS网中一点的已知坐标才能求出其余各点的坐标。但在测绘工作中，为了检验解算结果的可靠性，一般至少要求给出两个点的已知坐标，一个用作起算点，其他点作检核点使用。差分定位不仅可以用于静态定位，也可以用于动态定位。

差分定位根据测距原理的不同，又可以分为伪距差分定位和载波相位差分定位。前者的精度可以达到亚米级，可用于对精度要求不高的地图测量及放样工作；后者的精度可以达到毫米级，控制测量时必须使用载波相位差分定位才能满足要求。

5. 动态RTK技术

在已知坐标的点上安置一台GPS接收机（称为基准站），利用已知坐标和卫星星历计算出观测值的校正值，并通过无线电通信设备将校正值发送给运动中的GPS接收机（流动站），流动站应用接收到的校正值对自己的GPS观测值进行改正，以消除卫星钟差、接收机钟差、大气电离层和对流层折射误差的影响，这种GPS观测方法称为实时差分定位（或动态差分定位）。根据测距原理不同，动态RTK技术也可分为伪距实时差分和载波相位实时差分两类方法。

实时差分定位必须使用带实时差分功能的GPS接收机才能够进行。实时差分定位技术的关键在于数据处理技术和数据传输技术，它要求基准站接收机实时地把观测数据（伪距观测值、相位观测值）及已知数据传输给流动站接收机，数据量比较大，一般都要求9 600的波特率，这在无线电上不难实现。

载波相位实时差分技术（Real Time Kinematic，RTK）是利用载波相位定位原理进行实时动态定位的技术。由于要解算整周模糊度，所以要求基准站与流动站之间同步接收相同的卫星信号，且两者相对距离要小于30 km，其定位精度可以达到1～2 cm。RTK定位技术可广泛用于图根点测量、地形图碎部点测量和工程放样，相比传统测绘工作，可以大大减少人力强度和提高工作效率，测一个控制点在几分钟甚至于几秒钟内即可完成。

> **引导**2：什么是CORS网络，有什么作用？

连续运行卫星定位导航服务系统（CORS）是测绘的基础设施建设，也是信息社会、知识经济时代必备的基础设施。它可应用于城市规划、交通、国土资源、地震、气象、测绘、水利、林业、农业、环保、金融、商业、旅游、防灾减灾等领域和行业。系统使用GPS，以后可能综合应用GPS、GLONASS、GALILEO和北斗系统。

CORS由若干个连续运行的GPS基准站、数据处理控制中心、数据传输与发播系统和移动站组成。

> **引导**3：GNSS定位网设计及外业测量的主要技术依据是测量任务书和测量规范（见表5-3、表5-4）。

 **知识链接**

表 5-3 《全球定位系统（GPS）测量规范》规定的 GPS 测量精度分级

级别	平均距离/km	固定误差 a/mm	比例误差/10^{-6}	用　　途
AA	1 000	≤3	≤0.01	全球地球动力学研究、地壳变形研究
A	300	≤5	≤0.1	区域地球动力学研究、地壳变形研究
B	70	≤8	≤1	局部变形监测和各种精密工程测量
C	10～15	≤10	≤5	大、中城市及工程测量的基本控制网
D	5～10	≤10	≤10	中、小城市、城镇及测图、地籍、
E	0.2～5	≤10	≤20	土地信息、建筑施工等控制网测量

表 5-4 《全球定位系统城市测量技术规程》规定城市及工程 GPS 测量精度分级

等　级	平均边长/km	固定误差 a/mm	比例误差/10^{-6}	最弱边相对中误差
二等	9	≤10	≤2	1/12 万
三等	5	≤10	≤5	1/8 万
四等	2	≤10	≤10	1/4.5 万
一级	1	≤10	≤10	1/2 万
二级	1	≤15	≤20	1/1 万

（二）决策与实施

> **引导** 4：各小组推荐代表进行讨论，写出 GPS 外业观测的主要步骤。

> **引导** 5：BDS 的建成，标志着我国正式步入测绘强国的行列，请各组同学讨论这一壮举背后的意义。

（三）检查与评价

> **引导** 6：小组成员互相检查关于 GNSS 操作步骤是否规范，教师点评。

附表 1

学习情况反馈表

学习任务					
班级		小组编号		负责人	
开始时间		计划完成时间		实际完成时间	
序号	学习记录				
	学习项目		任务内容		备注
1	工作页的填写				
2	独立完成的任务				
3	小组合作完成的任务				
4	教师指导下完成的任务				
5	是否达到了学习目标,能否独立完成工程测量学习任务				
存在的问题及建议					

附表 2

全站仪使用与操作观测记录表

班级：_____ 组别：_____ 姓名：_____ 学号：_____ 日期：_____

测站名称：_____ 测站高程：_____ 仪器高：_____ 棱镜高：_____
仪器型号：_____ 测站坐标：$X=$ _____ $Y=$ _____ $H_0=$ _____

觇点	水平方向值 /(° ′ ″)	水平角 /(° ′ ″)	距离/m	坐标/m	
				X	Y

项目六

小地区控制测量

项目六	小地区控制测量	建议学时	12
任务描述			
本项目的任务是：了解国家平面控制网和高程控制网的建立，理解导线测量是建立小区域平面控制网的一种常用方法，由于 GNSS-RTK 测量的普及，近年来小区域平面控制网均用 GNSS-RTK 测量代替，掌握三、四等水准测量的观测、记录和计算			
学习目标			
完成本学习项目工作任务后，学生应当能够： 1. 掌握平面控制测量和高程控制测量的基本概念； 2. 掌握导线测量的外业观测步骤，能够进行相关内业整理； 3. 能熟练地运用电子经纬仪和全站仪进行导线测量和三、四等水准测量； 4. 了解控制测量原理和技术规范，能熟练进行 GNSS 定位网的布设和观测； 5. 了解三角高程测量原理和技术要求，掌握三角高程测量； 6. 掌握前方交会、后方交会以及侧边交会等交会测量			
提交材料			
1. 每个任务的测量记录、计算和检核表； 2. 学习情况反馈表（附表1）			
学业评价形式及标准			
每位学生独立完成学习内容和工作任务，以百分制分数对个人单独评价			

序号	考核要求	分数	评分标准	得分
1	遵守纪律，能按时独立完成工作任务	15	在该情境安排的学时结束时没完成工作任务的，每延迟2学时扣5分，直至扣完为止，延迟超过1天本单项成绩评0分	
2	控制测量概述	10	正确10分；基本正确8分；有缺陷6分；不正确0分	
3	导线测量	20	正确20分；基本正确16分；有缺陷12分；不正确0分	
4	GNSS平面控制测量	15	正确15分；基本正确13分；有缺陷10分；不正确0分	
5	交会测量	10	正确10分；基本正确8分；有缺陷6分；不正确0分	
6	三角高程测量	15	正确15分；基本正确13分；有缺陷10分；不正确0分	
7	三、四等水准测量	15	正确15分；基本正确13分；有缺陷10分；不正确0分	
	合计			

任务一 控制测量概述

任务目标

（1）理解平面控制测量，掌握平面控制测量的两种方法；
（2）理解高程控制测量。

控制测量概述

一、平面控制测量概述

（一）准备与计划

> **引导** 1：为了限制误差的累积和传播，保证测图和施工的精度及速度，测量工作必须遵循"从整体到局部，先控制后碎部"的原则。即先进行整个测区的控制测量，再进行碎部测量。控制测量的实质就是测量控制点的平面位置和高程。测定控制点的平面位置工作，称为平面控制测量。

（二）决策与实施

1. 三角测量

三角测量是在地面上选择一系列具有控制作用的控制点，组成互相连接的三角形且扩展成网状，称为_____，如图 6-1 所示。在控制点上，用精密仪器将三角形的三个内角测定出来，并测定其中一条边长，然后根据三角公式解算出各点的坐标。用三角测量方法确定的平面控制点，称为_____。

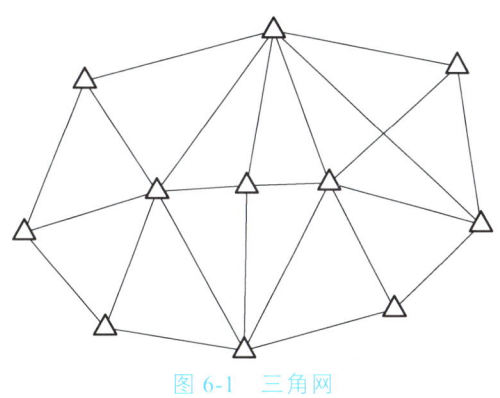

图 6-1 三角网

在全国范围内建立的三角网，称为_____。按控制次序和施测精度分为四个等级，即_____。布设原则是_____，_____。一等三角网，沿经纬线方向布设，一般称为_____，是国家平面控制网的骨干；二等三角网，布设于一等三角锁环内，是国家平面控制网的全面基础；三、四等三角网是二等网的进一步加密，以满足测图和施工的需要。

2. 导线测量

导线测量是在地面上选择一系列控制点，将相邻点联成直线而构成折线形，称为_____，如图 6-2 所示。在控制点上，用精密仪器依次测定所有折线的边长和转折角，根据解析几何的知识解算出各点的坐标。用导线测量方法确定的平面控制点，称为_____。

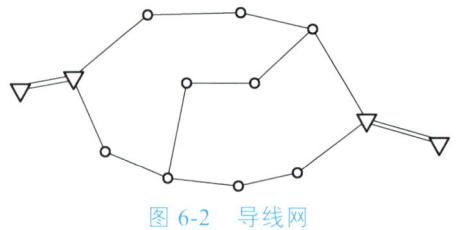

图 6-2 导线网

在全国范围内建立三角网时，当某些局部地区采用三角测量有困难的情况下，亦可采用同等级的导线测量来代替。导线测量也分为四个等级，即一、二、三、四等。其中一、二等导线，又称为_____。

> **引导** 2：各小组推荐代表进行汇报，教师讲评。掌握平面控制测量的有关概述。

（三）检查与评价

> **引导** 3：小组成员互相检查，检查对方小组是否掌握平面控制测量，掌握得是否完整，小组之间完成互评。

> **引导** 4：各小组推荐代表汇报掌握平面控制测量的情况，教师讲评。

二、高程控制测量概述

（一）准备与计划

> **引导** 1：为了限制误差的积累和传播，保证测图和施工的精度及速度，测量工作必须遵循"从整体到局部，先控制后碎部"的原则。即先进行整个测区的控制测量，再进行碎部测量。控制测量的实质就是测量控制点的平面位置和高程。测定控制点的高程工作，称为高程控制测量。

> **引导** 2：高程控制测量的主要方法是_____。在全国范围内测定一系列统一而精确的地面点的高程所构成的网，称为_____。国家高程控制网的建立，也是按照_____，_____的原则进行的。按施测次序和施测精度同样分为四个等级，即一、二、三、四等。一等水准网是国家高程控制的骨干；二等水准网布设于一等水准环内，是国家高程控制网的全面基础；三、四等水准网是在二等水准网的基础上进一步加密，直接为测图和工程提供必要的高程控制。

用于小区域的高程控制网，应根据测区面积的大小和工程的需要，采用分级建立。通常是先以国家水准点为基础，在测区内建立三、四等水准路线，再以三、四等水准点为基础，测定等外（图根）水准点的高程。水准点的间距，一般地区为 2～3 km，城市建筑区为 1～2 km，工业区小于 1 km。一个测区至少设立三个水准点。

（二）决策与实施

➢ **引导** 3：各小组推荐代表进行汇报，教师讲评，掌握高程控制测量的有关概述。

（三）检查与评价

➢ **引导** 4：小组成员互相检查，检查对方小组是否掌握高程控制测量，掌握得是否完整，小组之间完成互评。

➢ **引导** 5：各小组推荐代表汇报掌握高程控制测量的情况，教师讲评。

任务二　导线测量

任务目标

（1）掌握导线的布设形式，导线测量外业工作的程序；
（2）熟练掌握闭合导线的计算方法；
（3）了解附合导线和支导线的计算方法；
（4）掌握全站仪导线的外业观测工作步骤，了解以坐标和高程为观测值的导线近似平差计算。

一、导线测量外业观测

（一）准备与计划

导线测量外业工作

➢ **引导** 1：导线测量是建立小区域平面控制网的一种常用方法，它适用于地物分布较复杂的建筑区和平坦而通视条件较差的隐蔽区。若用经纬仪测量导线转折角，用钢尺丈量导线边长，称为经纬仪导线。若用测距仪或全站仪测量导线边长，则称为电磁波测距导线。

知识链接

根据测区的不同情况和要求，导线的布设形式有下列四种。

1. 闭合导线

如图 6-3 所示，从一个已知点 B 出发，经过若干个导线点 1、2、3、4，又回到原已知点 B 上，形成一个闭合多边形，称为闭合导线。

2. 附合导线

如图 6-4 所示，从一个已知点 B 和已知方向 AB 出发，经过若干个导线点 1、2、3，最后附合到另一个已知点 C 和已知方向 CD 上，称为附合导线。

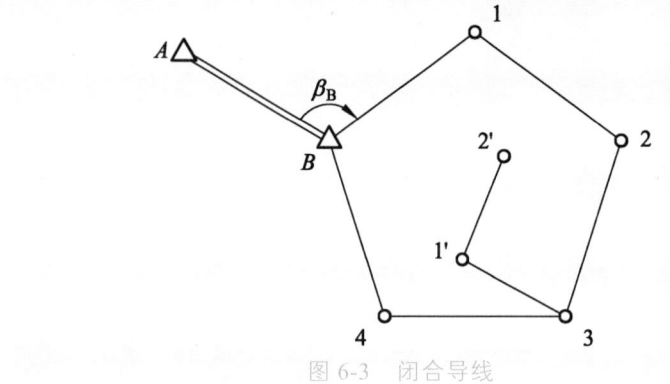

图 6-3 闭合导线

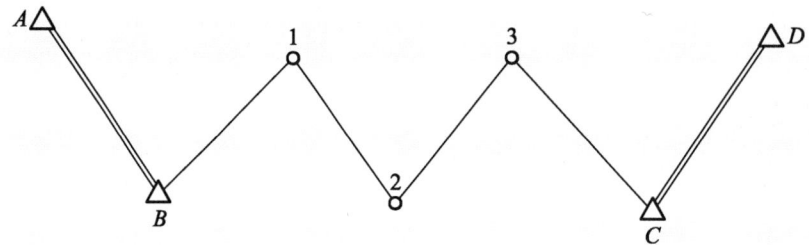

图 6-4 附合导线

3. 支导线

如图 6-3 中的 3、1′、2′，导线从一个已知点出发，经过 1~2 个导线点，既不回到原已知点上，又不附合到另一已知点上，称为支导线。由于支导线无检核条件，故导线点不宜超过 2 个。

4. 无定向附合导线

如图 6-5 所示，由一个已知点 A 出发，经过若干个导线点 1、2、3，最后附合到另一个已知点 B 上，但起始边方位角不知道，且起、终两点 A、B 不通视，只能假设起始边方位角，这样的导线称为无定向附合导线。其适用于狭长地区。

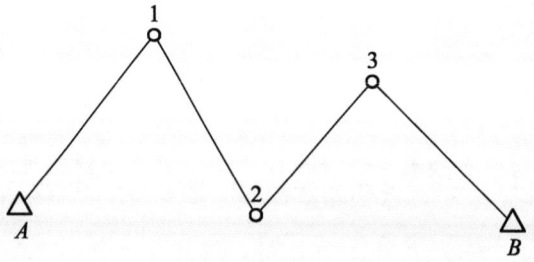

图 6-5 无定向附合导线

（二）决策与实施

> **引导 2**：导线按精度可分为一、二、三级导线和图根导线，其主要技术要求列入表 6-1 中。

表 6-1 导线的主要技术要求

等级		测图比例尺	导线长度/m	平均边长/m	往返丈量较差相对误差	测角中误差/″	导线全长相对闭合差	测回数		角度闭合差/″
								DJ$_2$	DJ$_6$	
一级			2 500	250	1/20 000	±5	1/10 000	2	4	±10$\sqrt{n}$
二级			1 800	180	1/15 000	±8	1/7 000	1	3	±16$\sqrt{n}$
三级			1 200	120	1/10 000	±12	1/5 000	1	2	±24$\sqrt{n}$
图根		1∶500	500	75	1/3 000	±20	1/2 000		1	±60$\sqrt{n}$
		1∶1 000	1 000	110						
		1∶2 000	2 000	180						

导线测量的外业工作如下：

1. 踏勘选点

导线点的选择，直接影响到导线测量的精度和速度以及导线点的使用和保存。因此，在踏勘选点之前，首先要调查和收集测区已有的地形图及控制点资料，依据测图和施工的需要，在地形图上拟定导线的布设方案，然后到野外现场踏勘、核对、修改、落实点位和建立标志。如果测区没有以前的地形资料，则需要现场实地踏勘，根据实际情况，直接拟定导线的路线和形式，选定导线点的点位及建立标志。选点时，应注意以下几点：

（1）相邻点间要通视，地势也要较平坦，以便于量边和测角。

（2）点位应选在土质坚实、视野开阔处，以便于保存点的标志和安置仪器，同时也便于碎部测量和施工放样。

（3）导线边长应大致相等，相邻边长度之比不要超过三倍，其平均边长要符合表6-1的规定。

（4）导线点要有足够的密度，便于控制整个测区。

确定导线点后，应根据需要做好标志。若导线点需要长期保存，就要埋设石桩或混凝土桩，桩顶刻凿"十"字；若导线点为短期保存，只要在地面上打下一大木桩，桩顶钉一小钉作为导线点的临时标志。为了避免混乱，导线点要统一编号，并绘制"点之记"，即选点略图，以便于寻找和使用。

2. 边角观测

（1）测边。

导线边长可用电磁波测距仪或全站仪单向施测完成，也可用经检定过的钢尺往返丈量完成，但均要符合表6-1的要求。

（2）测角。

导线的转折角有左、右之分，以导线为界，按编号顺序方向前进，在前进方向左侧的角称为左角，在前进方向右侧的角称为右角。对于附合导线，可测其左角，也可测其右角，但全线要统一。对于闭合导线，可测其内角，也可测其外角，若测其内角并按逆时针方向编号，其内角均为左角，反之均为右角。角度观测采用测回法。各等级导线的测角要求，均应满足表6-1的规定。

(3)定向。

为了控制导线的方向，在导线起、止的已知控制点上，必须测定连接角，该项工作称为导线定向，或称导线连接测量。定向的目的是确定每条导线边的方位角。

导线的定向有两种情况：一种是布设独立导线，只要用罗盘仪测定起始边的方位角，整个导线的每条边的方位角就可确定了；另一种情况是布设成与高一级控制点相连接的导线，先要测出连接角，再根据高一级控制点的方位角，推导算出各边的方位角。连接角要精确测定。

(三) 检查与评价

➤ **引导** 3：小组成员互相检查，检查对方小组导线测量的外业数据记录是否正确，小组之间完成互评。

➤ **引导** 4：各小组推荐代表进行导线测量的外业工作情况汇报，教师讲评。

二、导线测量内业计算

(一) 准备与计划

➤ **引导** 1：导线内业计算的目的，就是根据已知的起始数据和外业观测成果，通过误差调整，计算出各导线点的平面坐标。

计算之前，首先对外业观测成果进行检查和整理，然后绘制导线略图，并把各项数据标注在略图上，如图6-6所示。

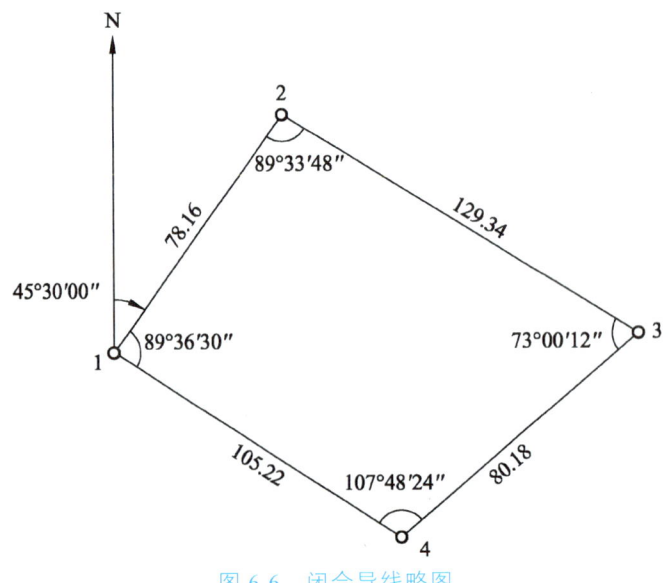

图6-6 闭合导线略图

（二）决策与实施

1. 闭合导线计算

现以图 6-6 所示的图根导线为例，介绍闭合导线计算步骤，可参见表 6-2。

1）在表中填入已知数据

将导线略图中的点号、观测角、边长、起始点坐标、起始边方位角填入"闭合导线坐标计算表"中，见表 6-2。

2）计算、调整角度闭合差

n 边形闭合导线的内角和其理论值为：

$$\sum \beta_{理} = (n-2) \times 180° \tag{6-1}$$

在实际观测中，由于误差的存在，使实测的内角和不等于理论值，两者之差称为闭合导线角度闭合差。即

$$f_\beta \leqslant f_{\beta允} \tag{6-2}$$

各等级导线角度闭合差的容许值列于表 6-2 中。若 $f_\beta > f_{\beta容}$，则说明角度闭合差超限，应返工重测；若 $f_\beta < f_{\beta容}$，则说明所测角度满足精度要求，可将角度闭合差进行调整。角度闭合差的调整原则是：将 f_β 反符号平均分配到各观测角中，如果不能均分，则将余数分配给短边的夹角。调整后的内角和应等于理论值，见表 6-2。

表 6-2　闭合导线坐标计算表

点号	观测角（右角）/(°　′　″)	改正数/″	改正角/(°　′　″)	坐标方位角 α/(°　′　″)	距离 D/m	增量计算值 Δx/m	增量计算值 Δy/m	改正后增量 Δx/m	改正后增量 Δy/m	坐标值 x/m	坐标值 y/m	点号
1				45 30 00	78.16	+2 +54.78	−1 +55.750	+54.80	+55.74	500.00	500.00	1
2	89 33 48	+17	89 34 05	135 55 55	129.34	+3 −92.93	−3 +89.96	−92.90	+89.93	554.80	555.74	2
3	73 00 12	+16	73 00 28	242 55 27	80.18	+2 −36.50	−1 −71.39	−36.48	−71.40	461.90	645.67	3
4	107 48 24	+16	107 48 40	315 06 47	105.22	+3 +74.55	−2 −74.25	+74.58	−74.27	425.42	574.27	4
1	89 36 30	+17	89 36 47	45 30 00						500.00	500.00	1
Σ	359 58 54	+66	360 00 00		392.90	+0.10 −0.10	−0.07 +0.07	0	0			
辅助计算	$f_\beta = \sum\beta_{测} - \sum\beta_{理} = -66''$　　$f_x = -0.10$ m　　$K = \dfrac{\|f_D\|}{\sum D} = \dfrac{0.12}{392.90} = \dfrac{1}{3\,200}$ $f_{\beta容} = \pm 60''\sqrt{4} = \pm 120''$　　$f_y = +0.07$ m $f_D = \sqrt{f_x^2 + f_y^2} = 0.12$ m　　$K_容 = \dfrac{1}{2\,000}$											

3）计算各边的坐标方位角

根据起始边的已知坐标方位角及调整后的各内角值，按下列公式计算各边坐标方位角。

$$\alpha_{前} = \alpha_{后} + 180° \pm \beta_{右}^{左} \tag{6-3}$$

在计算时要注意以下几点：

（1）上式（6-3）中±β，若β是左角，则取+β；若β是右角，则取-β。

（2）计算出来的$α_{前}$，若大于360°，应减去360°；若小于0°时，则加上360°，即保证坐标方位角在0~360°的取值范围。

（3）起始边的坐标方位角最后推算出来，其推算值应与已知值相等，见表6-2，否则推算过程有错。

4）坐标增量闭合差的计算与调整

如图6-7所示，设1、2两点之间的边长为D_{12}，坐标方位角为$α_{12}$。则1与2两点之间的坐标增量$Δx_{12}$、$Δy_{12}$分别为

$$\left.\begin{array}{l}Δx_{12} = D_{12} \cos α_{12} \\ Δy_{12} = D_{12} \sin α_{12}\end{array}\right\} \quad (6\text{-}4)$$

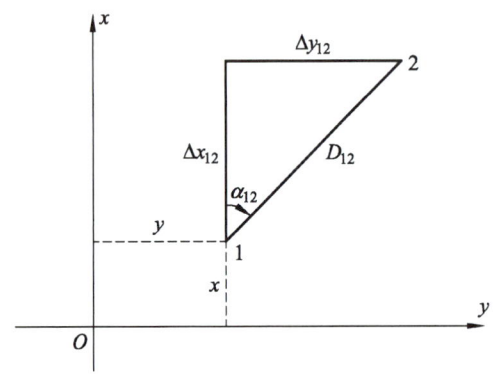

图6-7 纵横坐标增量的表示方法

根据闭合导线的定义，闭合导线纵、横坐标增量之和的理论值应为零，即

$$\left.\begin{array}{l}\sum Δx_{理} = 0 \\ \sum Δy_{理} = 0\end{array}\right\} \quad (6\text{-}5)$$

实际上，测量边长的误差和角度闭合差调整后的残余误差，使纵、横坐标增量的代数和不能等于零，则产生了纵、横坐标增量闭合差，即

$$\left.\begin{array}{l}f_x = \sum Δx_{测} \\ f_y = \sum Δy_{测}\end{array}\right\} \quad (6\text{-}6)$$

由于坐标增量闭合差的存在，使导线不能闭合，如图6-8所示，1-1'这段距离f_D，称为导线全长闭合差。按几何关系得

$$f_D = \sqrt{f_x^2 + f_y^2} \quad (6\text{-}7)$$

由于导线越长，误差累积越大，因此衡量导线的精度通常用导线全长相对闭合差来表示，即

$$K = \frac{f_D}{\sum D} = \frac{1}{\sum D / f_D} \quad (6\text{-}8)$$

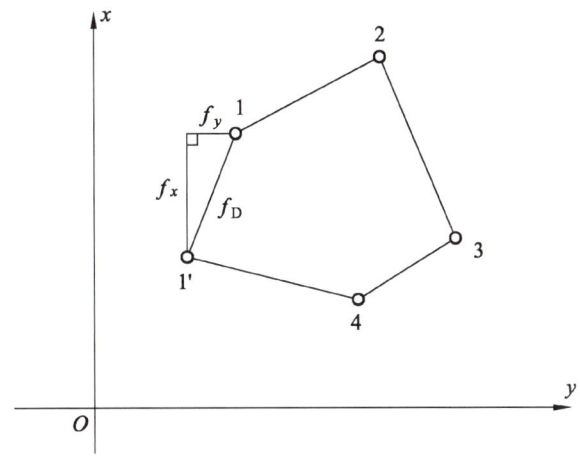

图 6-8　纵横坐标增量闭合差的表示方法

对于不同等级的导线全长相对闭合差的容许值 $K_{容}$ 可查阅表 6-1 的规定。若 $K \leqslant K_{容}$，则说明导线测量结果满足精度要求，可进行调整。坐标增量闭合差的调整原则是：将 f_x、f_y 反符号按与边长成正比的方法分配到各坐标增量上去，将计算凑整残余的不符值分配在长边的坐标增量上，则坐标增量的改正数为：

$$\left. \begin{array}{l} v_{xi} = -\dfrac{f_x}{\sum D} \times D_i \\ v_{yi} = -\dfrac{f_y}{\sum D} \times D_i \end{array} \right\} \quad (6\text{-}9)$$

为做计算校核，坐标增量改正数之和应满足下式，即

$$\left. \begin{array}{l} \sum v_x = -f_x \\ \sum v_y = -f_y \end{array} \right\} \quad (6\text{-}10)$$

改正后的坐标增量为：

$$\left. \begin{array}{l} \Delta x_{i改} = \Delta x_i + v_{xi} \\ \Delta y_{i改} = \Delta y_i + v_{yi} \end{array} \right\} \quad (6\text{-}11)$$

5）导线点坐标计算

根据起始点的已知坐标和改正后的坐标增量，即可按下列公式依次计算各导线点的坐标，即

$$\left. \begin{array}{l} x_j = x_i + \Delta x_{ij} \\ y_j = y_i + \Delta y_{ij} \end{array} \right\} \quad (6\text{-}12)$$

用式（6-12）最后推算出起始点的坐标，推算值应与已知值相等，以此检核整个计算过程是否有错。

2．附合导线

附合导线的坐标计算步骤与闭合导线相同。由于两者布置形式不同，

导线测量内业计算（附合）

从而使角度闭合差和坐标增量闭合差的计算方法也有所不同。下面仅介绍其不同之处。

1）角度闭合差计算

由于附合导线两端方向已知，则由起始边的坐标方位角和测定的导线各转折角，就可推算出导线终边的坐标方位角。但测角带有误差，致使导线终边坐标方位角的推算值 $\alpha'_{终}$ 不等于已知终边坐标方位角 $\alpha_{终}$，其差值即为附合导线的角度闭合差 f_β，即

$$f_\beta = \alpha'_{终} - \alpha_{终} \tag{6-13}$$

式（6-13）中 $\alpha_{终}$ 的推算可参见式（6-3）。

2）坐标增量闭合差计算

附合导线各边坐标增量代数和的理论值，应等于终、始两已知点的坐标之差。若不等，其差值为坐标增量闭合差，即

$$\left.\begin{array}{l} f_x = \sum \Delta x_{测} - (x_{终} - x_{始}) \\ f_y = \sum \Delta y_{测} - (y_{终} - y_{始}) \end{array}\right\} \tag{6-14}$$

附合导线全长闭合差、全长相对闭合差和容许相对闭合差的计算，以及坐标增量闭合差的调整，与闭合导线相同。附合导线的计算过程，可参见表 6-2。

3. 支导线计算

由于支导线既不回到原起始点上，又不附合到另一个已知点上，所以在支导线计算中也就不会出现两种矛盾：一是观测角的总和与导线几何图形的理论值不符的矛盾，即角度闭合差；二是从已知点出发，逐点计算各点坐标，最后闭合到原出发点或附合到另一个已知点时，其推算的坐标值与已知坐标值不符的矛盾，即坐标增量闭合差。支导线没有检核限制条件，也就不需要计算角度闭合差和坐标增量闭合差，只要根据已知边的坐标方位角和已知点的坐标，把外业测定的转折角和转折边长，直接代入式（6-3）和式（6-4）计算出各边方位角及各边坐标增量，最后推算出待定导线点的坐标。由此可知，支导线只适用于图根控制补点使用。

> **引导 2**：引入两弹一星的精神，提升学生的担当意识，帮助学生树立严谨的工作态度，养成良好的职业素养，培养爱岗敬业、无私奉献的精神，提升学生严谨科学的专业精神和团队协作的工作作风。

> **引导 3**：各小组推荐代表进行汇报，教师讲评，明确闭合导线坐标的计算方法。

（三）检查与评价

> **引导 4**：各小组互评，提出闭合导线坐标计算过程中存在的问题和解决方法。

> **引导 5**：各小组推荐代表进行闭合导线坐标计算结果的汇报，教师讲评。

三、全站仪导线测量

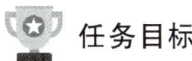 **任务目标**

（1）理解全站仪导线测量外业观测工作的要点；
（2）掌握以坐标和高程为观测值的导线近似平差计算。

（一）准备与计划

➤ **引导**1：全站仪作为先进的测量仪器，已在建筑工程测量中得到了广泛的应用。由于全站仪具有坐标测量和高程测量的功能，因此在外业观测时，可直接得到观测点的坐标和高程。在成果处理时，可将坐标和高程作为观测值进行平差计算。

（二）决策与实施

1. 外业观测工作

以图 6-9 所示的附合导线为例，全站仪导线三维坐标测量的外业工作除踏勘选点及建立标志外，主要应测得导线点的坐标、高程和相邻点间的边长，并以此作为观测值。其观测步骤如下：

将全站仪安置于起始点 B（高级控制点），按距离及三维坐标的测量方法测定控制点 B 与 1 点的距离 D_{B1}、1 点的坐标（x_1、y_1）和高程 H_1。再将仪器安置在已测坐标的 1 点上，用同样的方法测得 1、2 点间的距离 D_{12}、2 点的坐标（x_2、y_2）和高程 H_2。依此方法进行观测，最后测得终点 C（高级控制点）的坐标观测值（x_C、y_C）。

由于 C 为高级控制点，其坐标已知。在实际测量中，由于各种因素的影响，C 点的坐标观测值一般不等于其已知值，因此，需要进行观测成果的平差计算。

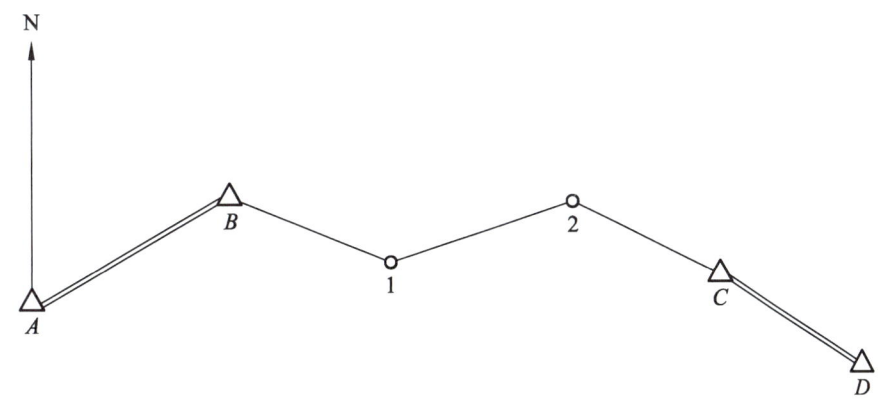

图 6-9　全站仪附合导线三维坐标测量

2. 以坐标和高程为观测值的导线近似平差计算

在图 6-9 中，设 C 点坐标的已知值为（x_C、y_C），其坐标的观测值为（x'_C、y'_C），则纵、横坐标闭合差为：

$$\left.\begin{array}{l}f_x = x'_C - x_C \\ f_y = y'_C - y_C\end{array}\right\} \qquad (6\text{-}15)$$

由此可计算出导线全长闭合差：

$$f_D = \sqrt{f_x^2 + f_y^2} \qquad (6\text{-}16)$$

导线全长闭合差 f_D 是随着导线的长度增大而增大，所以，导线测量的精度是用导线全长相对闭合差 K（即导线全长闭合差 f_D 与导线全长 $\sum D$ 之比值）来衡量的，即

$$K = \frac{f_D}{\sum D} = \frac{1}{\sum D / f_D} \qquad (6\text{-}17)$$

式中　D——导线边长。

导线全长相对闭合差 K 通常用分子是 1 的分数形式表示，不同等级的导线全长相对闭合差的容许值 K 列于表 6-3 中，用时可查阅。

若 $K<K_{容}$，表明测量结果满足精度要求。则可按下式（6-18）计算各点坐标的改正数：

$$\left.\begin{array}{l}v_{x_i} = -\dfrac{f_x}{\sum D} \cdot \sum D_i \\ v_{y_i} = -\dfrac{f_y}{\sum D} \cdot \sum D_i\end{array}\right\} \qquad (6\text{-}18)$$

式中　$\sum D$——导线全长；

　　　$\sum D_i$——第 i 点之前的导线边长之和。

根据起始点的已知坐标和各点坐标的改正数，可按下列公式（6-19）依次计算各导线点的坐标：

$$\left.\begin{array}{l}x_j = x'_i + v_{x_i} \\ y_j = y'_i + v_{y_i}\end{array}\right\} \qquad (6\text{-}19)$$

式中　x'_i、y'_i——第 i 点的坐标观测值。

因全站仪测量可以同时测得导线点的坐标和高程，因此高程的计算可与坐标计算一并进行，高程闭合差为：

$$f_H = H'_C - H_C \qquad (6\text{-}20)$$

式中　H'_C——C 点的高程观测值；

　　　H_C——C 点的已知高程。

各导线点的高程改正数为：

$$v_{H_i} = -\frac{f_H}{\sum D} \cdot \sum D_i \qquad (6\text{-}21)$$

式中　$\sum D$——导线全长；

　　　$\sum D_i$——第 i 点之前的导线边长之和。

改正后导线点的高程为：

$$H_i = H'_i + v_{H_i} \qquad (6\text{-}22)$$

式中　H'_i——第 i 点的高程观测值。

(三) 检查与评价

➤ **引导**2：各小组推荐代表进行"全站仪导线测量外业观测工作"数据的汇报。

➤ **引导**3：各小组互评，教师讲评，明确以坐标和高程为观测值的导线近似平差计算方法和步骤。

任务三　GNSS 平面控制测量

🏆 任务目标

（1）了解 GNSS 控制网的分级、GNSS 点的密度和测量作业基本技术规定；
（2）掌握 GNSS 定位网的布设、野外选点的要求、GNSS 点标志和标石埋设；
（3）熟练掌握 GNSS 定位网的测设方案、外业观测的注意事项、天线安置、观测作业和外业成果记录的方法。

一、控制测量原理和技术规范

(一) 准备与计划

➤ **引导**1：随着国民经济的快速发展，建筑工程日益增多，建筑质量不断提高，特别是大型建筑物，由于其测量精度、施工质量要求高，时间紧，尽管在工程测量中采用了电子全站仪等先进的设备，但是，传统的测量方法受通视条件的限制，加上测量方法的局限性、作业效率不高等，已不能满足新的要求。另外，城市 CORS 系统如雨后春笋一般在我国绝大多数城市中建立，传统的控制测量已被 GNSS 测量方法所取代，为此，迫切需要高精度、快速度、低费用、不受地形通视等条件限制、布设灵活的控制测量方法。

➤ **引导**2：GNSS 测量方法在这些方面充分显示了它的优越性，因此在建筑工程建设中得到了广泛的应用。

(二) 决策与实施

1. GNSS 控制网的分级

我们知道，GNSS 定位网设计及外业测量的主要技术依据是测量任务书和测量规范。测量任务书是测量施工单位上级主管部门下达的技术文件；而测量规范则是国家测绘管理部门制定的技术法规。

本部分内容将以《卫星定位城市测量技术规范》（CJJ/T 73—2010）（以下简称《规范》）为依据，介绍 GNSS 网的精度、密度、作业规格等有关问题。

GNSS 网的精度要求，主要取决于网的用途。精度指标通常以网中相邻点之间的弦长误差表示，其精度按下式（6-23）计算：

$$\sigma = \sqrt{a^2 + (bd)^2} \tag{6-23}$$

式中　σ——基线长度中误差（mm）；
　　　a——固定误差（mm）；
　　　b——比例误差（10^{-6}）（mm/km）；
　　　d——相邻点间的距离（km）。

利用 GNSS 技术进行控制测量时，由于其平面定位精度较高，所以用 GNSS 技术建立测区的相应等级的平面控制网是完全可行的。

GNSS 卫星定位网虽然不存在常规控制网的那种逐级控制问题，但是由于不同的 GNSS 网的应用和目的不同，其精度标准也不相同。根据传统的习惯做法，人们将 GNSS 卫星定位网划分成几个等级。

为了进行城市和工程测量，《规范》规定其 GNSS 网按相邻点的平均距离和精度划分为二、三、四等和一级、二级，见表 6-3。并规定在布网时可以逐级布设、越级布设或布设同级全面网。

表 6-3 《规范》规定的 GNSS 测量精度分级

等级	平均边长/km	a/mm	b（1×10^{-6}）	最弱边相对中误差
二等	9	≤5	≤2	1/120 000
三等	5	≤5	≤2	1/80 000
四等	2	≤10	≤5	1/45 000
一级	1	≤10	≤5	1/20 000
二级	<1	≤10	≤5	1/10 000

知识链接

各种不同的任务要求和服务对象，对 GNSS 网点的分布有着不同的要求。例如，一般工程测量所需要的网点应满足测图加密和工程测量的需用，平均边长需要缩短到几千米以内。考虑到这些情况，《规范》对 GNSS 网中两相邻点间距离视其需要做出了规定：二、三、四等网相邻点最小边长不宜小于平均边长的 1/2；最大边长不宜超过平均边长的 2 倍。一、二级网最大边长可在平均边长的基础上放宽 1 倍，当边长小于 200 m 时，边长中误差应小于±2 cm。

2. 测量作业基本技术规定

GNSS 测量的仪器和方法与常规测量的仪器和方法显著不同，所以反映其技术规格的主要指标亦不相同。

由于卫星的轨道运动和地球的自转，卫星相对于测站的几何图形在不断变化。一些卫星从地平线升起至一定高度，可以投入观测作业；另一些卫星观测高度角越来越小，无法继续观测。考虑到作业中尽可能选取图形强度较好的卫星进行观测，因而在一个观测时段要几次更换跟踪的卫星。我们将时段中任一卫星有效观测时间符合要求的卫星，称为有效观测卫星。测量等级越高，有效观测卫星总数需要越多，时段中任一卫星有效观测时间需要越长，观测时段应该越多，时段长度也应该越长。

《规范》主要是为了适应城市各等级 GNSS 测量技术的要求，突出城市测量与工程测量应用的特点。《规范》规定的各级 GNSS 测量作业的基本技术规定列于表 6-4 中。

表 6-4 《规范》规定的 GNSS 测量各等级作业的基本技术要求

项目	观测方法	等级				
		二等	三等	四等	一级	二级
卫星高度角/°	静态	≥15	≥15	≥15	≥15	≥15
有效观测同类卫星数	静态	≥15	≥15	≥15	≥15	≥15
平均重复设站数	静态	≥15	≥15	≥15	≥15	≥15
时段长度/min	静态	≥15	≥15	≥15	≥15	≥15
数据采样间隔/s	静态	10～30	10～30	10～30	10～30	10～30
PDOP	静态	<6	<6	<6	<6	<6

（三）检查与评价

➤ **引导** 3：各小组互评，修改计算表。

➤ **引导** 4：各小组推荐代表进行 GNSS 平面控制测量施测结果汇报，教师讲评。

二、GNSS 定位网的布设和观测

（一）准备与计划

➤ **引导** 1：由于 GNSS 控制网的布设不需要建造觇标，所以仅有技术设计、踏勘选点、埋设标石三个工作环节。其中技术设计是 GNSS 测量中外业准备阶段的重要内容，它是优质低耗完成 GNSS 作业的依据和条件。

知识链接

技术设计主要是根据上级主管部门下达的测量任务书和 GPS 测量规范或规程来进行的。它的总的原则是：在满足用户要求的情况下，尽可能减少物资、人力和时间的消耗。在工作过程中，要考虑下面一些因素：

（1）测站因素。

同测站布设有关的技术因素有：网点的密度、网的图形结构、时段分配、重复设站和重合点的布置等。

（2）卫星因素。

同观测对象卫星有关的一些因素有：卫星高度角与观测卫星的数目、图形强度因子、卫星信号质量。大部分接收机具有解码并记录来自卫星的广播星历表的能力。

（3）仪器因素。

同仪器有关的一些因素有：接收机，用于相对定位，至少应有两台；天线质量；记录设备。

（4）后勤因素。

后勤保障方面的因素有：使用的接收机台数、来源和使用时间；各观测时段的机组调度；交通工具和通信设备的配置等。

（二）决策与实施

1. GNSS 网的布网原则

为了维护用户的利益，GNSS 网图形设计时应遵循以下原则：

（1）GNSS 网应根据测区实际需要和交通状况、作业时的卫星状况、预期达到的精度、成果的可靠性以及工作效率，按照优化设计原则进行。

（2）GNSS 网一般应通过独立观测边构成闭合图形，例如，一个或若干个独立观测环，或者附合路线形式，以增加检核条件，提高网的可靠性。

（3）GNSS 网的点与点之间不要求互相通视，但应考虑常规测量方法加密时的应用，每点应有一个以上的通视方向。

（4）在可能条件下，新布设的 GNSS 网应与附近已有的 GNSS 点进行联测；新布设的 GNSS 网点应尽量与地面原有控制网点相连接，连接处的重合点数不应少于 3 个，且分布均匀，以便可靠地确定 GNSS 网与原有网之间的转换参数。

（5）GNSS 网点应利用已有水准点联测高程。

知识链接

卫星空间分布的几何图形强度设计

GNSS 定位精度同卫星与测站构成的图形强度有关，与能同步跟踪的卫星数和接收机使用的通道数有关。若接收机有观测到 5 颗卫星以上的能力，就应该把所有可能观测到的卫星都进行跟踪观测；若只有观测 4 颗卫星的能力，应在所有可见星中选取 PDOP 值最小的那一组卫星进行观测，这是根据伪距定位时求解公式推算出的选星原则。

2. 野外选点

由于 GNSS 测量中不要求测站之间相互通视，网的图形结构也比较灵活，所以选点的野外工作比较简便。但是，点位的正确选择对观测工作的顺利进行和测量结果的可靠性具有重要意义。

1）GNSS 选点应符合下列要求

（1）点位应选设在易于安置接收设备和便于操作的地方，视野应开阔。被测卫星的地平高度角一般应为 10°～15°，以减弱对流层折射的影响。

（2）点位应远离大功率无线电发射源（如电视台、微波站等，其距离不得小于 200 m，并应远离高压输电线，其距离不得小于 50 m），以避免周围磁场对 GPS 卫星信号的干扰。

（3）点位附近不应有强烈干扰接收卫星信号的物体，并尽量避免大面积水域，以减弱多路径误差的影响。

（4）点位应选在交通方便的地方，有利于用其他测量手段联测或扩展。

（5）地面基础稳定，利于点位保存。

（6）应充分利用符合要求的旧有控制点。

2）选点作业

选点人员在实地选定的点位上，打一木桩或以其他方式加以标定，同时树立测旗，以便埋石及观测人员能迅速找到点位，开展后续工作。

GNSS 点名可取村名、山名、地名、单位名，应向当地政府部门或群众进行调查后确定。当利用符合要求的旧有控制点时，点名不宜更改。

不论是新选定的点或利用原有点位，均应按规范或规程中规定的格式在实地绘制 GNSS 点点之记。点位周围有高于 10°的障碍物时，应用平板仪和罗盘仪绘制点的环视图。测区选点完成后，还应绘制 GNSS 网选点图。

最后，要对选点工作写出总结，包括详细的交通情况，车的种类、车次以及通讯、供电、充电情况等。

知识链接

GNSS 点标志和标石埋设，中心标石是地面 GNSS 点的永久性标志，为了长期使用 GNSS 测量成果，点的标石必须稳定、坚固以利于长期保存和利用。普通标石的规格及埋设，各等级 GNSS 点的标石用混凝土灌制。一般普通标石分上标石和下标石两层，其上均设有金属的中心标志。

埋设标石时，须使各层标志中心在同一铅垂线上，其偏差不得大于 2 mm。新埋标石时，应依法办理征地手续和测量标志委托保管书。

3. GNSS 定位网的测设方案

应用 GNSS 定位技术建立测量控制网,均采用相对定位的方法。相对定位的两点间构成独立观测边,也称基线。显然,GNSS 网的几何图形是由投入作业的接收机台数、观测路线和基线连接形式所决定的,我们将它们称为 GNSS 测量控制网的测设方案。

1)多台接收机的同步网测设方案

当投入作业的接收机数目多于 2 台时,就可以在同一时段内,几个测站上的接收机同步观测共视卫星。此时,由同步观测边所构成的几何图形,称为同步网,或称作同步环路。

接收机做同步观测所构成的同步网的几何图形如图 6-10 所示,若三角形同步网的点数为 m,则网中同步边(基线)总数为 $m(m-1)$。

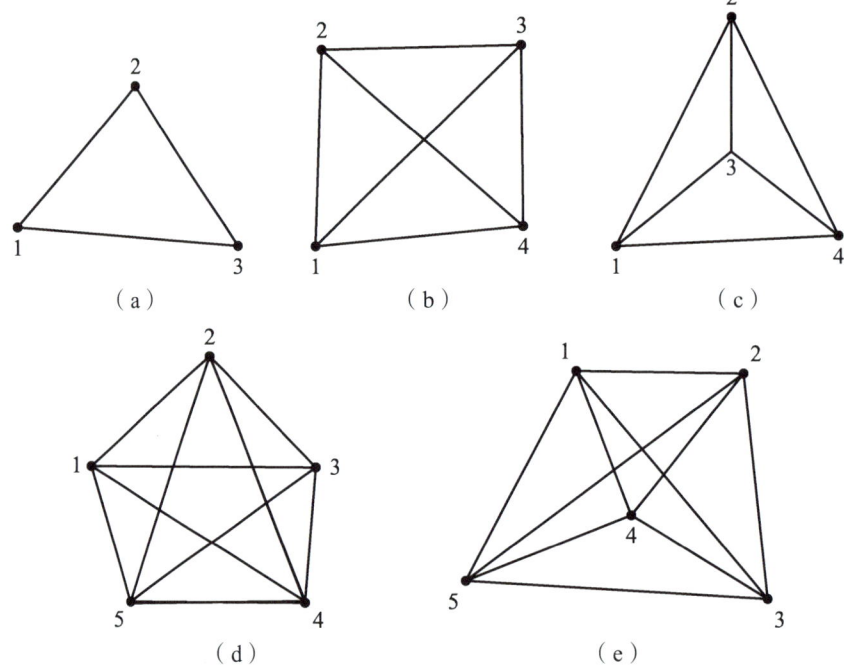

图 6-10　同步网的几何图形

不过在 s 条基线中,只有 $m-1$ 条独立基线,其余基线均可由独立基线推算而得,属于非独立基线。同一条基线,其直接解算结果与独立基线推算所得结果之差,就产生了所谓坐标闭合差条件,用它可评判同步网的观测质量。

2)多台接收机的异步网测设方案

在城市或大、中型工程中布设 GNSS 控制网时,控制点数目比较多,由于受接收机数量的限制,难以再选择同步网的测设方案。此时必须将多个同步网相互连接构成统一整体的 GNSS 控制网。这种由多个同步网相互连接的 GNSS 网,称作异步网。

异步网的测设方案决定于投入作业的接收机数量和同步网之间的连接方式。不同的接收机数量决定了同步网的网形结构,而同步网的不同连接方式又会出现不同的异步网的网形结构。由于 GNSS 网的平差及精度评定,主要是由不同时段观测的基线组成异步闭合环的多少及闭合差大小所决定的，而与基线边长度和其间所夹角度无关，所以异步网的网形结构与多余观测密切相关。

同步网之间的连接方式有以下三种：

（1）点连式。

同步网之间仅有一点相连接的异步网称为点连式异步网，如图 6-11 所示。

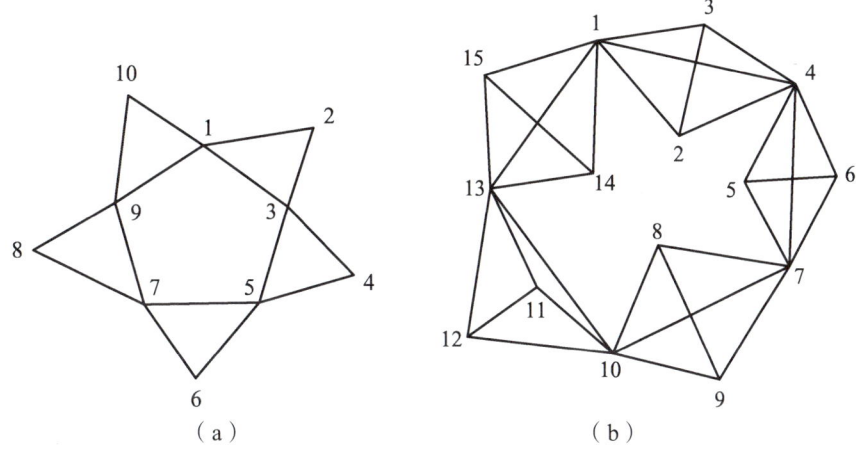

图 6-11　点连式异步网

在图 6-11（a）中共有 10 个点，用三台接收机分别在五个三边同步网中依次做同步观测。同步网间用 1、3、5、7、9 各点相连接，连接点上设站二次，其余点只设站一次。该图形中有 5 个同步环和 1 个异步环，基线总数为 15，其中独立基线数为 9，非独立基线数为 6，没有重复基线。

在图 6-11（b）中共有 15 个点，用四台接收机分别在五个多边同步网中依次做同步观测，构成点连式异步网。该图形中有 5 个同步环和 1 个异步环，基线总数为 30，其中独立基线数为 14，非独立基线数为 16。由图 6-11 可以看出，在点连式异步网中均没有重复基线出现。

（2）边连式。

同步网之间由一条基线边相连接的异步网称为边连式异步网，如图 6-12 所示。

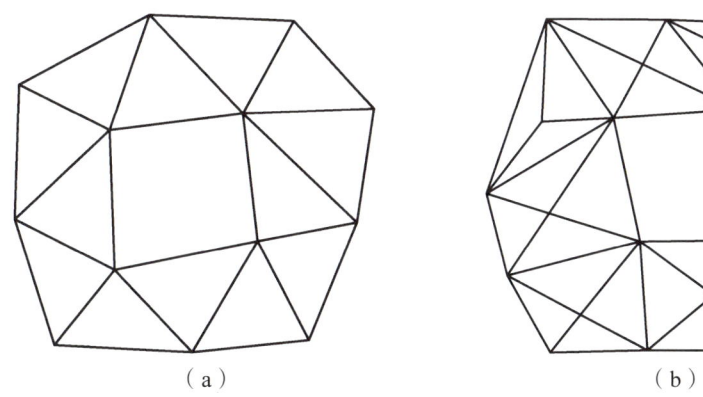

图 6-12　边连式异步网

图 6-12（a）表示用三台接收机分别在 13 个三角形同步网中先后做同步观测。同步网间有一条公共基线连接，公共基线在相连的同步环中分别测量两次。该网中有 13 个同步环和 1 个异步环，基线总数为 26，其中独立基线数为 13，重复基线数为 13。这样，就出现了 13 个同步环检核、1 个异步环检核、13 个重复基线的检核。

图 6-12（b）为四台接收机先后在八个观测时段进行同步观测所构成的边连式异步网。网中有 8 个同步环和 1 个异步环、8 个重复基线的检核。其中在同步环检核中，又可产生大量同步闭合环。

（3）混连式。

混连式是点连式与边连式的一种混合连接方式，如图 6-13 所示。其中图 6-13（a）为三台接收机做同步观测，由 9 个三边同步网所构成的混连式异步网；图 6-13（b）为四台接收机进行同步观测，由 5 个多边同步网构成的混连式异步网。

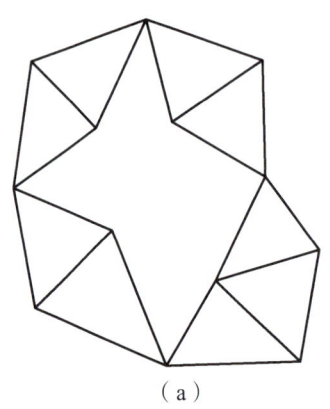
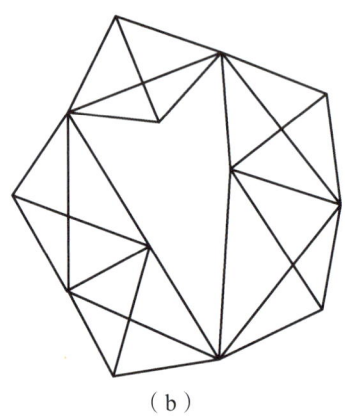

（a） （b）

图 6-13 混连式异步网

在上述三种连接方案中，第 1 种工作量最小，但无重复基线检核；第 2 种工作量最大，检核条件也最多；第 3 种比较灵活，工作量与检核条件比较适中。在选择测设方案时，应从所具备的接收机数量和精度、工作量大小、卫星运行状态、测区条件等方面进行权衡。通常 GNSS 相对定位精度较高，比较容易达到工程的期望精度，这时也就没有必要以高额投入换取更高的精度。

4. 外业观测

GNSS 外业观测是利用接收机接收来自 GNSS 卫星的无线电信号，它是外业阶段的核心工作，包括准备工作、天线设置、接收机操作、气象数据观测、测站记簿等项内容。GNSS 卫星定位网的技术设计是在室内完成的，它注重 GNSS 网的科学性和完整性。而实测方案则是依据接收机的台数和点位的分布特点，充分考虑到测区交通和地理环境，精心安排多台接收机进行的同步观测计划。

GNSS 卫星的观测，是待 GNSS 卫星升离地平线一定的角度才开始的，这个角度就是卫星高度截止角。高度角越小，越有利于减小三维位置图形强度因子（PDOP），从而延长最佳观测时间；但是卫星高度角越小，对流层影响越显著，测量误差随之增大。在精密定位测量时，卫星高度截止角宜选定在 15°左右。

作业小组应在观测前根据测区地形、交通状况、控制网的大小、精度的高低、仪器的数量、GNSS网的设计、星历预报表和测区的天气、地理环境等编制作业调度表，以提高工作效益。

5. 天线安置

为了避免严重的重影及多路径现象干扰信号接收，确保观测成果质量，必须妥善安置天线。天线要尽量利用脚架安置，直接在点上对中。天线的定向标志线应指向正北。天线底盘上的圆水准气泡必须居中。天线安置后，应在每时段观测前、后各量取天线高一次。

6. 观测作业

观测作业的主要任务是捕获GNSS卫星信号，并对其进行跟踪、处理和量测，以获得所需要的定位信息和观测数据。

在离开天线不远的地面上，安放接收机。接通接收机至电源、天线、控制器的连接电缆，并经过预热和静置，即可启动接收机进行观测。

至于利用接收机进行作业的具体方法步骤，因接收机的类型不同而异。对于目前常见的接收机，其操作自动化程度较高，一般只需按若干功能键就能进行测量。对某种具体接收机的操作方法，用户应按随机的操作手册进行。

7. 外业成果记录

在外业观测过程中，所有信息资料和观测数据都要妥善记录。记录的形式主要有以下两种：

1）观测记录

观测记录由接收设备自动完成，均记录在存储介质（如磁卡等）上，记录项目主要有：载波相位观测值及其相应的GNSS时间；GNSS卫星星历参数；测站和接收机初始信息（测站名、测站号、时段号、近似坐标及高程、天线及接收机编号、天线高）。接收机内存数据文件转录到外存介质上时，不得进行任何剔除和删改，不得调用任何对数据实施重新加工组合的操作指令。

2）GNSS外业观测手簿

测量手簿是在接收机启动前与作业过程中，由测量员随时填写的。整个观测过程出现的重要问题及其处理情况，亦应如实地填写在记事栏内，并妥善保管。

8. 观测成果的外业检核及处理

观测成果的外业检核是外业工作的最后一个环节。每当观测任务结束，必须对观测数据的质量进行分析并做出评价，以确保观测成果和定位结果的预期精度。

1）野外数据检核

对野外观测资料首先要进行复查，内容包括：成果是否符合调度命令和规范的要求；进行的观测数据质量分析是否符合实际。然后进行下列项目的检核：每个时段同步边观测数据的检核、重复观测边的检核、环闭合差的检核和同步观测环检核。

当发现边闭合数据或环闭合数据超出上列规定时，应分析原因并对其中部分或全部成果重测。需要重测的边应尽量安排在一起进行同步观测。

2）数据后处理

GNSS 测量数据的测后处理，一般均可借助相应的后处理软件自动完成平差，计算完成后，需输出打印以下基本信息：测区和各测站的基本信息；观测值的数量、数据剔除率、时段起止时刻和持续时间的统计信息；平差计算采用的坐标系基本常数、起算数据、观测值类型和数据处理方法；平差计算采用的先验约束条件、先验误差；平差结果；平差值的精度。

（三）检查与评价

> **引导** 2：各小组随机抽取汇报本节课程的主要内容。

> **引导** 3：各小组推荐代表汇报 GNSS 外业观测程序和要点，教师讲评。

任务四　交会测量

任务目标

（1）掌握前方测绘和后方测绘的概念；

（2）熟悉掌握前方测绘和后方测绘的方法和计算，本部分重点介绍测角前方交会和测角后方交会的内业计算。

（一）准备与计划

交会测量

> **引导** 1：在进行平面控制测量时，如果导线点的密度不能满足测图和工程的要求时，则需要进行控制点的加密。控制点的加密，可以采用导线测量，也可以采用交会定点法。

> **引导** 2：根据测角、测边的不同，如图 6-14 所示，交会定点可分为：图 6-14（a）为测角前方交会，图 6-14（b）为测角侧方交会，图 6-14（c）为测角后方交会，图 6-14（d）为测边交会等几种方法。

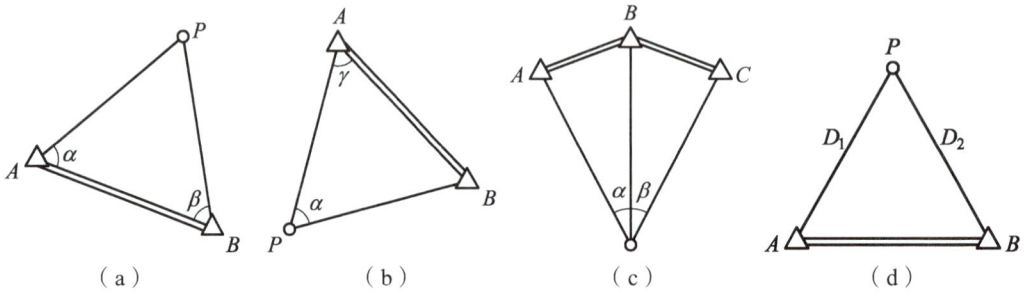

图 6-14　交会图形

▶ **引导** 3：在选用交会法时，必须注意交会角不应小于30°或大于150°，交会角是指待定点至两相邻已知点方向的夹角。

（二）决策与实施

本部分重点介绍测角前方交会和测角后方交会的内业计算。

1. 前方交会

如图 6-15 所示为前方交会基本图形，已知 A 点坐标为 X_A、Y_A，B 点坐标为 X_B、Y_B，在 A、B 两点上设站，观测出 α 与 β，通过三角形的余切公式求出加密点 P 的坐标。这种方法称为测角前方交会法，简称前方交会。

按导线计算公式，由图 6-15 可得：

$$\left.\begin{array}{l} X_P = \dfrac{X_A \cot\beta_B + X_B \cot\alpha_A + (Y_B - Y_A)}{\cot\alpha_A + \cot\alpha_B} \\ Y_P = \dfrac{Y_A \cot\beta_B + Y_B \cot\alpha_A - (X_B - X_A)}{\cot\alpha_A + \cot\alpha_B} \end{array}\right\} \quad (6\text{-}24)$$

应用上式计算坐标时，必须注意实测图形的编号与推导公式的编号要一致。在实践中，为了校核和提高 P 点坐标的精度，通常采用三个已知点的前方交会图形。如图 6-16 所示，在三个已知点 A、B、C 上设站，测定 α_1、β_1 和 α_2、β_2，构成两组前方交会，然后按式（6-24）分别解算两组 P 点坐标，由于测角有误差，故解算的两组 P 点坐标不能相等，若两组坐标较差不大于两倍比例尺精度时，取两组坐标的平均值作为 P 点最后的坐标。即

$$f_D = \sqrt{\delta_x^2 + \delta_y^2} < f_{容} = 2 \times 0.1M(\text{mm}) \quad (6\text{-}25)$$

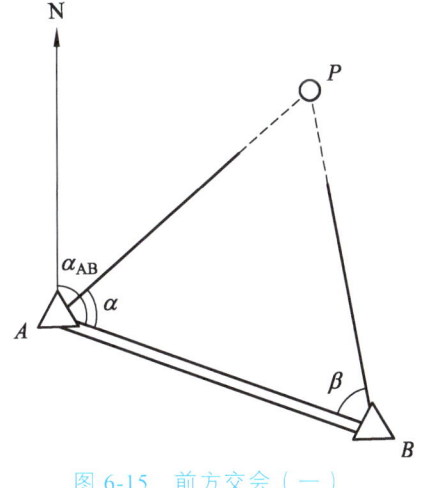

图 6-15　前方交会（一）

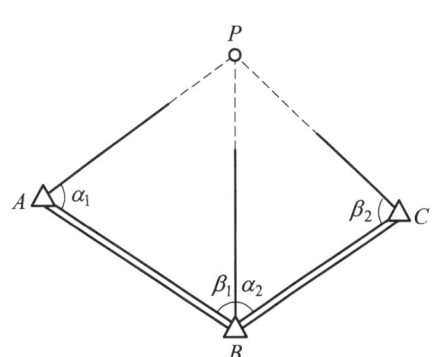

图 6-16　前方交会（二）

2. 后方交会

如图 6-17 所示为后方交会基本图形。A、B、C、D 为已知点，在待定点 P 上设站，分别观测已知点 A、B、C，观测出 α 和 β，然后根据已知点的坐标计算出 P 点的坐标，

这种方法称为测角后方交会，简称后方交会。

后方交会的计算方法有多种，现只介绍一种，即 P 点位于 A、B、C 三点组成的三角形之外时的简便计算方法。

为了保证 P 点的坐标精度，后方交会还应该用第四个已知点进行检核。如图 6-17 所示，在 P 点观测 A、B、C 点的同时，还应观测 D 点，测定检核角 ε，在算得 P 点坐标后可求出 α_{PB} 与 α_{PD}，由此得 $\varepsilon_{计}=\alpha_{PD}-\alpha_{PB}$。若角度观测和计算无误时，则应有 $\varepsilon_{测}=\varepsilon_{计}$。但由于观测误差的存在，使 $\varepsilon_{计}\neq\varepsilon_{测}$，二者之差为检核角较差，即

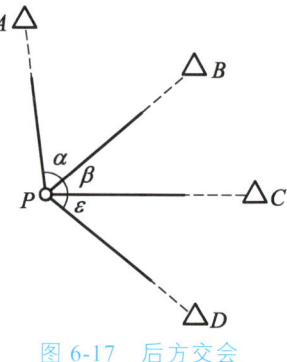

图 6-17 后方交会

$$\Delta\varepsilon''=\varepsilon_{测}-\varepsilon_{计} \tag{6-26}$$

$$\Delta\varepsilon''_{容}=\pm\frac{M}{10^4 S_{PB}}\rho'' \tag{6-27}$$

式中，M 为测图比例尺分母。

如果选定的交会点 P 与 A、B、C 三点恰好在同一圆周上时，则 P 点无定解，此圆称为危险圆。在后方交会中，要避免 P 点处在危险圆上或危险圆附近，一般要求 P 点至危险圆距离应大于该圆半径的 1/5。

（三）检查与评价

> **引导** 4：各小组推荐代表汇报学习前方交会和后方交会，教师讲评。

任务五　三角高程测量

 任务目标

（1）掌握三角高程测量的原理；
（2）熟悉掌握高程测量的观测与计算。

（一）准备与计划

> **引导** 1：在山区或高层建筑物上，若用水准测量作高程控制，则困难大且速度慢，这时可考虑采用三角高程测量，三角高程测量分为测距仪三角高程测量和经纬仪三角高程测量两种。

> **引导** 2：三角高程测量的主要技术要求。

三角高程测量的主要技术要求：针对竖直角测量的技术要求，一般分为两个等级，即四、五等，其可作为测区的首级控制，技术要求列于表 6-5 中。

表 6-5　电磁波测距三角高程测量的主要技术要求

等级	仪器	测距边测回数	竖直角测回数		指标差较差/″	竖直角较差/″	对向观测高差较差/mm	附合或环线闭合差/mm
			三丝法	中丝法				
四	DJ_2	往返各 1 次	1	3	≤7	≤7	$40\sqrt{D}$	$20\sqrt{\sum D}$
五	DJ_2	1	2	2	≤10	≤10	$60\sqrt{D}$	$30\sqrt{\sum D}$

注：D 为电磁波测距边长度（km）。

三角高程测量，是根据两点间的水平距离和竖直角计算两点的高差，然后求出所求点的高程。

如图 6-18 所示，在 A 点安置仪器，用望远镜中丝瞄准 B 点觇标的顶点，测得竖直角 α，并量取仪器高 i 和觇标高 v，若测出 A、B 两点间的水平距离 D，则可求得 A、B 两点间的高差，即

$$h_{AB} = D\tan\alpha + i - v \tag{6-28}$$

B 点高程为：

$$H_B = H_A + D\tan\alpha + i - v \tag{6-29}$$

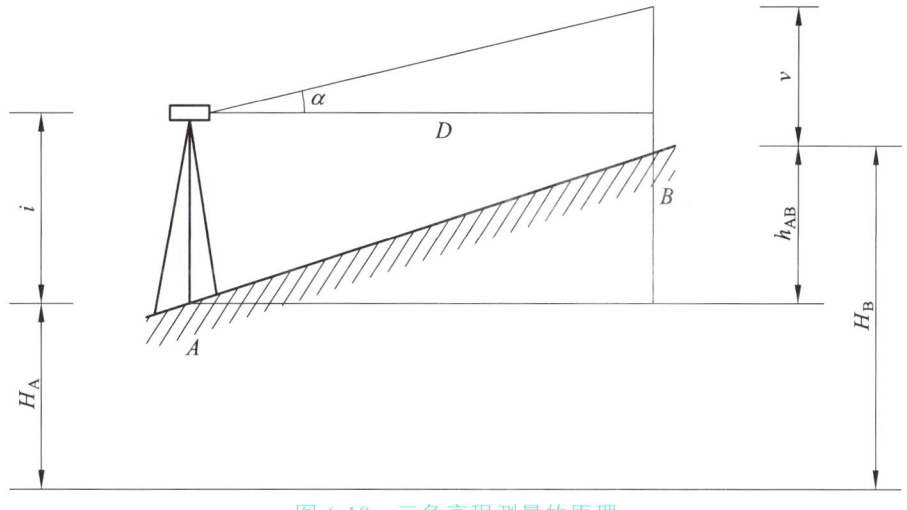

图 6-18　三角高程测量的原理

三角高程测量一般应采用对向观测法，如图 6-18 所示，即由 A 向 B 观测称为直觇，再由 B 向 A 观测称为反觇，直觇和反觇称为对向观测。采用对向观测的方法可以减弱地球曲率和大气折光的影响。当对向观测所求得的高差较差不应大于 $0.1D$（D 为水平距离，以"km"为单位），则取对向观测的高差中数为最后结果，即

$$h_{中} = \frac{1}{2}(h_{AB} - h_{BA}) \tag{6-30}$$

式（6-30）适用于 A、B 两点距离较近（小于 300 m）的三角高程测量，此时水准面可

近似看成平面，视线视为直线。当距离超过 300 m 时，就要考虑地球曲率及观测视线受大气折光的影响。

（二）决策与实施

> **引导** 3：各小组推荐代表进行汇报，教师讲评，熟练掌握三角高程测量原理和技术要求。

（三）检查与评价

> **引导** 4：小组成员互相检查，检查对方小组对三角高程测量原理和技术要求掌握的情况，小组之间完成互评。

> **引导** 5：各小组推荐代表对掌握情况进行汇报，教师讲评。

任务六　三、四等水准测量

任务目标

（1）掌握三、四等水准测量的观测，记录，计算及校核方法；
（2）熟悉三、四等水准测量的主要技术要求，水准路线的布设及闭合差的计算。

（一）准备与计划

> **引导** 1：三、四等水准测量，除了应用于国家高程控制网的加密外，还能够应用于建立小区域首级高程控制网。三、四等水准测量的起算点高程应尽量从附近的一、二等级水准点引测，若测区附近没有国家一、二等水准点，则在小区域范围内可采用闭合水准路线建立独立的首级高程控制网，假定起算点的高程。三、四等水准测量及等外水准测量的精度要求列于表 6-6 中。

表 6-6　水准测量的主要技术要求

等级	路线长度 /km	水准仪	水准尺	观测次数		往返较差、闭合差	
				与已知点联测	附合成环线	平地/mm	山地/mm
三等	≤45	DS_1	因瓦	往返各一次	往一次	$12\sqrt{L}$	$4\sqrt{n}$
		DS_3	双面	往返各一次	往返各一次		
四等	≤16	DS_3	双面	往返各一次	往一次	$20\sqrt{L}$	$6\sqrt{n}$
等外	≤5	DS_3	单面	往返各一次	往一次	$40\sqrt{L}$	$12\sqrt{n}$

> **引导** 2：三、四等水准测量一般采用双面尺法观测，其在一个测站上的技术要求见表 6-7。

表 6-7 水准观测的主要技术要求

等级	仪器类型	视线长度/m	前后视距差/m	前后视距累积差/m	视线离地面最低高度/m	黑红面读数较差/mm	黑红面高差较差/mm
三等	DS_1	100	2	5	0.3	1.0	1.5
	DS_3	75				2.0	3.0
四等	DS_3	100	3	10	0.2	3.0	5.0
等外	DS_3	100	大致相等	—	—	—	—

> **引导** 3：采用数字水准仪时的视线长度、前后视距差、视线高度的要求，见表 6-8。

表 6-8 数字水准仪水准观测的主要技术要求

等级	仪器类型	视线长度/m	前后视距差/m	前后视距累积差/m	视线离地面最低高度/m	重复测量次数
三等	DSZ_1、$DSZ_{0.5}$	≤100	≤2	≤5	三丝能读数	≥2 次
四等	DSZ_1、$DSZ_{0.5}$	≤150	≤3	≤10	三丝能读数	≥2 次

1. 三、四等水准测量的观测程序和记录方法

（1）三等水准测量每测站照准标尺分划顺序为：

① 后视标尺黑面，精平，读取上、下、中丝读数，记为（1）、（2）、（3）。

② 前视标尺黑面，精平，读取上、下、中丝读数，记为（4）、（5）、（6）。

③ 前视标尺红面，精平，读取中丝读数，记为（7）。

④ 后视标尺红面，精平，读取中丝读数，记为（8）。

三等水准测量测站观测顺序简称为："后—前—前—后"（或黑—黑—红—红），其优点是可消除或减弱仪器和尺垫下沉误差的影响。

（2）四等水准测量每测站照准标尺分划顺序为：

① 后视标尺黑面，精平，读取上、下、中丝读数，记为（1）、（2）、（3）。

② 后视标尺红面，精平，读取中丝读数，记为（4）。

③ 前视标尺黑面，精平，读取上、下、中丝读数，记为（5）、（6）、（7）。

④ 前视标尺红面，精平，读取中丝读数，记为（8）。

四等水准测量测站观测顺序简称为："后—后—前—前"（或黑—红—黑—红）。

2. 测站计算与校核

（1）视距计算。

后视距离：（9）=[（1）－（2）]×100；

前视距离：（10）=[（4）－（5）]×100；

前、后视距差：(11) = (9) - (10)；
前、后视距累积差：本站(12) = 本站(11) + 上站(12)。

（2）同一水准尺黑、红面中丝读数校核。

前尺：(13) = (6) + K_1 - (7)；

后尺：(14) = (3) + K_2 - (8)。

（3）高差计算及校核。

黑面高差：(15) = (3) - (6)；

红面高差：(16) = (8) - (7)；

校核计算：红、黑面高差之差(17) = (15) - [(16) ± 0.100]或(17) = (14) - (13)；

高差中数：(18) = [(15) + (16) ± 0.100]/2。

在测站上，当后尺红面起点为 4.687 m，前尺红面起点为 4.787 m 时，取 + 0.100；反之，取 - 0.100。

（4）每页计算校核。

① 高差部分。

每页上，后视红、黑面读数总和与前视红、黑面读数总和之差，应等于红、黑面高差之和，还应等于该页平均高差总和的两倍，即

对于测站数为偶数的页：

$$\sum[(3)+(8)] - \sum[(6)+(7)] = \sum[(15)+(16)] = 2\sum(18)$$

对于测站数为奇数的页：

$$\sum[(3)+(8)] - \sum[(6)+(7)] = \sum[(15)+(16)] = 2\sum(18) \pm 0.100$$

② 视距部分。

末站视距累积差值：末站(12) = $\sum(9) - \sum(10)$。

总视距 = $\sum(9) + \sum(10)$。

3. 成果计算与校核

在每个测站计算无误后，并且各项数值都在相应的限差范围之内时，根据每个测站的平均高差，利用已知点的高程，推算出各水准点的高程，其计算与高差闭合差的调整方法，可参见项目二。至此完成了三、四等水准测量的整个过程。

4. 等外水准测量

等外水准测量，是用于工程水准测量或测定图根控制点的高程，其精度低于四等水准测量，故称为等外水准测量（也叫五等水准测量），其施测方法参见项目二水准测量。

（二）决策与实施

➢ **引导**4：各小组推荐代表进行汇报，教师讲评，熟练掌握三、四等水准测量内业计算及校核方法，并填写表6-9。

表 6-9　三、四等水准测量观测手簿

测站编号	测点编号	后尺 下丝	前尺 下丝	方向及尺号	标尺读数		$K+$黑$-$红	平均高差/m	备注
		上丝	上丝						
		后距	后距		黑面	红面			
		视距差 d/m	$\sum d$/m						
		（1）	（4）	前	（3）	（8）	（14）		
		（2）	（5）	后	（6）	（7）	（13）	（18）	
		（9）	（10）	前－后	（15）	（16）	（17）		
		（11）	（12）						
1									
2									K 为尺常数: $K_{01}=4.787$ $K_{02}=4.687$
3									
4									
每页校核									

➢ **引导**5：以小组为单位完成一个闭合水准路线的观测、记录、计算及校核方法。

（三）检查与评价

➢ **引导**6：小组成员互相检查，检查对方小组测量计算方法是否正确，计算过程是否完整，小组之间完成互评。

➢ **引导**7：各小组推荐代表进行案例计算结果的汇报，教师讲评。

附表 1

学习情况反馈表

学习任务					
班级		小组编号		负责人	
开始时间		计划完成时间		实际完成时间	
序号	学习记录				备注
	学习项目	任务内容			
1	工作页的填写				
2	独立完成的任务				
3	小组合作完成的任务				
4	教师指导下完成的任务				
5	是否达到了学习目标，能否独立完成工程测量学习任务				
存在的问题及建议					

项目七

大比例尺地形图测绘与应用

项目七	大比例尺地形图测绘与应用	建议学时	12
任务描述			
根据实际需求，制订合理的测量技术方案和计划，包括选择适当的测量方法和工具、确定测量精度和比例尺、制订数据采集和处理流程等。 使用适当的测量方法和工具进行实地测量，获取地形图数据，然后对数据处理和地图编绘，制作成大比例尺地形图，在完成地形图制作后，进行质量检查和成果验收，确保地形图的准确性和可靠性			
学习目标			
完成本学习项目工作任务后，学生应当能够： 1. 掌握地形图施测之前现场踏勘方法，了解地形地貌、交通道路、建筑物分布等信息； 2. 理解按照测量计划，选择适当的测量方法和工具进行实地测量，获取地形图数据； 3. 能熟练操作全站仪和 GNSS-RTK 进行实地测量； 4. 掌握对采集的数据进行整理、分析的方法，运用专业软件进行地图编绘，制作成大比例尺地形图			
提交材料			
1. 每个任务的测量记录、计算和检核表； 2. 学习情况反馈表（附表1）			
学业评价形式及标准			
每位学生独立完成学习内容和工作任务，以百分制分数对个人单独评价			

序号	考核要求	分数	评分标准	得分
1	遵守纪律，能按时独立完成工作任务	15	在该情境安排的学时结束时没完成工作任务的，每延迟2学时扣5分，直至扣完为止，延迟超过1天本单项成绩评0分	
2	大比例尺地形图测量基础知识	15	正确15分；基本正确12分；有缺陷10分；不正确0分	
3	地形图的矩形分幅和编号方法	20	正确20分；基本正确15分；有缺陷10分；不正确0分	
4	绘制地物、地貌的方法	20	正确20分；基本正确15分；有缺陷10分；不正确0分	
5	使用全站仪和 GNSS-RTK 测图	20	正确20分；基本正确15分；有缺陷10分；不正确0分	
6	地形图的识读	10	正确10分；基本正确8分；有缺陷5分；不正确0分	
合计				

任务一　地形图的测绘

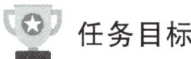
任务目标

（1）认识地形图，理解比例尺的表达方式、种类和精度要求；
（2）熟悉大比例尺地形图分幅和编号方法；
（3）了解大比例尺地形图图式（《1∶500、1∶1 000、1∶2 000 地形图图式》规范），掌握不同地物和地貌在地形图上的表现形式；
（4）掌握等高线的四种常用类型和等高距的常用选择。

一、地形图测绘的基本概念

（一）准备与计划

➢ **引导**1：地形测量的主要任务是测绘地形图。地形图测绘在测量控制点基础上采集地形地貌特征点，按一定的步骤和方法将地物和地貌测定在图上，并用规定的比例尺和符号绘制成图。符合什么样的特征才是地形图？

地形图的概念

1. 地形图

地形图是通过实地测量，将地面上各种_____、_____的平面位置，按一定的比例尺，用《国家基本比例尺地图图式　第 1 部分：1∶500　1∶1 000　1∶2 000 地形图图式》（GB/T 20257.1—2007）统一规定的符号和注记，缩绘在图纸上的平面图形，既表示地物的平面位置，又表示地貌形态。

2. 比例尺

图上任一线段 d 与_____相应线段水平距离 D 之比，称为图的比例尺，显然有：

$$\frac{d}{D}=\frac{1}{M} \tag{7-1}$$

（二）决策与实施

➢ **引导**2：同学们，你知道常用的比例尺种类有哪些？

1. 数字比例尺

数字比例尺即在地形图上直接用数字表示的比例尺，如上所述，用 $1/M$（或 $1∶M$ 表示的比例尺。数字比例尺一般注记在地形图下方中间部位，如公式（7-1）所示。式中 M 称为比例尺分母，表示缩小的倍数。M 越小，比例尺_____，图上表示的地物地貌越详尽。通常把 1∶500、1∶1 000、1∶2 000、1∶5 000 的比例尺称为大比例尺；1∶10 000、1∶25 000、1∶50 000、1∶100 000 的比例尺称为中比例尺；小于 1∶100 000 的比例尺称为小比例尺。

2. 图式比例尺

图式比例尺常绘制在地形图的下方，用以直接量度图内直线的水平距离。如图 7-1

所示，在一根直尺上，一般以 2 cm 长为基本单位分划，并将此段细分为若干等分的小分划。最后在所有的基本分划处注记其所代表的实际水平距离。

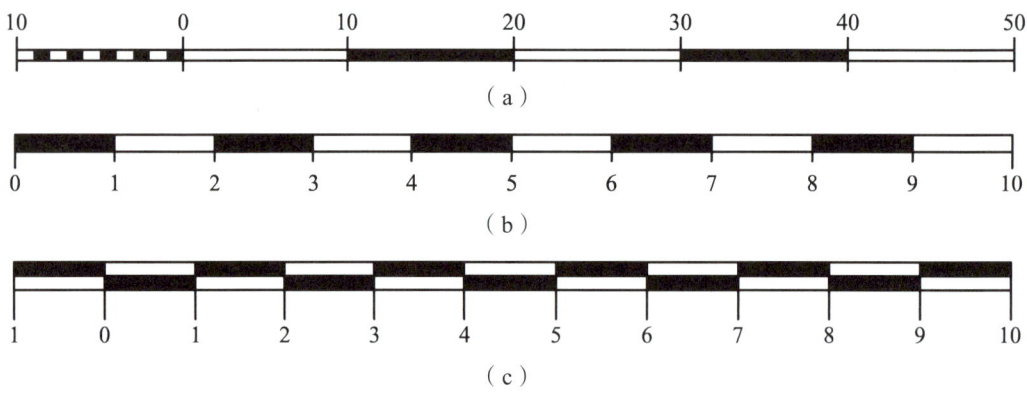

图 7-1　图式比例尺

图式比例尺的优点是：量距直接方便而不必再进行换算，比例尺随图纸按同一比例伸缩，从而明显减小因图纸伸缩而引起的量距误差。地形图绘制时所采用的三棱比例尺也属于图式比例尺。

3．比例尺精度

定义：人眼正常的分辨能力，在图上辨认的长度通常认为是 0.1 mm，它在地上表示的水平距离为 0.1 mm×M，称为比例尺精度。比例尺越大其比例尺精度越小，地形图的精度就越高。

➤ **引导**3：比例尺在地形图测绘中的作用是什么？比例尺精度与比例尺大小又有什么关系？

1．比例尺的意义和作用

比例尺越大，比例尺精度_____，根据比例尺精度可以推算出测图时量距应准确到什么程度。例如，1∶1 000 地形图的比例尺精度为 0.1 m，测图时量距的精度只需 0.1 m，小于 0.1 m 的距离在图上表示不出来。反之，根据图上表示实地的最短长度，可以推算测图比例尺。例如，欲表示实地最短线段长度为 0.5 m，则测图比例尺不得小于 1∶5 000。

2．确定比例尺大小和精度的要求

比例尺越大，采集的数据信息越_____，精度要求就越高，测图工作量和投资往往成倍增加，因此使用何种比例尺测图，应从实际需要出发，不应盲目追求更大比例尺的地形图。

（三）检查与评价

➤ **引导**4：根据本节学习，我们知道比例尺精度可以确定测图时测量距离的精度。请问如果测绘 1∶2 000 地形图时，距离测量的精度只需达到_____即可。同样，如要求图上能显示实地 0.5 m 的精度时，则采用的测图比例尺应不小于_____。

二、地形图的分幅和编号

（一）准备与计划

> **引导** 1：为了便于管理和使用地形图，需要将大面积地形图进行统一的分幅和编号，具体有哪些实现方法？

大比例尺地形图的分幅与编号

梯形分幅（经纬线分幅）的图廓由经纬线构成，适合较大区域的较小比例尺的地图分幅。比如国际 1∶100 万比例尺的分幅和编号，从赤道起向两极每纬差 4°为一行，至 88°，南北半球各分为 22 横列，依次编号 A、B…V；以两极为中心，以经度 88°为界的圆编号为 Z；由经度 180°以西向东每 6°一列，全球 60 行，以 1～60 表示，如北京所在 1∶100 万比例尺图的第 10 横、第 50 列，其编号为：（N）J-50，梯形分幅（经纬线分幅）如图 7-2 所示。

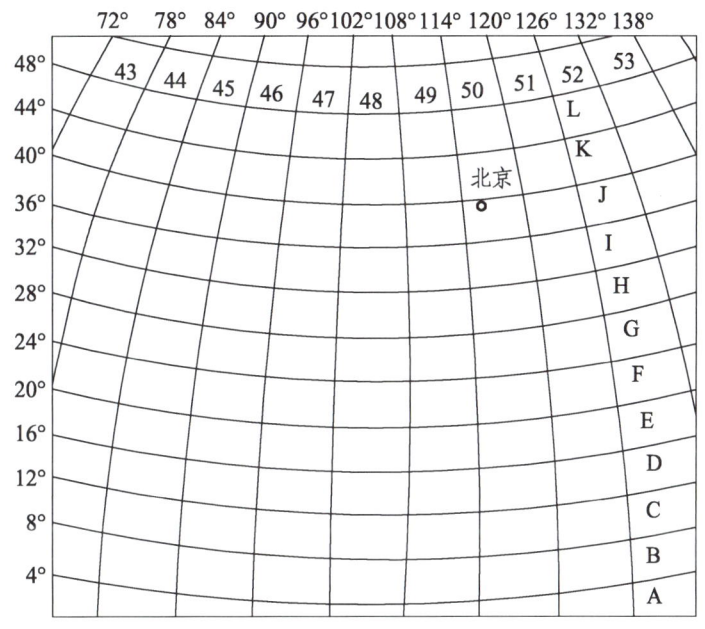

图 7-2　梯形分幅（经纬线分幅）

（二）决策与实施

> **引导** 2：梯形分幅（经纬线分幅）适合较大区域的较小比例尺的地图分幅，在工程应用中梯形分幅是不合适的，你们猜猜看还有什么分幅形式比较适合实际应用呢？

1. 矩形分幅

矩形分幅适用于大比例尺地形图，1∶500、1∶1 000、1∶2 000、1∶5 000 比例尺地形图图幅一般为 50 cm×50 cm 或 40 cm×50 cm，以纵横坐标的整千米或整百米数的坐标格网作为图幅的分界线，称为矩形或＿＿＿＿分幅，以 50 cm×50 cm 图幅最常用。

矩形图幅的编号，也是取其图幅＿＿＿＿＿角 x 坐标和 y 坐标（以千米为单位），中间用连字符连接作为它的编号。编号时，1∶5 000 地形图，坐标取至 1 km；1∶2 000、

1∶1 000地形图坐标取至0.1 km；1∶500地形图，坐标取至0.01 km。

矩形图幅的编号有两种：

（1）按坐标编号。

第一种情况：当测区与国家控制网联测时，图幅编号为：图幅所在投影带中央经线的经度-x西南角（km）-y西南角（km）。

如某1∶2 000地形图的编号为"112°-3 108.0-38 656.0"，表示图幅所在投影带中央经线的经度为112°，图幅西南角的坐标为x = 3 108 km，y = 38 656 km（38为投影带带号）。

第二种情况：当测区采用独立坐标系时，图幅编号为：测区坐标起算点的坐标（x，y）-图幅西南角纵坐标-图幅西南角横坐标，坐标以千米或百米为单位。如某图幅编号"30，30-16-18"，表示测区起算点坐标为x = 30 km，y = 30 km，图幅西南角坐标为x = 16 km，y = 18 km。

（2）按数字顺序编号。

小面积独立测区的图幅编号，可采用数字顺序进行编号。如图7-3所示，虚线表示测区范围，数字表示图幅编号，排列顺序一般从左到右、从上到下。矩形分幅的地形图编号应以方便管理和使用为目的，可以不必强求统一。

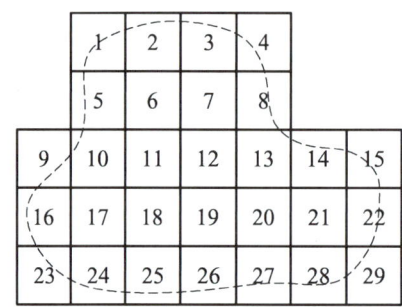

图7-3　按数字顺序编号

2. 正方形分幅

正方形分幅是矩形分幅的一种特殊形式，是以1∶5 000比例尺图为基础，取其图幅西南角x坐标和y坐标（以千米为单位）的数字，中间用连字符连接作为它的编号。例如，某图西南角的坐标x = 3 510.0 km，y = 25.0 km，则其编号为：3510.0-25.0。1∶5 000比例尺图四等分便得四幅1∶2 000比例尺图；编号是在1∶5 000比例尺图的图号后用连字符加各自的代号Ⅰ、Ⅱ、Ⅲ、Ⅳ，如3510.0-25.0-Ⅱ。

以此类推，1∶2 000比例尺图四等分便得四幅1∶1 000比例尺图；1∶1 000比例尺图的编号是在1∶2 000比例尺图的图号后用连字符附加各自的代号Ⅰ、Ⅱ、Ⅲ、Ⅳ，如3 510.0-25.0-Ⅱ-Ⅳ。

1∶1 000比例尺图再四等分便得四幅1∶500比例尺图；1∶500比例尺图的编号是在1∶1 000比例尺图的图号后用连字符附加各自的代号Ⅰ、Ⅱ、Ⅲ、Ⅳ，如3510.0-25.0-Ⅱ-Ⅳ-Ⅲ。

正方形与矩形分幅，都是按规范全国统一编号的，大型工程项目的测图也力求与国家或城市的分幅、编号方法一致。但有些独立地区的测图，或者由于与国家或城市控制网没有关系；或者由于工程本身保密的需要；或者小面积测图，也可以采用其他特殊的编号方法。正方形及矩形分幅的图廓规格见表 7-1。

表 7-1 正方形及矩形分幅的图廓规格

比例尺	矩形分幅		正方形分幅		
	图幅大小 /（cm×cm）	实地面积 /km²	图幅大小 （cm×cm）	实地面积 /km²	一幅 1:5 000 图所含幅数
1:5 000	50×40	5	40×40	4	1
1:2 000	50×40	0.8	50×50	1	4
1:1 000	50×40	0.2	50×50	0.25	16
1:500	50×40	0.05	50×50	0.062 5	64

（三）检查与评价

> **引导** 3：同学们上网查找地形图分幅资料，并积极讨论汇报地形图分幅的意义是什么？

三、地物、地貌的表示

（一）准备与计划

地物、地貌在图上的表示方法

> **引导** 1：根据国家测绘主管部门制订并颁发的地形图图式，地形图中地物、地貌该如何表示？结合大比例尺地形图图式（《1:500、1:1 000、1:2 000 地形图图式》规范），地物和地貌到底有哪些形式？

在地形图中表示地球表面地物、地貌使用专门的符号。成图的比例尺不同，相应地形图中符号的形状、大小以及表示的详细程度等也会有所区别，符号主要有三种：地物符号、地貌符号、注记符号。

1. 地物符号

地物符号是地形图上表示地物类别、形状、大小及位置的符号。根据地物形状大小和描绘方法的不同，地物符号又可分为三种。

（1）比例符号：地物的形状和大小均按测图_____缩小，并用规定的（符号）绘在图纸上，这种地物符号被称为比例符号。如房屋、运动场、湖泊、森林、田地等，这类符号表示出地物的轮廓特征，如图 7-4 所示。

（2）半比例符号：地物的长度可按比例尺缩绘，而宽度按规定尺寸绘出，这种符号被称为半比例符号。用半比例符号表示的地物都是一些_____地物，如河流、道路、通信线、管道、垣栅等，如图 7-5 所示。

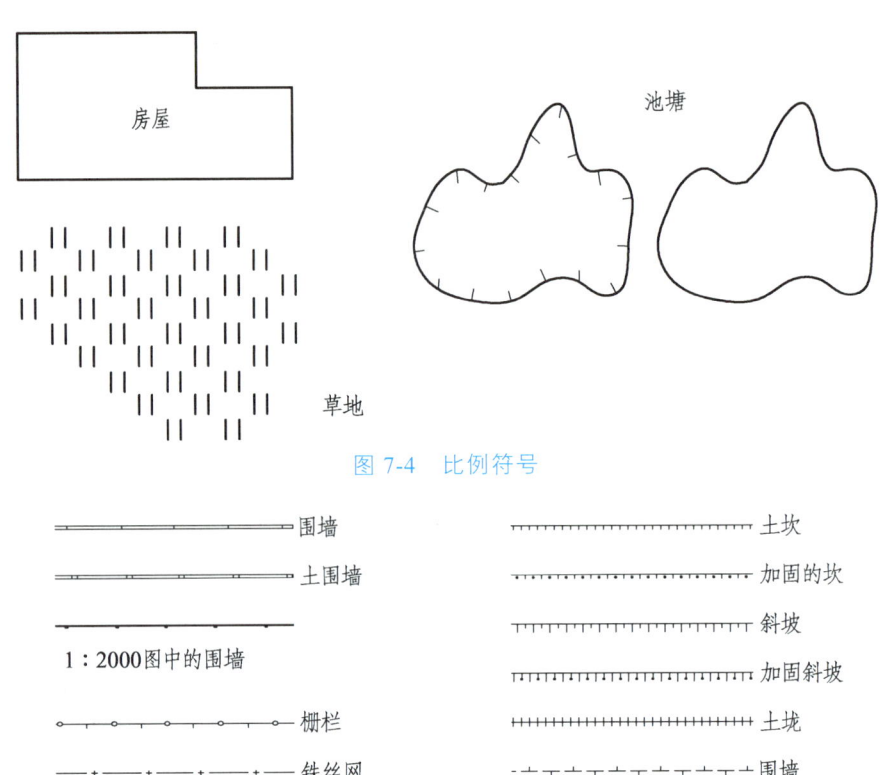

图 7-4 比例符号

图 7-5 半比例符号

（3）非比例符号：有些地物，轮廓较小，无法将其形状和大小按_____缩绘到图上，而采用相应的规定符号表示，这种符号被称为非比例符号，如三角点、水准点、独立树、里程碑、水井和钻孔等。非比例符号只能表示物体的位置和类别，不能用来确定物体的尺寸，如图 7-6 所示。

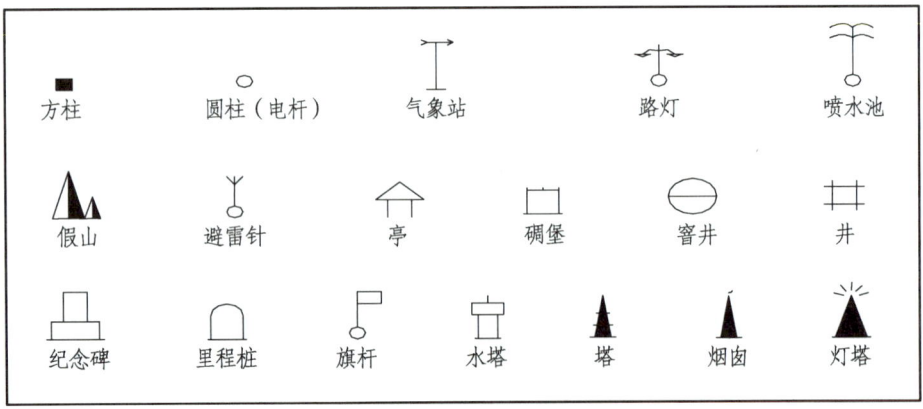

图 7-6 非比例符号

2. 地貌符号

地貌是指地面各种高低起伏形态，如高山、深谷、陡坎、悬崖峭壁和雨裂冲沟等。在地形图上地面高低起伏变化常用_____表示。

（1）等高线的概念。

等高线是地面上高程相等的各相邻点连成的_____曲线。自然界中，水库里静止的水边线就是一条等高线。

（2）等高线的种类。

为充分表示出地貌特征和用图方便，等高线分为_____、计曲线、间曲线和助曲线。

① 首曲线：在同一幅图上，按规定的等高距_____描绘的等高线，它是宽度为_____mm 的细实线。

② 计曲线（5 m 注记）加粗_____mm。为了读图方便，凡是高程能被 5 倍基本等高距整除的等高线加粗描绘为计曲线，如 10 m、15 m。

③ 间曲线和助曲线：当首曲线不能显示地貌的特征时按_____基本等高距描绘的等高线称为间曲线，在图上用长虚线表示，如 11.5 m、13.5 m。有时为显示局部地貌的需要，按_____基本等高距描绘的等高线称为助曲线，一般用短虚线表示。

图 7-7 所示为各种地貌的等高线表示。

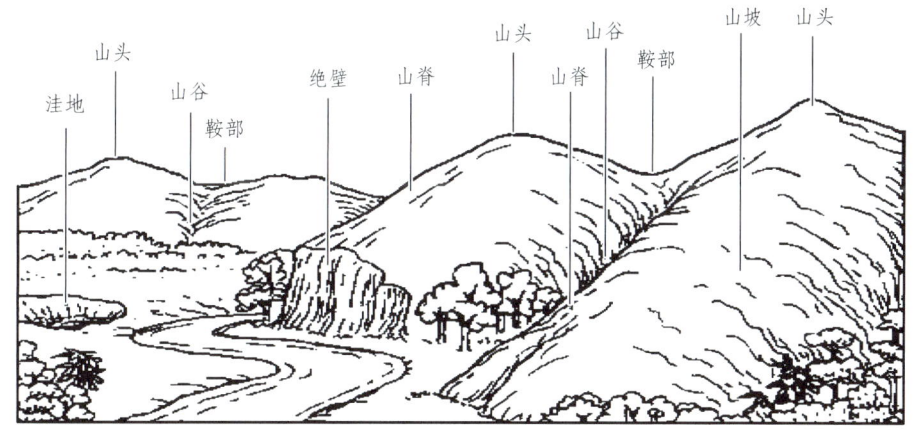

图 7-7　各种地貌的等高线表示

（3）等高距。

等高距是指相邻的两高程不同的等高线之间的高差。地表面的形态是很复杂的，不同地貌类型的形态是由它的相对高度、地面坡度以及所处的地势所决定的，它们是影响等高距的主要因素。从等高距计算公式可以看出，当地图比例尺和图上等高线间的最小距离（简称"等高线间距"）确定之后，地面坡度是决定等高距的主要因素，当然等高距的大小也受到地面高度所制约。

> **知识链接**

等高距的选择一般应考虑两种因素：图面清晰度和地貌表示的详细度。对选择等高距来说，图面清晰度指地图上等高线最小间距对图面载负的影响程度。地貌表示详细度指单位高差内等高线所通过的数量对地貌表示的影响程度。它们之间是互相影响又互相制约的统一体。所以选择分区适宜的等高距的实质是选择详细度和图面清晰度的最佳结合，等高距的选择规定见表 7-2。

表 7-2 等高距的选择规定

比例尺	平地/m（坡度在2°以下）	丘陵/m（坡度介于2°~6°）	山地/m（坡度介于6°~25°）	高山地/m（坡度在25°以上）
1∶500	0.5	1.0（0.5）	1.0	1.0
1∶1 000	0.5（1.0）	1.0	1.0	2.0
1∶2 000	1.0（0.5）	1.0	2.0（2.5）	2.0（2.5）

3. 注记符号

注记符号分为地名注记和说明注记两种，如图 7-8 所示。

① 地名注记：主要包括行政区划、居民地、道路、河流、湖泊、水库及山脉、岛屿等名称。

② 说明注记：包括文字和数字注记，主要用以补充说明对象的质量和数量属性，如房屋的结构和层数、管线性质及输送物质、等高线高程、地形点高程以及河流的水深、流速等。

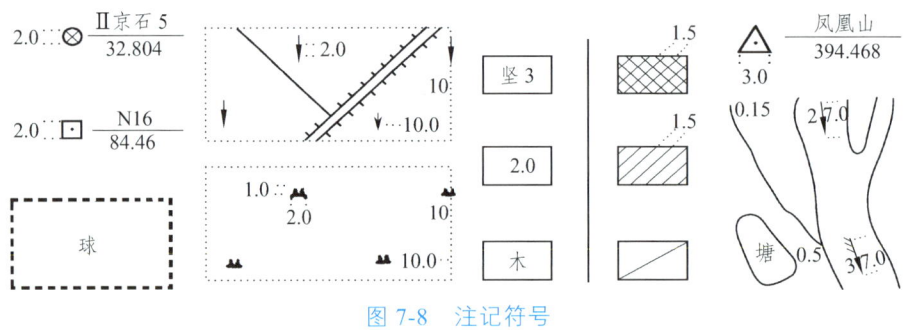

图 7-8 注记符号

（二）决策与实施

> **引导** 2：各小组推荐代表进行汇报，教师讲评，明确大比例尺地形图表达哪些地物地貌要素。

> **引导** 3：依据地形图地貌表示要求，以小组为单位说出等高线的分类和表示形式。

（三）检查与评价

➤ **引导**4：小组成员互相检查，根据教师要求的比例尺检查对方小组测图地物选取情况是否正确，小组之间完成互评。

任务二　数字化测图

 任务目标

（1）掌握大比例尺地形图任务设计要求和原则；
（2）能进行大比例尺地形图任务设计书的编写。

一、数字化测图任务设计

（一）准备与计划

数字测图就是要实现作业过程的自动化，尽可能缩短野外测图时间，减轻野外劳动强度，而将大部分作业内容安排到室内去完成。数字地图可以非常方便地对普通地图的内容进行任意形式的要素组合、拼接，形成新的地图。可以对数字地图进行任意比例尺、任意范围的绘图输出。它易于修改，可极大地缩短成图时间；利用数字地图的等高线和高程点可以生成数字高程模型，将地表起伏以数字形式表现出来，可以直观立体地表现地貌形态。

➤ **引导**1：进行数字测图首先要做任务设计，任务设计是什么呢？有哪些设计要求和内容呢？

所谓任务设计，就是根据_____、测图面积、_____以及用图单位的具体要求，结合测区的_____和本单位的仪器设备、技术力量及资金等情况，灵活运用测绘学的有关理论和方法，制订在技术上可行、_____上合理的技术方案、作业方法和实施计划，并将其编写成_____。

➤ **引导**2：根据大比例尺地形图测绘规范，技术设计书编写的基本原则、基本要求是什么？它包括哪些必要内容？

1. 技术设计书的基本原则

（1）先整体后局部，且顾及发展，满足用户要求，重视社会效益。
（2）从测区的实际情况出发，考虑人员素质和准备情况，选择最佳作业方案。
（3）充分利用已有的测绘成果和资料。
（4）尽量采用新技术、新方法和新工艺。
（5）当测区面积较大时，可以分区分别进行设计。

2. 技术设计书的基本要求

（1）内容明确，文字简练。

（2）采用新技术、新方法和新工艺成图时，要对其可行性及能达到的精度进行充分的论证。

（3）技术设计书中使用的名词、术语、公式、符号、代号和计量单位等应与有关规范和标准一致。

3. 技术设计书的基本内容

（1）任务概况。

① 任务概述。

任务来源、测区范围、地理位置、行政隶属、测区面积、测图比例尺、技术依据、计划实施起止时间。

② 测区概况。

重点介绍测区社会、自然、地理、经济和人文等方面的基本情况。主要包括：海拔高程、相对高差、地形类别和困难类别；居民地、道路、水系、植被等要素的分布与主要特征；气候、风雨季节、交通情况及生活条件等。

③ 测区已有资料的利用情况。

说明已有资料的全部情况，包括控制测量成果的等级、精度，现有图的比例尺、等高距、施测单位和年代，采用的图式规范，平面和高程系统等。并对其主要质量进行分析评价，提出已有资料利用的可能性和利用方案。

（2）作业依据。

① 国家及部门颁布的有关技术规范、规程及图式。

② 任务文件及合同书、有关的法规和技术规范。

③ 上级下达任务的文件或合同书。这种指令性的技术文件包含工程项目或编号、测量目的范围及工作量、对测量工作的主要要求及上交资料的种类和施测工期要求等内容。

④ 地形测量的生产定额、成本定额和装备标准等。

（3）控制测量方案。

① 平面控制测量方案。

平面控制测量方案包括坐标系统的确定，测量方案的选择，基本控制网的等级与加密层次，硬、软件的配置及施测方法，平差方法，各项主要限差及精度指标等。

② 高程控制测量方案。

高程控制测量方案包括高程系统的选择、首级高程控制的等级及起算数据的配置、加密方案及图形结构、路线长度及点的密度、标志类型及埋设、仪器和施测方法、平差方法、各项主要限差及精度指标等。

（4）数字测图方案。

数字测图方案中应包括地形图采用的分幅和编号方法、图幅大小、地形图的分幅编号图、测站点的观测方法和要求、对地形要素的表示和对地形的要求等。

① 图根控制测量，控制点应满足一定的密度，具体详见表 7-3。

表 7-3 图根控制点密度（点/km²）引用《1∶500、1∶1 000、1∶2 000 外业数字测图技术规范》。

表 7-3　图根控制点密度

测图比例尺	1∶500	1∶1 000	1∶2 000
图根控制点密度（点/km²）	64	16	4

② 数据采集作业模式：包括数字测记模式、电子平板模式、地图数字化模式。

③ 碎部测量：包括坐标和高程的测量方法，碎部测量的设站要求，野外草图的绘制方法与要求，碎部测量数据取位及测距最大长度的要求，高程点注记点的间距、分布及位数要求，测绘内容及取舍要求，外业数据文件及格式要求等。

④ 数据处理是数字化成图的主要工序之一，其目的是将用不同方法采集的数据进行转换、分类、计算、编辑，为图形处理提供必要的测图信息数据文件。

⑤ 图形处理是将数据处理成果转换成图形文件。

⑥ 成果输出就是将图形文件按照选定的分幅与编号方法和图幅大小，利用打印机、绘图仪等输出设备打印出来。

（5）检查验收方案。

检查验收方案应包括：数字地形图的检测方法，实地检测工作量与要求，中间工序检查的方法与要求，自检、互检、组检方法与要求，各级各类检查结果的处理意见。

（6）工作量统计、作业计划和经费预算。

工作量统计是依据设计方案，分别计算各工序的工作量。

作业计划是根据工作量统计和计划投入的人力、物力，参照生产定额，分别列出各期进度计划和各工序的衔接计划。

经费预算是根据设计方案和作业计划，参照有关生产定额和成本定额，编制分期经费和总经费计划，并做必要的说明。

（7）上交资料清单。

① 地形图图形文件、地形图分幅编号图。

② 测量成果文件包括：成果说明文件、控制测量成果文件、图根点成果文件、数据采集原始数据文件、碎部点成果文件、制图图形信息数据文件等。

（8）建议与措施。

对如何组织力量、提高效益、保证质量，如何充分、全面、合理预见工程实施过程中可能遇到的计算难题、组织漏洞和各种突发事件等，如何有针对性地制定处理预案，提出切实可行的解决方法。指出业务管理、物资供应、食宿安排、交通设置、安全保障等方面必须采取的措施。

（二）决策与实施

➢ **引导**3：各小组依据大比例尺测图规范，参考白鹿原地理概况和已知成果资料情况，合理分工完成陕西职业技术学院白鹿原校区 1∶500 地形图测图技术设计书的设计。

（三）检查与评价

➤ **引导** 4：组织组员讨论，回答数字测图是不是精度越高越好呢？作为测绘工作人员，应该把握的测图设计原则是什么？

➤ **引导** 5：根据小组制作的白鹿原校区测图设计书，各小组推荐代表进行设计书汇报，通过小组互评指出各组同学设计书的优缺点，最后教师讲评。

二、全站仪和 GNSS-RTK 测图

 任务目标

（1）认识全站仪的基本构造，熟悉各部件的作用；
（2）能正确安置全站仪，会使用全站仪进行数据采集（坐标测量）；
（3）掌握 GNSS-RTK 的设置，能使用该仪器进行数据采集和数据导出；
（4）掌握全站仪各主要轴线之间应满足的关系。

（一）准备与计划

➤ **引导** 1：数字测图与传统测图相比，数字测图可缩短手工时间，减轻劳动强度，提高了结果的准确性。随着现代测绘技术的飞速发展，作为现代测绘技术基础的数字测图技术也呈现出日新月异的变化。数字测图系统包括哪几部分？常用的数字测图方式是什么？

1. 数字测图系统

数字测图系统主要由_____、数据处理和_____输出三个部分组成。

2. 全站仪/GNSS-RTK 测图

目前，以现代测绘设备和计算机应用软件为主体的数字测图技术已广泛适应于生产，如 RTK 与全站仪联合测绘地形图，可以优劣互补。即在进行地形数据采集时，空旷地区的地形、地物用_____测量；密集的村庄、城市建筑物和构筑物等 GNSS 信号较弱的地物地貌用_____测量，这样可以大大加快测量速度，提高工作效率。如图 7-9 所示为全站仪和 GNSS-RTK。

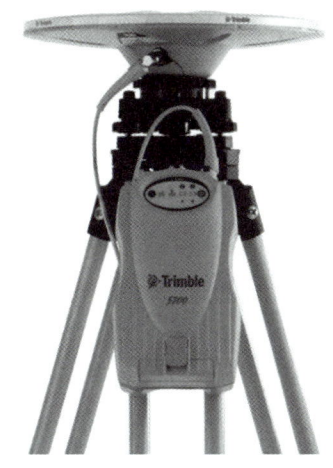

图 7-9 全站仪（左）和 GNSS-RTK（右）

> **知识链接**
>
> 地形地籍数字化成图软件 CASS 是基于 AutoCAD 平台开发的 GIS 前端数据采集系统，主要应用于地形成图、地籍成图、工程测量应用三大领域。它全面面向 GIS，彻底打通了数字化成图系统与 GIS 的接口，自 CASS 软件推出以来，已经成为用户量最大、升级最快、服务最好的主流成图软件。

> **引导 2**：用全站仪/GNSS-RTK 外业数据采集之前，需要了解的知识点有什么？需要提前做哪些准备工作？

1. 碎部测量

在地形图测绘中，决定地物、地貌_____的特征点称为地形特征点，也称碎部点。采集碎步点的测量过程又被称为_____。

2. 野外测量

野外数据采集包括两个阶段，即图根_____和地形特征点_____采集。数字测图时应尽量利用各级_____作为测站点。但由于地表上的地物、地貌有时是极其复杂零碎的，要全部在各级控制点上采集到所有的碎部点往往比较困难，因此除了利用各级控制点外，还要增设测站点。尤其是在地形琐碎、地性线复杂地段，这些会对测站点的数量要求多一点。

3. 仪器器材、材料准备及人员

（1）仪器器材主要包括：一台 GNSS-RTK 接收机、全站仪、对讲机、花杆、反光棱镜。

（2）资料的准备：在数据采集之前，最好提前将测区的全部已知点成果通过计算机输入全站仪的内存里面，以便调用。

（3）外业作业人员的组织：如果用全站仪测图，一般一个组三个人，一个人观测，一个人跑杆，还有一个人画草图；RTK 测图只需要两个人即可。

（4）全站仪数据采集中仪器使用很重要，整平对中，对中偏差不得超过 1 mm。

> **引导 3**：全站仪/GNSS-RTK 外业数据采集过程中人员怎么分工比较好？有哪些要求需要注意？

把全站仪架设在_____或图根点上，以通视的控制点或_____作为后视点，后视点为检核点进行检核，偏差在限差范围内方可进行碎步点的采集。如果在对后视点检核之后发现测得坐标和已知坐标差得很大，则要找出其中的原因，可能是调用的时候坐标调用错误、测站点和后视点输入的位置调换、棱镜没有扶好、仪器没有整平等一些原因，不管是什么原因，一定要把原因找出来，最终符合限差要求才能开始采集数据。

观测人员在读取竖盘读数时，要注意检查竖盘指标水准管气泡是否_____；每观测 20～30 个碎部点后，应重新瞄准起始方向检查其变化情况。

立尺人员应将标尺_____，并随时观察立尺点周围情况，弄清碎部点之间的关系，地形复杂时还需绘出_____，以协助绘图人员做好绘图工作。

绘图人员要注意保持图面正确整洁，注记清晰，并做到随测点，随展绘，随检查。当每站工作结束后，应进行检查，在确认地物、地貌无测错或漏测时，方可迁站。

测量小组一般都由三个人组成，一个主要负责草图勾绘和控制点制作，其余两个负责具体测量。遵循"_____""_____""由高级到低级"、"步步有检核"的原则。

> **引导 4**：外业测图数据采集点位选择有哪些特征？何谓地物及地貌特征点？它们在测图中有何作用？

1. 地物特征点

特征点是反映地物类型或区域地理分布特征的点，在地图上具有准确的地理位置和明确的地理属性及含义。地物形状的地物轮廓线上的特征点主要有：转折点、交叉点、弯曲点及独立地物的中心点等，如房角点、道路转折点、交叉点、河岸线转弯点等，如图 7-10 所示。

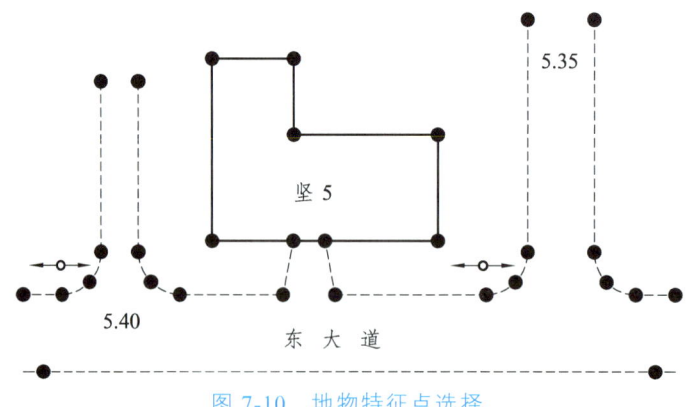

图 7-10　地物特征点选择

2. 地貌特征点选择

地貌特征点：地貌棱线_____方向变化线和坡度变化线。地貌测绘，主要就是测绘地貌特征点和地性线，如图 7-11 所示。

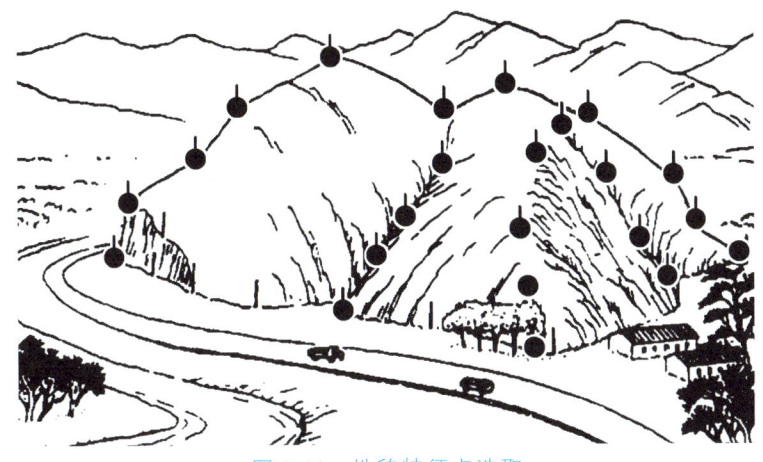

图 7-11　地貌特征点选取

3. 地貌测绘中立尺点的选择与密度

（1）正确选择地貌特征点：错选或者漏测，将使绘出的等高线与实地不符。

（2）注意地貌的综合取舍：没必要将地貌所有微小变化都测绘出来。

（3）测绘地貌特征点的多少合理？原则上是少而精。特征点的多少取决于地貌复杂程度、测图比例尺和等高距等。

知识链接

地物测绘中的作业顺序

在大面积地形图地物地貌外业数据测量中，有比较推荐的作业顺序吗？

（1）地物较多时，分类跑尺。

当地物较少时，可从测站附近开始，由近到远采用半螺旋形跑尺路线，待迁站后立尺员再由远至近，以半螺旋形路线回到测站。

若有多人跑尺，可以以测站为中心划分成几个区，采取分区专人包干的方法跑尺，也可以按照地物类别分工跑尺。

（2）测绘山地地貌的跑尺方法。

沿山脊和山谷跑尺法：该方法跑尺员很累，耗体力。推荐沿等高线跑尺法，该方法勾绘等高线时，容易判断错地性线上的点位。

（3）选择合适的测站位置。

每次作业顺序为：确定测站点。确定测站点时，要尽量保证大的可视区域，同时还要保证有可通视的已知点。所以，在实际作业时一般将测站点定在较高的坡或山顶，以避免经常迁站。

（二）决策与实施

 **知识链接**

测绘地物的取舍原则

各类地物的测绘方法相同吗？根据地形图图式要求和测图规范，测绘地物有没有一定的取舍原则？

地形图测绘内容

一般规定：主要地物凸凹部分在图上大于 0.4 mm 均要表示出来，小于 0.4 mm，可以用直线连接。

（1）测量控制点的测绘。

各等级天文点、三角点、GPS 点、小三角点、导线点、图根点、水准点等测量控制点，应以测点位置为符号的几何中心位置，按图式规定符号表示。

（2）居民地测绘法。

居民地的各类建筑物、构筑物及主要附属设施应准确测绘实地外围轮廓和如实反映建筑结构特征。房屋的轮廓应以墙基外角为准，并按建筑材料和性质分类，注记层数。建筑物和围墙轮廓凸凹在图上小于 0.4 mm，简单房屋小于 0.6 mm 时，可用直线表示。

1∶500 比例尺测图，房屋内部天井宜区分表示；1∶1 000 比例尺测图时，图上 6 mm^2 以下的天井可不表示。测绘垣栅应类别清楚，取舍得当。

（3）道路的测绘。

铁路：标尺应立于中心线上，直线立尺稀，曲线立尺密；附属物按实际位置测定。

公路：公路在图上一律按实际位置测绘。

大车路：一般指农村比较宽的道路，但是宽度不均匀，部分的边界不十分明显。测绘时将标尺立于道路中心，以地形图图示规定的符号描绘于图上。

人行小路：测其道路中心，正确表示其位置。

坡状路面：每 15 m 设 1 个高程点。

（4）管线的测绘。

架空管线、在转折处的支架塔柱应实测，位于直线部分的可用挡距长度在图上以图解法确定。塔柱上有变压器时，变压器的位置按其与塔柱的相应位置绘出。

（5）水系的测绘。

无特殊要求时均以岸边为界。如要求测水涯线、洪水位、平水位，按要求在调查研究的基础上测绘。

单线表示的小沟只测中心位置；渠道两岸有堤可参照公路的测法，田间临时小渠不必测绘，湖泊边界如不明显，可视具体情况确定湖岸或水涯线。

（6）植被的测绘。

测出各类植物的边界，用地类界符号表示其范围，再加注植物符号和说明。地类界与道路、河流、栏杆等重合时，则可不绘出地类界；但与境界线、高压线等重合时，地类界应移位重绘地类界。

（三）检查与评价

> **引导** 5：各小组推荐代表进行本组地形图外业数据测量分析汇报，教师点评。

> **引导** 6：分析各类地物的测绘方法和取舍原则，以及我们如何找取地形地貌特征点？

 知识链接

利用全站仪/GNSS-RTK 外业数据采集完之后，内业处理步骤怎么实现呢？

1. 数据传输及草图勾绘

数据采集完成后，用数据通信线连接电子手簿和计算机，把野外观测数据传输到计算机中，每次观测的数据要及时传输，避免数据丢失。

等数据传好之后把 dat 格式的文件用 txt 文本打开，查看里面的点号是不是与白天所测得的点号一致，以免传输错误。

2. 内业成图

本节以南方 CASS10.0 软件为例进行内业成图介绍，成图比例尺为 1∶500。地貌与实地相符，地物位置精确，符号利用要正确。地物要按地形图图式规定的符号表示。房屋轮廓需用直线连接起来，而道路、河流的弯曲部分则是逐点连成光滑的曲线。不能依比例描绘的地物，应按规定的非比例符号表示。内业成图时要按照下面方法进行：

（1）在"绘图处理"的下拉菜单中选择"展点"项的"野外测点点号"，在打开的对话框中选择自己所需要的文件，然后单击确定便可以在屏幕展出野外测点及点号。房屋轮廓需用直线连接起来，而道路、河流的弯曲部分则是逐点连成光滑的曲线。不能依比例描绘的地物，应按规定的非比例符号表示。

（2）在等高线的目录下选择由数据文件建立 DTM，输入绘图比例 1∶500，选择不考虑坎高，回车以后再选择直接显示建立三角网的结果。

（3）在等高线的目录下选择"删除三角形""增加三角形""过滤三角形""三角形内插点""重组三角形"的命令，按照提示进行操作，可以对三角网进行修改。在等高线的目录下选择"勾绘等高线"，输入等高距 2 米，选择"张力样条拟合"。

（4）在等高线的目录下选择"删除三角网"，修改不正确的等高线，并沿直线注记等高线或单独注记。

进行完上述步骤后，要进行加轮廓，首先利用工程应用查询图框的长、宽；在绘图处理的目录下选择"加任意图幅"，在打开的对话框中输入测图员的姓名以及长宽、接图表等与图相关的内容，拾取图的左下角坐标，完成内业地图勾绘。

 **知识链接**

计算机技术的渗入和发展必然引领测绘技术的进步和测绘仪器的不断更新,数字化测绘技术在我国的使用已经逐步走向成熟,并将成为主流的测绘技术,除了全站仪/GNSS-RTK 外业数字成图之外,目前常用的数字化测图方法还有哪些?特点是什么?

数字化测图通常情况下有三个阶段:数据采集、数据处理和图形编辑、图形数据输出,根据不同的数据采集方式,可以把数字化测图分为航测数字成图、摄影测量技术和野外数据采集技术三种方法。

1. 航测数字成图

航测数字成图是面对地区较大、在空中摄取地面的影像时利用航空摄影技术,然后在内业建立地面的模型,通过计算机用绘图软件在模型上量测,直接获取数字地形图。这种方法具有成图快、成本低、平面精度高而均匀、不受气候及季节影响等特点。这种技术对于城市密集地区的大面积成图特别适合,目前在我国的某些地区已经得到了很好地应用,是今后数字测图发展的一个重要方向。

2. 摄影测量技术

大面积的地形图测量中使用摄影测量技术可以有效降低成本、缩短成图时间。而计算机技术、模式识别技术、数字图像处理技术和计算机视觉技术的高速发展,又为数字摄影测量在数字化测图中使用提供了条件和支持。

数字摄影测量是借助摄影测量全数字化测图系统,将数字影像信息、相片灰度信息通过计算机来实现地形图的数字化。采用此方法得到的数字地图精度高,但人力、物力耗费较大。

3. 野外数据采集技术

野外数据采集是指全野外数字化测图,其基本思想是将野外采集的各种有关地物和地貌信息转化为数字形式,通过数据接口传输给计算机进行处理,得到内容丰富的电子地图,需要时由电子计算机的图形输出设备(如显示器、绘图仪)绘出地形图或各种专题地图。该方式有几个特点:① 点位精度高;② 改变了作业方式;③ 便于图件的更新;④ 方便成果的深加工利用等。

任务三　地形图的识读与应用

任务目标

(1) 掌握地形图表示应该包括的基本内容;
(2) 能利用地形图图式进行大比例尺地形图的识读。

（一）准备与计划

地形图上所提供的信息非常丰富。特别是大比例尺地形图是建筑工程规划设计和施工中不可缺少的重要资料，尤其是在规划设计阶段，不但要以地形图为底图，进行总平面的布设，而且还要根据需要，在地形图上进行一定的量算工作，以便因地制宜地进行合理的规划和设计。因此，正确地阅读和使用地形图是建筑工程技术人员必须具备的基本技能。

地形图的识读

为了正确地应用地形图，首先要能看懂地形图。地形图是用各种规定的符号和注记，按一定的比例尺，表示地面上各种地物、地貌及其他有关信息的平面图形。通过对这些符号和注记的识读，可使地形图成为展现在人们面前的实地立体模型，使我们从图上便可掌握所需地面上的各种信息，这就是地形图阅读的主要目的和任务。地形图阅读，可按先图外后图内、先地物后地貌、先主要后次要、先注记后符号的基本顺序，并依照相应的《地形图图式》逐一阅读。

➤ **引导** 1：地形图包含丰富的自然地理、人文地理和社会经济信息，我们应该学会识读地形图和应用地形图。一幅完整的地形图通常包含哪些内容呢？

1. 地形图的识读

地形图的识读是能够判断和识别地形图上所有划线、符号和注记的含义。

2. 地形图的基本内容

地形图主要包括：① 数学要素——坐标系、投影方式、比例尺等；② 自然地理要素——地貌、水系、植被、土壤等；③ 社会经济要素——居民、道路、经济文化、行政标志等；④ 注记和整饰要素——图名、图号、测图日期、测图单位、采用的坐标系、高程系等。

（1）地形图的图外注记。

① 图号：图的编号。

② 图名：图的名称。

③ 接图表：该图幅与四邻图幅的相互关系。

（2）比例尺。

地形图上任意一线段的长度与地面上相应线段的_____水平长度之比，称为地形图的比例尺，有数字比例尺和图形比例尺两种。

（3）图廓。

图廓：图幅四周的范围线，有内图廓和外图廓之分，如图 7-12 所示。

内图廓是地形图分幅时的坐标格网或经纬线。内图廓四个角标注的数字是它的直角坐标值。图内的十字交叉线是坐标格网的交点。内图廓以内的内容是地形图的主体信息，包括坐标格网和经纬线、地貌符号、地物符号和注记。

（4）接图表。

接图表说明本图幅与相邻图幅的关系，供索取相邻图幅时用，如图 7-12 所示。

通常是中间一格画有斜线的代表本图幅，四邻分别注明相应的图号（或图名），并绘注在图廓的_____方。

在中比例尺各种图上，除了接图表以外，还把相邻图幅的图号分别注在东、西、南、北图廓线中间，进一步表明与四邻图幅的相互关系。

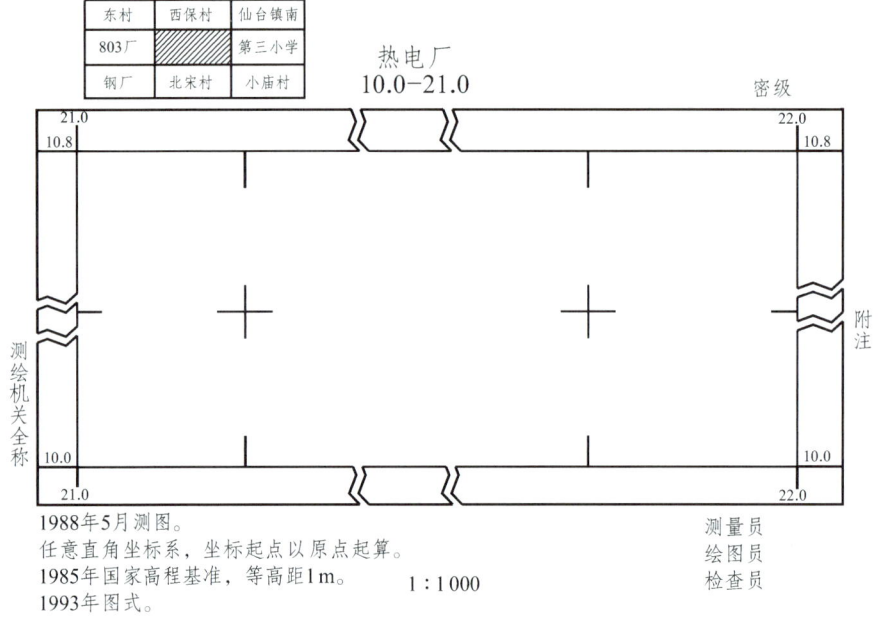

图 7-12　图廓及接图表

（5）测图时间、测图方法、坐标系统、高程系统和图式版本。

① 测图时间：测图的年月日。

② 测图方法：经纬仪测图、平板仪测图、航测、数字测图。

③ 坐标系统：指定测图所用的坐标系统名称，国家大地坐标系、城市坐标系或者独立平面直角坐标系。

④ 高程系统：指定测图所用的高程坐标系统名称，国家高程基准或者独立测区假定高程。

⑤ 图式版本：每隔几年会修订一次，注意区分。

（6）测绘单位、测量员、绘图员、检查（校核）员签名。

（二）决策与实施

> **引导 2**：结合我们前面学习的不同地物符号，学会地物识读。

熟悉常用的地物符号及其表示方法，区分比例符号、半比例符号和非比例符号的不同，以及这些地物符号和地物注记的含义。地物的核心是居民点，地物符号先从了解居民点入手，再了解与其相关的道路、河流、电力线、农田等。

（三）检查与评价

> **引导**3：每位同学完成所测地形图绘制，并添加图框，教师讲评。

> **引导**4：各小组推荐代表对自己的地形图做一识读，教师讲评。

附表 1

学习情况反馈表

学习任务					
班级		小组编号		负责人	
开始时间		计划完成时间		实际完成时间	
序号	学习记录				
	学习项目		任务内容		备注
1	工作页的填写				
2	独立完成的任务				
3	小组合作完成的任务				
4	教师指导下完成的任务				
5	是否达到了学习目标,能否独立完成工程测量学习任务				
存在的问题及建议					

项目八

施工测量

项目八	施工测量	建议学时	8
任务描述			
施工测量是指在工程建设的规划设计、施工和运营管理等各阶段运用的各种测量理论、方法和技术的总称。 本项目的任务是：根据施工需要将设计图纸上的建（构）筑物的平面和高程位置，按一定的精度和设计要求，用测量仪器测设在地面上，作为施工的依据			
学习目标			
完成本学习项目工作任务后，应当能够： 1. 熟练掌握各种常规测量仪器和部分现代化测量仪器的使用方法； 2. 独立完成建筑工程中的施工放样和所涉及的测量计算工作； 3. 具备建筑施工、现场管理一线施工岗位所必备的工程测量基础知识及技能； 4. 具有建筑工程施工定位、放样的能力和其他测量工作的能力，为实现可持续发展奠定良好的基础			
提交材料			
1. 每个任务的测量记录、计算和检核表等； 2. 学习情况反馈表（附表1）； 3. 分项训练评价表（附表2、附表3）			
学业评价形式及标准			
每位学生独立完成学习内容和工作任务，以百分制分数对个人单独评价			

序号	考核要求	分数	评分标准	得分
1	遵守纪律，能按时独立完成工作任务	10	在该情境安排的学时结束时没完成工作任务的，每延迟2学时扣5分，直至扣完为止，延迟超过1天本单项成绩评0分	
2	施工测量基本知识	10	正确10分；基本正确8分；有缺陷6分；不正确0分	
3	测设已知水平距离	10	正确10分；基本正确8分；有缺陷6分；不正确0分	
4	测设已知水平角	10	正确10分；基本正确8分；有缺陷6分；不正确0分	
5	测设已知高程	10	正确10分；基本正确8分；有缺陷6分；不正确0分	
6	直角坐标法定位	15	正确15分；基本正确13分；有缺陷10分；不正确0分	
7	极坐标法定位	15	正确15分；基本正确13分；有缺陷10分；不正确0分	
8	角度交会法定位	10	正确10分；基本正确8分；有缺陷6分；不正确0分	
9	距离交会法定位	10	正确10分；基本正确8分；有缺陷6分；不正确0分	
合计				

任务一 施工测量基本工作

任务目标

（1）掌握距离测设和全站仪测设；
（2）掌握角度测设的一般方法和精确测设方法；
（3）掌握直角坐标法测设、极坐标法测设和全站仪测设点位方法；
（4）掌握高程测设的基本方法、建筑基坑和高程建筑的测设。

施工测量的
概念与特点

一、施工测量概述

（一）准备与计划

➤ **引导**1：在进行建筑物、道路、桥梁和管道等工程建设时，都需要经过哪些阶段？

在进行建筑物、道路、桥梁和管道等工程建设时，都需要经过＿＿＿＿、＿＿＿＿、＿＿＿＿三个阶段。各种工程进行规划设计需要的资料是＿＿＿＿，在设计工作完成之后，就需要进行实地施工。

知识链接

在进行建筑物、道路、桥梁和管道等工程建设时，都需要经过勘测、设计、施工这三个阶段。前面所讲的大比例尺地形图的测绘和应用，都是为上述各种工程进行规划设计提供必要的资料。在设计工作完成后，就要在实地进行施工。各种工程在施工阶段所进行的测量工作，称为施工测量，又称测设或放样。

（二）决策与实施

➤ **引导**2：各小组推荐代表进行汇报，明确施工测量的任务。

知识链接

施工测量的任务是根据施工需要将设计图纸上的建（构）筑物的平面和高程位置，按一定的精度和设计要求，用测量仪器测设在地面上，作为施工的依据。并在施工过程中进行一系列的测量工作，以衔接和指导各工序间的施工。

➤ **引导**3：各小组推荐代表进行汇报，明确施工测量的内容。

知识链接

施工测量是施工的先导，贯穿于整个施工过程中。施工测量内容包括从施工前的场地平整、施工控制网的建立，到建（构）筑物的定位和基础放线，以及工程施工中各道工序的细测设；构件与设备安装的测设工作；在工程竣工后，为了便于管理、维修和扩建，还需进行竣工测量，绘制竣工平面图；有些高大和特殊的建（构）筑物在施工期间和建成后还要定期进行变形观测，以便积累资料，掌握变形规律，为工程设计、维护和使用提供资料。

在施工现场，由于各种建（构）筑物分布面较广，往往又不是同时开工兴建，为了保证各个建（构）筑物在平面位置和高程上的精度都能符合设计要求，互相连成统一的整体，施工测量和测绘地形图一样，也要遵循"从整体到局部，先控制后细部"的原则，即先在施工现场建立统一的平面控制网和高程控制网，然后以此为基础，测设出各个建（构）筑物的细部。只有这样才能保证施工测量的精度。

> **引导4**：施工测量和地形测图就其程序来讲恰好相反。施工测量的特点有哪些？

知识链接

施工测量和地形测图就其程序来讲恰好相反。地形测图是将地面上的地物、地貌测绘在图纸上，而施工测量是将图纸上所设计的建（构）筑物按其设计位置测设到相应的地面上。其本质都是确定点的位置。

与测图相比较，施工测量精度要求较高。其误差大小，将直接影响建（构）筑物的尺寸和形状。测设精度的要求又取决于建（构）筑物的大小、材料、用途和施工方法等因素。如工业建筑测设精度高于民用建筑；钢结构建筑物的测设精度高于钢筋混凝土结构的建筑物；装配式建筑物的测设精度高于非装配式的建筑物；高层建筑物的测设精度高于低层建筑物等。

施工测量与施工有着密切的联系，它贯穿于施工的全过程，是直接为施工服务的。测设的质量将直接影响到施工的质量和进度。测量人员除应充分了解设计内容及对测设的精度要求，熟悉图上设计建筑物的尺寸、数据以外，还应与施工单位密切配合，随时掌握工程进度及现场变动情况，使测设精度和速度能满足施工的需要。

施工现场工种多，交叉作业、干扰大，地面变动较大并有机械的振动，易使测量标志被毁。因此，测量标志从形式、选点到埋设均应考虑便于使用、保管和检查，如有损坏，应及时恢复。在高空或危险地段施测时，应采取安全措施，以防止事故发生。

（三）检查与评价

➢ **引导** 5：小组成员互相检查，检查对方小组成员是否掌握了施工测量的任务、内容和特点。

二、测设已知水平距离

测设的基本工作

（一）准备与计划

➢ **引导** 1：建（构）筑物的测设工作实质上是根据已建立的控制点或已有的建筑物，按照设计的角度、距离和高程把图纸上建（构）筑物的一些特征点（如轴线的交点）标定在实地上。因此，测设的基本工作，就是测设已知水平距离、已知水平角和已知高程。

测设就是根据已有的_____或_____，按工程设计要求，将待建的建筑物、构筑物的_____在实地标定出来。因此，首先要算出这些特征点与控制点或原有建筑物之间的角度、距离和高差等测设数据，然后利用测量仪器和工具，根据测设数据将特征点测设到实地。

➢ **引导** 2：已知水平距离的测设，就是根据地面上给定的直线起点，沿给定的方向，量出已知（设计）的水平距离，在地面上定出这段距离另一端点的位置，使得两点间的水平距离为给定的已知值。

➢ **引导** 3：经常要在施工现场，把房屋轴线的设计长度在地面上标定出来；经常要在道路及管线的中线上，按设计长度定出一系列点等。

（二）决策与实施

➢ **引导** 4：在施工测量过程中，按照使用仪器工具的不同，有_____、_____、_____等方法。

1. 钢尺测设法

如图 8-1 所示，设 A 为地面上的已知点，D 为设计的水平距离，要在地面上沿给定 AB 方向上测设水平距离 D，以定出线段的另一端点。

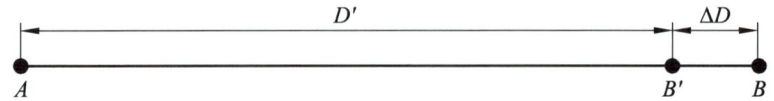

图 8-1 钢尺测设水平距离

> **知识链接**
>
> 如图 8-1 所示，钢尺测设的具体方法是从 A 点开始，沿 AB 方向用钢尺边定线边丈量，按设计长度 D 在地面上定出 B' 点的位置。若建筑场地不是平面时，丈量时可将钢尺一端抬高，使钢尺保持水平，用吊垂球的方法来投点。往返丈量 AB 的

距离，若相对误差在限差以内（1/3 000～1/2 000），取其平均值 D'，并将端点 B' 加以改正，求得 B 点的最后位置。改正数 $\Delta D = D - D'$，当 ΔD 为正时，向外改正；反之，向内改正。

若测设精度要求较高，可在定出 B' 点后，用检定过的钢尺精确往返丈量 AB' 的距离，并加尺长、温度和倾斜三项改正数，求出 AB' 的精确水平距离 D'。根据 D' 与 D 的差值（$\Delta D = D - D'$）沿 AB 方向对 B' 点进行改正。

【案例 1】 如图 8-2 所示，欲测设 A、B 两点间的距离 $D = 46.000$ m。使用的钢尺名义长度 $l_0 = 50$ m，实际长度 $l = 49.991$ m。钢尺检定时的温度为 20 ℃，其线膨胀系数 $\alpha = 1.25 \times 10^{-5}$。测得 A、B 两点间的高差 $h_{AB} = 0.800$ m，测设时的温度是 33 ℃，求测设时在地面上量出的长度 D' 应为多少？

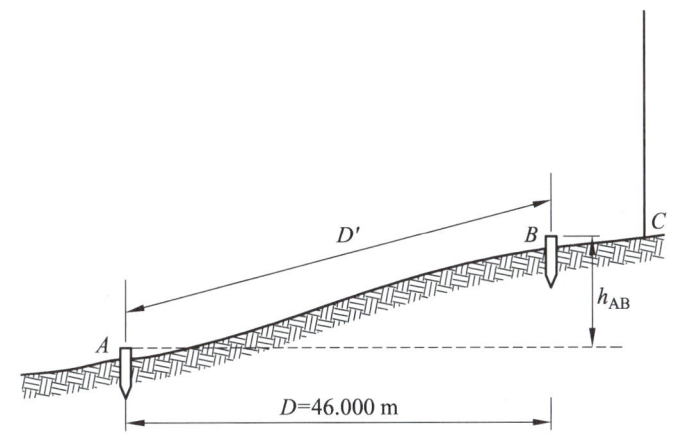

图 8-2 用钢尺测设已知水平距离的精确方法

【解】首先求出尺长、温度和倾斜改正数。

尺长改正数：$\Delta l_d = (l - l_0)/l_0 \times D = (49.991 - 50)/50 \times 46 = -0.008$ m

温度改正数：$\Delta l_t = \alpha \times (t - t_0) \times D = 1.25 \times 10^{-5} \times (33 - 20) \times 46 = +0.007$ m

倾斜改正数：$\Delta l_h = -h^2/(2 \times D) = -(0.8)^2/(2 \times 46) = -0.007$ m

距离测设时，三项改正数的符号与量距时相反，故测设长度为：

$$D' = D - \Delta l_d - \Delta l_t - \Delta l_h = 46.008 \text{ m}$$

2. 电磁波测距仪测设法

由于光电测距仪的普及应用，当测设精度要求较高时，一般采用光电测距仪测设法。

 知识链接

电磁波测距仪测设方法如下：

（1）如图 8-3 所示，在 A 点安置光电测距仪，反光棱镜在已知方向上前后移动，使仪器显示值略大于测设的距离，定出 C' 点。

（2）在 C' 点安置反光棱镜，测出竖直角 α 及斜距 L（必要时加测气象改正），计算水平距离 $D' = L\cos\alpha$，求出 D' 与应测设的水平距离 D 之差：$\Delta D = D - D'$。

（3）根据 ΔD 的数值在实地用钢尺沿测设方向将 C' 改正至 C 点，并用木桩标定其点位。

（4）将反光棱镜安置于 C 点，再实测 AC 距离，其不符值应在限差之内，否则应再次进行改正，直至符合限差为止。

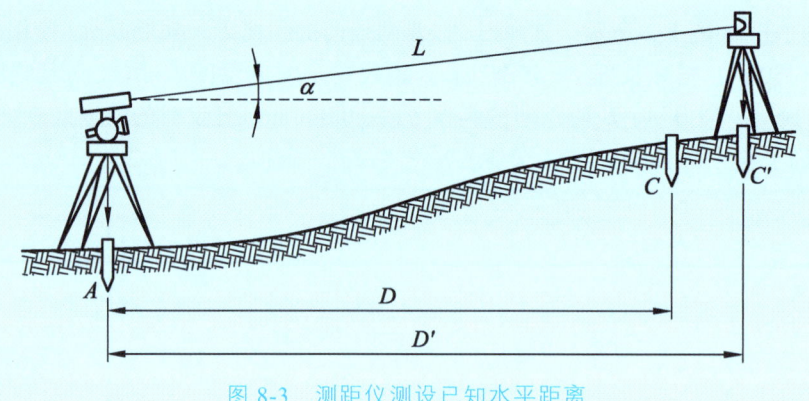

图 8-3　测距仪测设已知水平距离

3. 全站仪测设法

如图 8-4 所示，安置全站仪于 A 点，对中整平后开机，调出测设功能模式，选择距离放样项目，输入水平距离，瞄准 AB 方向，根据显示器的提示，指挥装在对中杆上的棱镜前后移动，当仪器显示的距离为欲测设的距离时，则将对中杆稳固地置于 B' 点，并用木桩标定。然后将对中杆上的棱镜立于木桩顶上仔细进行观测，使显示出的距离等于已知水平距离 D，在木桩顶上标出 B 点。然后再进行校核，直至无误为止。

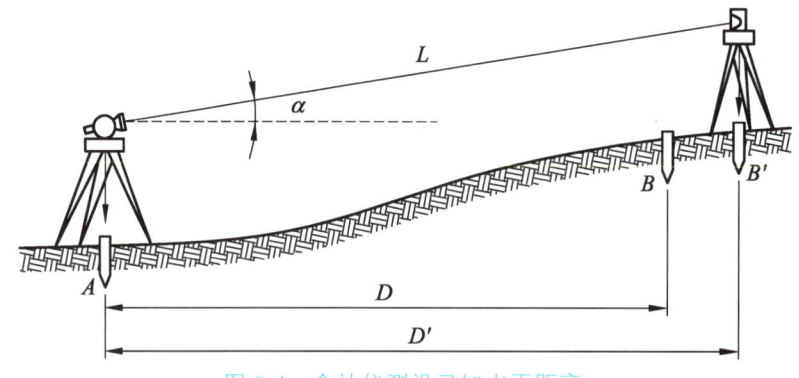

图 8-4　全站仪测设已知水平距离

（三）检查与评价

➢ **引导** 5：各小组互评，提出距离测设的三种方法的优缺点。

> **引导** 6：各小组推荐代表进行距离测设法结果汇报，教师讲评。

三、测设已知水平角

（一）准备与计划

> **引导** 1：如图 8-5 所示，A、B 为附近已有控制点，1、2、3 为选定的建筑基线点，如何测设地面 1、2、3 点？

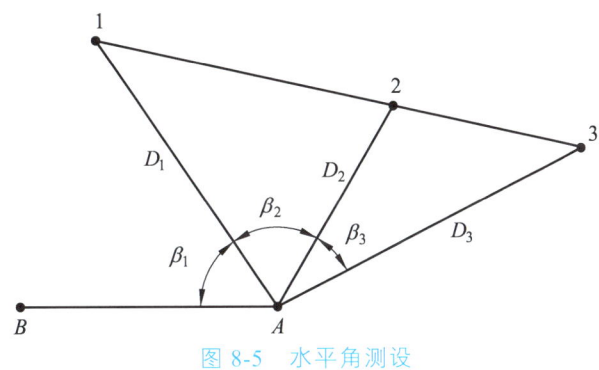

图 8-5 水平角测设

水平角测设的基本方法是什么？

（二）决策与实施

> **引导** 2：如何在地面上测设一个直角 $\angle AOB$？

已知水平角的测设，就是在已知角顶并根据一个_____方向，标定出_____方向，使两方向的水平夹角等于_____水平角角值。

知识链接

已知水平角测设的一般方法

当测设水平角的精度要求不高时，可采用盘左、盘右分中的方法测设，如图 8-6 所示。设地面已知方向 OA，O 为角顶，β 为已知水平角角值，OB 为欲定的方向线。测设方法如下：

（1）在 O 点安置经纬仪，盘左位置瞄准 A 点，使水平度盘读数为 $0°00'00''$。

（2）转动照准部，使水平度盘读数恰好为 β 值，在此视线上定出 B' 点。

（3）盘右位置，重复上述步骤，再测设一次，定出 B'' 点。

（4）取 B' 和 B'' 的中点 B，则 $\angle AOB$ 就是要测设的 β 角。

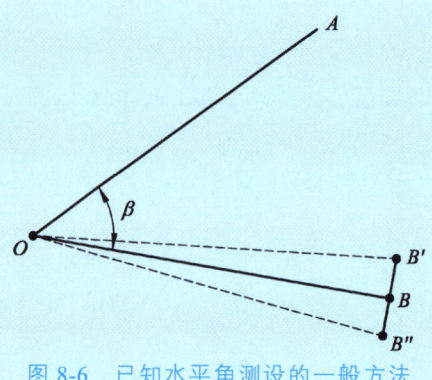

图 8-6　已知水平角测设的一般方法

> **引导** 3：当测设精度要求较高时，一般方法是否适合现场测设？

 知识链接

已知水平角测设的精确方法

当测设精度要求较高时，可按如下步骤进行测设，如图 8-7 所示。

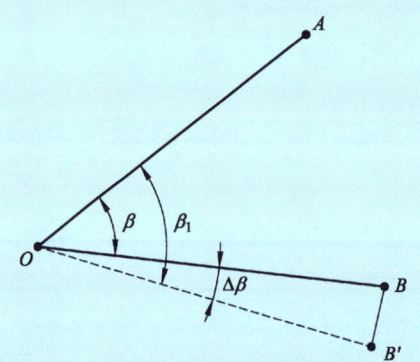

图 8-7　已知水平角测设的精确方法

（1）先用一般方法测设出 B' 点。

（2）用测回法对 $\angle AOB'$ 观测若干个测回（测回数根据要求的精度而定），求出各测回平均值 β_1，并计算出 $\Delta\beta = \beta - \beta_1$。

（3）量取 OB' 的水平距离。

（4）计算改正距离。

$$BB' = OB' \tan \Delta\beta \approx OB' \frac{\Delta\beta}{\rho}$$

式中，$\rho = 206\,265''$，$\Delta\beta$ 以秒（″）为单位。

（5）自 B' 点沿 OB' 的垂直方向量出距离 BB'，定出 B 点，则 $\angle AOB$ 就是要测设的角度。

量取改正距离时，如 $\Delta\beta$ 为正，则沿 OB' 的垂直方向向外量取；如 $\Delta\beta$ 为负，则沿 OB' 的垂直方向向内量取。

> **引导 4**：已知水平角如何进行现场测设？

【案例 2】 已知地面上 A、O 两点，要测设直角 ∠AOB。

【解】 在 O 点安置经纬仪，盘左盘右测设直角取中数得 B 点，量得 OB′ = 50 m，用测回法观测三个测回，测得 ∠AOB′ = 89°59′30″。

$$\Delta\beta = 90°00′00″ - 89°59′30″ = 30″$$

$$BB′ = OB′ \times \Delta\beta / \rho = 50 \times 30″/206\ 265″ = 0.007\ \text{m}$$

过 B 点作 OB 的垂线 B′B，向外量 B′B = 0.007 m，定得 B 点，则 ∠AOB 即为直角。

> **引导 5**：各小组推荐代表进行汇报，教师讲评，明确已知水平角测设的基本方法。

> **引导 6**：已知水平角测设的精密方法与一般方法有什么不同？

（三）检查与评价

> **引导 7**：各小组互评，提出已知水平角测设过程的优缺点。

> **引导 8**：各小组推荐代表进行已知水平角测设结果汇报，教师讲评。

四、测设已知高程

（一）准备与计划

> **引导 1**：建筑场地上水准点 A 的高程为 138.416 m，欲在待建房屋近旁的电杆上测设出 ±0 的标高，±0 的设计高程为 139.000 m。设水准仪在水准点 A 所立水准尺上的读数为 1.034 m，应如何进行测设？

已知高程的基本测设方法是什么？

（二）决策与实施

> **引导 2**：在工程测量过程中，已知地面点的高程，如何正确地测设点的位置？

已知高程的测设，是利用_____的方法，根据已知水准点，将_____高程测设到_____面上。

知识链接

在地面上测设已知高程

已知高程的测设，是利用水准测量的方法，根据已知水准点，将设计高程测设到现场作业面上。

【案例3】 如图 8-8 所示，某建筑物的室内地坪设计高程为 45.000 m，附近有一水准点 BM_3，其高程为 $H_3 = 44.680$ m。现在要求把该建筑物的室内地坪高程测设到木桩 A 上，作为施工时控制高程的依据。

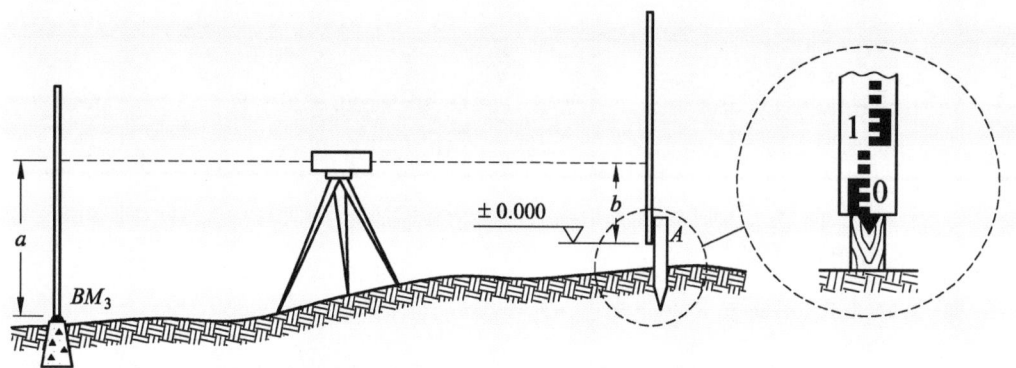

图 8-8 已知高程的测设

已知高程的测设方法如下：

（1）在水准点 BM_3 和木桩 A 之间安置水准仪，在 BM_3 立水准尺，用水准仪的水平视线测得后视读数为 1.556 m，此时视线高程为：

$$44.680 + 1.556 = 46.236 \text{ m}$$

（2）计算 A 点水准尺尺底为室内地坪高程时的前视读数：

$$b = 46.236 - 45.000 = 1.236 \text{ m}$$

（3）上下移动竖立在木桩 A 侧面的水准尺，直至水准仪的水平视线在尺上截取的读数为 1.236 m 时，紧靠尺底在木桩上画一水平线，其高程即为 45.000 m。

▶ **引导**3：当向较深的基坑或较高的建筑物上测设已知高程点时，如水准尺长度不够，如何进行测设？

知识链接

高程传递

当向较深的基坑或较高的建筑物上测设已知高程点时，如水准尺长度不够，可利用钢尺向下或向上引测。

如图 8-9 所示，欲在深基坑内设置一点 B，使其高程为 $H_{设}$。地面附近有一水准点 R，其高程为 H_R。测设方法如下：

（1）在基坑一边架设吊杆，杆上吊一根零点向下的钢尺，尺的下端挂上 10 kg 的重锤，放入油桶中。

（2）在地面安置一台水准仪，设水准仪在 R 点所立水准尺上读数为 a_1，在钢尺上读数为 b_1。

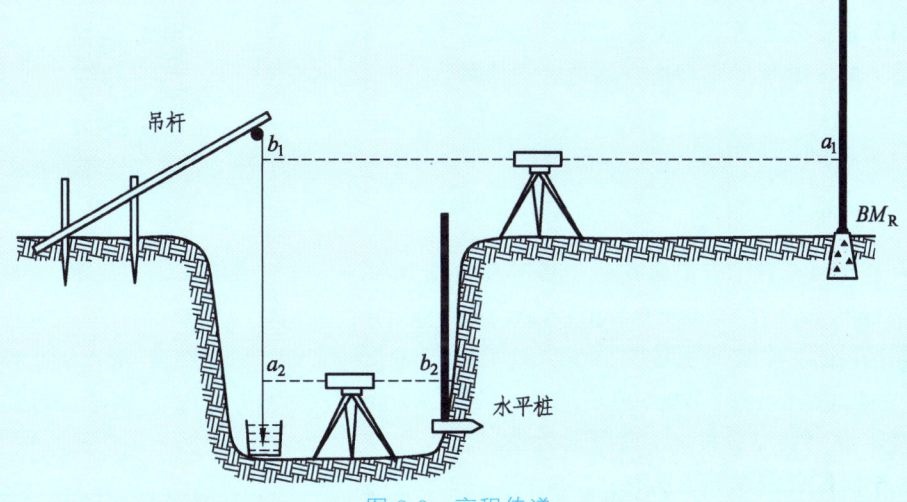

图 8-9　高程传递

（3）在坑底安置另一台水准仪，设水准仪在钢尺上读数为 a_2。

（4）计算 B 点水准尺底高程为 $H_{设}$ 时，B 点处水准尺的读数应为：

$$b_{应} = (H_R + a_1) - (b_1 - a_2) - H_{设}$$

用同样的方法，也可从低处向高处测设已知高程的点。

> **引导** 4：各小组推荐代表进行汇报，教师讲评，明确已知高程的测设方法。

> **引导** 5：不同地形已知高程测设的方法是否一样？

（三）检查与评价

> **引导** 6：各小组互评，提出已知高程测设过程的优缺点。

> **引导** 7：各小组推荐代表进行已知高程测设结果汇报，教师讲评。

任务二 点平面位置的测设

任务目标

（1）认识点平面位置的测设方法；
（2）能正确运用直角坐标法进行点位测设；
（3）能正确运用极坐标法进行点位测设；
（4）能正确运用角度交会法进行点位测设；
（5）能正确运用距离交会法进行点位测设。

一、直角坐标法

（一）准备与计划

测设点平面位置的方法

➤ **引导** 1：设 A、B 为建筑方格网上的控制点，已知其坐标为 $X_A = 1\,000.000$ m，$Y_A = 800.000$ m，$X_B = 1\,000.000$ m，$Y_B = 1\,000.000$ m，M、N、E、F 为一建筑物的轴线点，其设计坐标为 $X_M = 1\,051.500$ m，$Y_M = 848.500$ m，$X_N = 1\,051.500$ m，$Y_N = 911.800$ m，$X_E = 1\,064.200$ m，$Y_E = 848.500$ m，$X_F = 1\,064.200$ m，$Y_F = 911.800$ m，试叙述用直角坐标法测设 M、N、E、F 四点的测设方法。

点平面位置测设的方法有：＿＿＿＿＿＿、＿＿＿＿＿＿、＿＿＿＿＿＿、＿＿＿＿＿＿。

至于采用哪种方法，应根据控制网的形式、地形情况、现场条件及精度要求等因素确定。

（二）决策与实施

➤ **引导** 2：在工程放样过程中，已知地面点的坐标，如何正确地测设点的平面位置？

直角坐标法，是利用＿＿＿＿＿＿之差，测设点的平面位置。

知识链接

直角坐标法是根据直角坐标原理，利用纵横坐标之差，测设点的平面位置。直角坐标法适用于施工控制网为建筑方格网或建筑基线的形式，且量距方便的建筑施工场地。

【案例4】 利用直角坐标法测设建筑物的四个角点的位置。

1. 计算测设数据

如图 8-10 所示，Ⅰ、Ⅱ、Ⅲ、Ⅳ 为建筑施工场地的建筑方格网点，a、b、c、d 为欲测设建筑物的四个角点，根据设计图上各点坐标值，可求出建筑物的长度、宽度及测设数据。

建筑物的长度 $= y_c - y_a = 580.00$ m $- 530.00 = 50.00$ m

建筑物的宽度 $= x_c - x_a = 650.00$ m $- 620.00 = 30.00$ m

测设 a 点的测设数据（Ⅰ点与 a 点的纵横坐标之差）：
$$\Delta x = x_a - x_I = 620.00 \text{ m} - 600.00 \text{ m} = 20.00 \text{ m}$$
$$\Delta y = y_a - y_I = 530.00 \text{ m} - 500.00 \text{ m} = 30.00 \text{ m}$$

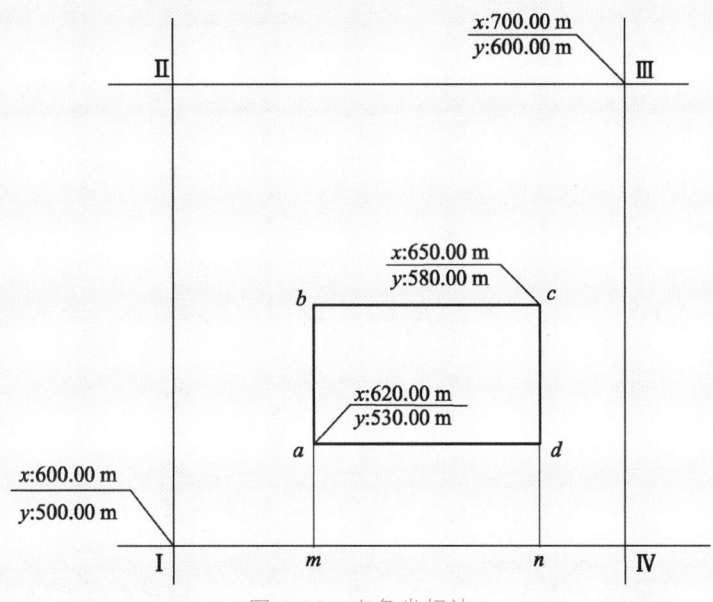

图 8-10　直角坐标法

2. 点位测设方法

（1）在Ⅰ点安置经纬仪，瞄准Ⅳ点，沿视线方向测设距离 30.00 m，定出 m 点，继续向前测设 50.00 m，定出 n 点。

（2）在 m 点安置经纬仪，瞄准Ⅳ点，按逆时针方向测设 90°角，由 m 点沿视线方向测设距离 20.00 m，定出 a 点，做出标志；再向前测设 30.00 m，定出 b 点，做出标志。

（3）在 n 点安置经纬仪，瞄准Ⅰ点，按顺时针方向测设 90°角，由 n 点沿视线方向测设距离 20.00 m，定出 d 点，做出标志；再向前测设 30.00 m，定出 c 点，做出标志。

（4）检查建筑物四角是否等于 90°，各边长是否等于设计长度，其误差均应在限差以内。

测设上述距离和角度时，可根据精度要求分别采用一般方法或精密方法。

> **引导 3**：各小组推荐代表进行汇报，教师讲评，明确直角坐标的测设方法。

> **引导 4**：不同情况的已知坐标，测设的方法是否一样？

（三）检查与评价

> **引导** 5：各小组互评，提出直角坐标法测设过程的优缺点。

> **引导** 6：各小组推荐代表进行直角坐标法测设结果汇报，教师讲评。

二、极坐标法

（一）准备与计划

> **引导** 1：设 I、J 为控制点，已知 $X_I = 158.27$ m，$Y_I = 160.64$ m，$X_J = 115.49$ m，$Y_J = 185.72$ m，A 点的设计坐标为 $X_A = 160.00$ m，$Y_A = 210.00$ m，试用极坐标法计算测设 A 点所需的放样数据并进行放样。

（二）决策与实施

> **引导** 2：在工程放样过程中，已知地面点的坐标，如何利用极坐标法正确地测设点的平面位置？

极坐标法，是根据一个_____和一段_____，测设点的平面位置。

知识链接

极坐标法是根据一个水平角和一段水平距离，测设点的平面位置。极坐标法适用于量距方便，且待测设点距控制点较近的建筑施工场地。

【案例 5】 利用极坐标法测设建筑物的四个角点的位置。

1. 计算测设数据

如图 8-11 所示，A、B 为已知平面控制点，其坐标值分别为 $A(x_A、y_A)$ 和 $B(x_B、y_B)$，P 点为建筑物的一个角点，其坐标为 $P(x_P、y_P)$。现根据 A、B 两点，用极坐标法测设 P 点，其测设数据计算方法如下：

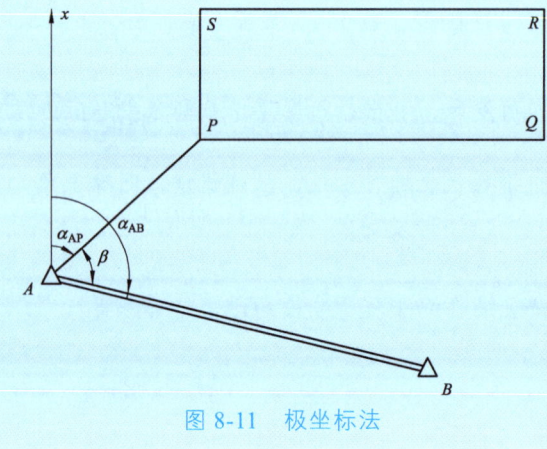

图 8-11 极坐标法

（1）计算 AB 边的坐标方位角 α_{AB} 和 AP 边的坐标方位角 α_{AP}，按坐标反算公式计算。

$$\alpha_{AB} = \arctan\frac{\Delta y_{AB}}{\Delta x_{AB}}$$

$$\alpha_{AP} = \arctan\frac{\Delta y_{AP}}{\Delta x_{AP}}$$

注意：每条边在计算时，应根据 Δx 和 Δy 的正负情况，判断该边所属象限。

（2）计算 AP 与 AB 之间的夹角。

$$\beta = \alpha_{AB} - \alpha_{AP}$$

（3）计算 A、P 两点间的水平距离。

$$D_{AP} = \sqrt{(x_P - x_A)^2 + (y_P - y_A)^2} = \sqrt{\Delta x_{AP}^2 + \Delta y_{AP}^2}$$

按照上述公式计算，给出以下数据：已知 $x_P = 370.000$ m，$y_P = 458.000$ m，$x_A = 348.758$ m，$y_A = 433.570$ m，$\alpha_{AB} = 103°48'48''$，试计算测设数据 β 和 D_{AP}。

【解】

$$\alpha_{AP} = \arctan\frac{\Delta y_{AP}}{\Delta x_{AP}} = \arctan\frac{458.000 \text{ m} - 433.570 \text{ m}}{370.000 \text{ m} - 348.758 \text{ m}} = 48°59'34''$$

$$\beta = \alpha_{AB} - \alpha_{AP} = 103°48'48'' - 48°59'34'' = 54°49'14''$$

$$D_{AP} = \sqrt{(370.000 \text{ m} - 348.758 \text{ m})^2 + (458.000 \text{ m} - 433.570 \text{ m})^2} = 32.374 \text{ m}$$

2．点位测设方法

（1）在 A 点安置经纬仪，瞄准 B 点，按逆时针方向测设 β 角，定出 AP 方向。

（2）沿 AP 方向自 A 点测设水平距离 D_{AP}，定出 P 点，做出标志。

（3）用同样的方法测设 Q、R、S 点。全部测设完毕后，检查建筑物四角是否等于 90°，各边长是否等于设计长度，其误差均应在限差以内。

同样，在测设距离和角度时，可根据精度要求分别采用一般方法或精密方法。

➤ **引导** 3：各小组推荐代表进行汇报，教师讲评，明确极坐标的测设方法。

➤ **引导** 4：不同情况的已知坐标，测设的方法是否一样？

（三）检查与评价

➤ **引导** 5：各小组互评，提出极坐标法测设过程的优缺点。

> **引导** 6：各小组推荐代表进行极坐标法测设结果汇报，教师讲评。

三、角度交会法

（一）准备与计划

> **引导** 1：设 I、J 为控制点，已知 $X_I = 158.27$ m，$Y_I = 160.64$ m，$X_J = 115.49$ m，$Y_J = 185.72$ m，A 点的设计坐标为 $X_A = 160.00$ m，$Y_A = 210.00$ m，试用角度交会法计算测设 A 点所需的放样数据并进行放样。

（二）决策与实施

> **引导** 2：在工程放样过程中，已知地面点的坐标，如何利用角度交会法正确地测设点的平面位置？

角度交会法，是在两个控制点上，用两台仪器测设出两个已知数值的_____，交会出点的平面位置。

> **知识链接**
>
> 角度交会法是在两个控制点上用两台经纬仪测设出两个已知数值的水平角，交会出点的平面位置。为提高放样精度，通常用三个控制点三台经纬仪进行交会。此法适用于待测设点离控制点较远或量距较困难的地区。在桥梁等工程中，常采用此法。
>
> 如图 8-12（a）、(b) 所示，A、B、C 为已有的三个控制点，其坐标为已知，需放样点 P 的坐标也已知。先根据控制点 A、B、C 的坐标和 P 点设计坐标，计算出测设数据 β_1、β_2、β_3。测设时，在 A、B、C 点各安置一台经纬仪，分别测设 β_1、β_2、β_3，定出三个方向，其交点即为 P 点的位置。由于测设有误差，往往三个方向不交于一点，而形成一个误差三角形，如果此三角形最长边不超过 4 cm，则取三角形的重心作为 P 点的最终位置。
>
> 应用此法放样时，宜使交会角 r 在 30°～120°之间。
>
> 【案例 6】 利用角度交会法测设点的平面位置。
>
> 1. 计算测设数据
>
> 如图 8-12（a）所示，A、B、C 为已知平面控制点，P 为待测设点，现根据 A、B、C 三点，用角度交会法测设 P 点，其测设数据计算方法如下：
>
> （1）按坐标反算公式，分别计算出 α_{AB}、α_{AP}、α_{BP}、α_{CB} 和 α_{CP}。
>
> （2）计算水平角 β_1、β_2 和 β_3。
>
> 2. 点位测设方法
>
> （1）在 A、B 两点同时安置经纬仪，同时测设水平角 β_1 和 β_2，定出两条视线，在两条视线相交处钉下一个大木桩，并在木桩上依 AP、BP 绘出方向线及其交点。

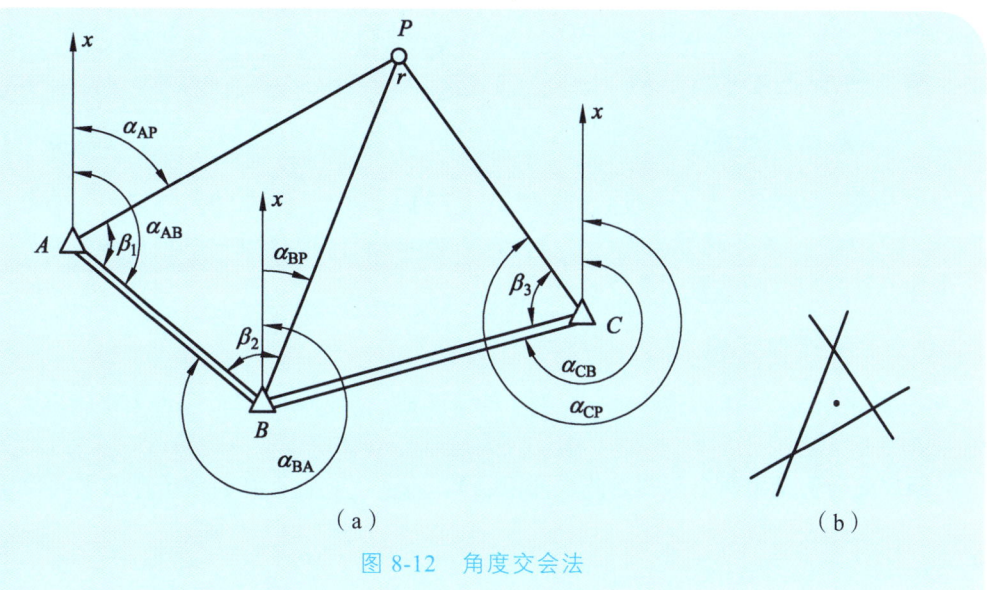

图 8-12 角度交会法

（2）在控制点 C 上安置经纬仪，测设水平角 β_3，同样在木桩上依 CP 绘出方向线。

（3）如果交会没有误差，此方向应通过前两方向线的交点，否则将形成一个"示误三角形"，如图 8-12（b）所示。若示误三角形边长在限差以内，则取示误三角形重心作为待测设点 P 的最终位置。

测设 β_1、β_2 和 β_3 时，视具体情况，可采用一般方法和精密方法。

➤ **引导**3：培养学生解决实际问题的能力，树立学生团队协作能力和精益求精的匠心精神。

➤ **引导**4：各小组推荐代表进行汇报，教师讲评，明确角度交会法测设方法。

➤ **引导**5：不同情况的已知坐标，测设的方法是否一样？

（三）检查与评价

➤ **引导**6：各小组互评，提出角度交会法测设过程的优缺点。

➤ **引导**7：各小组推荐代表进行角度交会法测设结果汇报，教师讲评。

四、距离交会法

(一)准备与计划

> **引导** 1:设 I、J 为控制点,已知 $X_I = 158.27$ m,$Y_I = 160.64$ m,$X_J = 115.49$ m,$Y_J = 185.72$ m,A 点的设计坐标为 $X_A = 160.00$ m,$Y_A = 210.00$ m,试用距离交会法计算测设 A 点所需的放样数据并进行放样。

(二)决策与实施

> **引导** 2:在工程放样过程中,已知地面点的坐标,如何利用距离交会法正确地测设点的平面位置?

距离交会法是由两个控制点测设两段已知_____,交会定出点的平面位置。

> **知识链接**
>
> 距离交会法是由两个控制点测设两段已知水平距离,交会定出点的平面位置。距离交会法适用于待测设点至控制点的距离不超过一尺段长,且地势平坦、量距方便的建筑施工场地。
>
> 【案例 7】 利用距离交会法测设点的平面位置。
>
> 1. 计算测设数据
>
> 如图 8-13 所示,A、B 为已知平面控制点,P 为待测设点,现根据 A、B 两点,用距离交会法测设 P 点,其测设数据计算方法如下:
>
> 根据 A、B、P 三点的坐标值,分别计算出 D_{AP} 和 D_{BP}。
>
>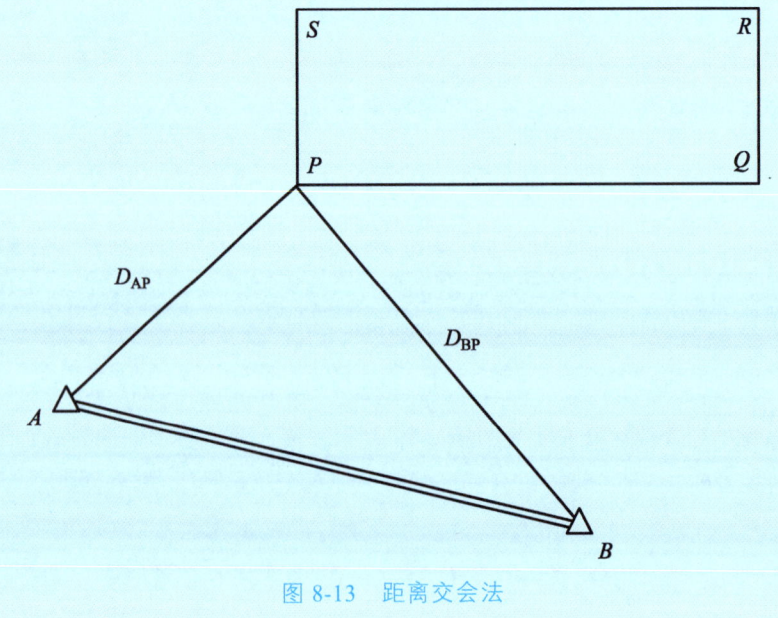
>
> 图 8-13 距离交会法

2. 点位测设方法

(1) 将钢尺的零点对准 A 点,以 D_{AP} 为半径在地面上画一圆弧。

(2) 再将钢尺的零点对准 B 点,以 D_{BP} 为半径在地面上再画一圆弧。两圆弧的交点即为 P 点的平面位置。

(3) 用同样的方法,测设出 Q 的平面位置。

(4) 丈量 P、Q 两点间的水平距离,与设计长度进行比较,其误差应在限差以内。

> **引导** 3:各小组推荐代表进行汇报,教师讲评,明确距离交会法测设方法。

> **引导** 4:不同情况的已知坐标,测设的方法是否一样?

(三) 检查与评价

> **引导** 5:各小组互评,提出距离交会法测设过程的优缺点。

> **引导** 6:各小组推荐代表进行距离交会法测设结果汇报,教师讲评。

附表 1

学习情况反馈表

学习任务					
班级		小组编号		负责人	
开始时间		计划完成时间		实际完成时间	
序号	学习记录				
	学习项目		任务内容		备注
1	工作页的填写				
2	独立完成的任务				
3	小组合作完成的任务				
4	教师指导下完成的任务				
5	是否达到了学习目标,能否独立完成工程测量学习任务				
存在的问题及建议					

附表 2

用直角坐标法测设点的平面位置数据表

1. 画出在实训场地上测设 1、2 点的草图。
2. 测设数据的计算： $\Delta x_1 =$ $\qquad\qquad\qquad$ $\Delta y_1 =$ $\Delta x_2 =$ $\qquad\qquad\qquad$ $\Delta y_2 =$ 测设后经检查，点 1 与点 2 的距离 $d_{12} =$ _____，与已知值相差_____mm
3. 填空：   （1）直角坐标法适用于_____，这种方法只需量距和测设直角。   （2）在此次测设中，放样 1 点的顺序是：先在_____点上安置经纬仪，以_____点定向，沿此方向量取_____m，得_____点。然后将经纬仪搬至_____点，以_____点为起始方向，拨 90°角，沿此方向量取_____即得_____点

附表 3

用极坐标法测设点的平面位置数据表

1. 画出在实训场地上测设 1、2 点的草图。

2. 测设数据的计算：
$\tan\alpha_{A_1} =$ $\alpha_{A_1} =$
$\tan\alpha_{A_2} =$ $\alpha_{A_2} =$
$d_{A_1} =$ $d_{A_2} =$
校核：
$d_{A_1} =$ $d_{A_2} =$
$\beta_1 = \alpha_{AB} - \alpha_{A_1} =$
$\beta_2 = \alpha_{AB} - \alpha_{A_2} =$
测设后经检查，点 1 与点 2 的距离 $d_{12} =$ _____，与已知值相差_____mm

3. 填空：
（1）极坐标法适用于_____而且便于量距的地方。当采用全站仪测量_____时，_____可适当增长。工业建设场地厂房之间的_____常采用此法。
（2）在此次测设中，放样 1 点的顺序是：将经纬仪安置在_____点，瞄准_____点，度盘读数_____。然后，拨角度_____。倒镜再拨一次，以平均方向作为_____方向，沿此方向量取_____m，即得_____点的位置

项目九

建筑施工测量

项目九		建筑施工测量	建议学时	10
任务描述				
建筑测量是研究各种工程建设在勘测设计、施工建设和运营管理阶段所进行的各种测量工作，贯穿工程建设的各个阶段。 本项目的任务是：掌握建筑工程测量的基础理论知识、测量原理和方法、建筑工程测量的基本应用与综合运用的能力，同时熟练掌握常规测量仪器的操作规范和工程应用，从而能够胜任建筑施工测量员岗位，在工作中具有较强的竞争				
学习目标				
完成本学习项目工作任务后，学生应当能够： 1. 熟练掌握各种常规测量仪器和部分现代化测量仪器的使用方法； 2. 独立完成建筑工程中的施工放样和所涉及的测量计算工作； 3. 具备建筑施工、现场管理一线施工岗位所必备的工程测量基础知识及技能； 4. 具有建筑工程施工定位、放样的能力和其他测量工作的能力，为实现可持续发展奠定良好的基础				
提交材料				
1. 每个任务的测量记录、计算和检核表等； 2. 学习情况反馈表（附表1）； 3. 分项训练评价表（附表2、附表3）				
学业评价形式及标准				
每位学生独立完成学习内容和工作任务，以百分制分数对个人单独评价				

序号	考核要求	分数	评分标准	得分
1	遵守纪律，能按时独立完成工作任务	25	在该情境安排的学时结束时没完成工作任务的，每延迟2学时扣5分，直至扣完为止，延迟超过1天本单项成绩评0分	
2	建筑基线的测设	15	正确15分；基本正确13分；有缺陷10分；不正确0分	
3	龙门板法基础放线	15	正确15分；基本正确13分；有缺陷10分；不正确0分	
4	建筑物沉降和位移监测	10	正确10分；基本正确8分；有缺陷6分；不正确0分	
5	建筑物沉降和位移监测的数据处理	10	正确10分；基本正确8分；有缺陷6分；不正确0分	
6	建筑物裂缝观测	10	正确10分；基本正确8分；有缺陷6分；不正确0分	
7	建筑物总平面图的编绘	15	正确15分；基本正确13分；有缺陷10分；不正确0分	
		合计		

任务一　建筑施工控制测量

任务目标

（1）掌握建筑基线的布设形式、测设方法；
（2）掌握建筑方格网的布设形式、测设方法；
（3）掌握高程施工控制网的布设形式；
（4）掌握施工控制点的坐标换算。

建筑基线

一、建筑基线

（一）准备与计划

> **引导** 1：由于在勘探设计阶段所建立的控制网，是为测图而建立的，有时并未考虑施工的需要，所以控制点的分布、密度和精度，都难以满足施工测量的要求，另外在平整场地时，大多控制点被破坏。因此施工之前，在建筑场地应重新建立专门的施工控制网。

1. 施工控制网的分类

施工控制网分为_____控制网和_____控制网两种。

（1）施工平面控制网。

施工平面控制网可以布设成_____、_____、_____和_____四种形式。

> **知识链接**
>
> ① 对于地势起伏较大、通视条件较好的施工场地，可采用三角网。
> ② 对于地势平坦、通视又比较困难的施工场地，可采用导线网。
> ③ 对于建筑物多为矩形且布置比较规则和密集的施工场地，可采用建筑方格网。
> ④ 对于地势平坦且又简单的小型施工场地，可采用建筑基线。

（2）施工高程控制网。

施工高程控制网采用_____网。

2. 施工控制网的特点

与测图控制网相比，施工控制网具有_____、_____、_____及_____等特点。

> **引导** 2：在面积不大又不十分复杂的建筑场地上，常布置一条或几条基线，作为施工测量的平面控制网，称为建筑基线。在工程应用中应如何布设建筑基线呢？

1. 建筑基线的布设形式

建筑基线的布设形式，应根据建筑物的分布、施工场地地形等因素来确定。常用的布设形式有"＿＿"字形、"＿＿"形、"＿＿"字形和"＿＿"形，如图9-1所示。

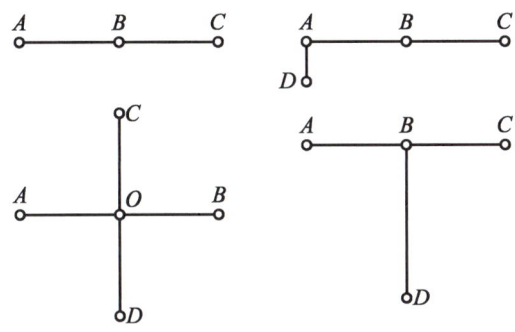

图 9-1　建筑基线的布设形式

2. 建筑基线的布设要求

（1）建筑基线应尽可能靠近拟建的主要建筑物，并与其主要轴线＿＿＿＿，以便使用比较简单的＿＿＿＿＿法进行建筑物的定位。

（2）建筑基线上的基线点应不少于＿＿个，以便相互检核。

（3）建筑基线应尽可能与施工场地的建筑＿＿＿＿相联系。

（4）基线点位应选在通视良好和不易被破坏的地方，为能长期保存，要埋设＿＿＿＿性的混凝土桩。

3. 建筑基线的测设方法

根据施工场地的条件不同，建筑基线的测设方法有以下两种：

（1）根据建筑红线测设建筑基线。

由城市测绘部门测定的建筑用地界定基准线，称为＿＿＿＿＿＿。在城市建设区，建筑红线可用作建筑基线测设的依据。

（2）根据附近已有控制点测设建筑基线。

施工坐标系与测量坐标系的坐标换算：

施工坐标系也称建筑坐标系，其坐标轴与主要建筑物主轴线＿＿＿＿或＿＿＿＿，以便用直角坐标法进行建筑物的放样。

施工控制测量的建筑基线和建筑方格网一般采用施工坐标系，而施工坐标系与测量坐标系往往不一致，因此，施工测量前常常需要进行施工坐标系与测量坐标系的＿＿＿＿换算。

知识链接

如图 9-2 所示，设 xOy 为测量坐标系，$x'O'y'$ 为施工坐标系，x_O、y_O 为施工坐标系的原点 O' 在测量坐标系中的坐标，α 为施工坐标系的纵轴 $O'x'$ 在测量坐标系中的坐标方位角。设已知 P 点的施工坐标为（x'_P、y'_P），则可按下式将其换算为测量坐标（x_P、y_P）。

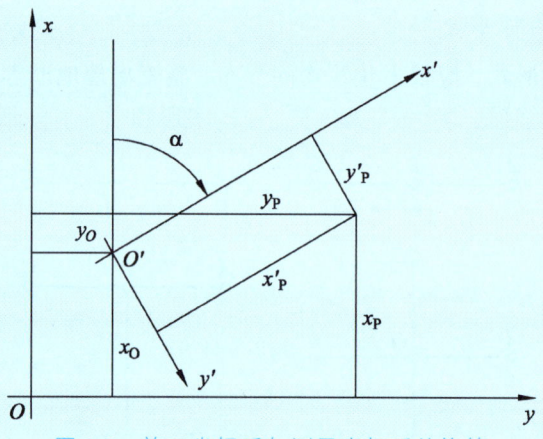

图 9-2　施工坐标系与测量坐标系的换算

$$x_P = x_O + x'_P \cos\alpha - y'_P \sin\alpha$$
$$y_P = y_O + x'_P \sin\alpha + y'_P \cos\alpha$$

如已知 P 的测量坐标，则可按下式将其换算为施工坐标：

$$x'_P = (x_P - x_O)\cos\alpha + (y_P - y_O)\sin\alpha$$
$$y'_P = -(x_P - x_O)\sin\alpha + (y_P - y_O)\cos\alpha$$

（二）决策与实施

➤ **引导 3**：如图 9-3 所示，AB、AC 为建筑红线、1、2、3 为建筑基线点，利用建筑红线测设建筑基线的方法是什么？

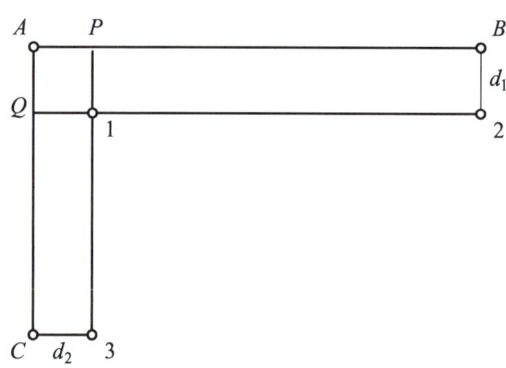

图 9-3　根据建筑红线测设建筑基线

（1）从 A 点沿 AB 方向量取 d_2 定出 P 点，沿 AC 方向量取 d_1 定出 Q 点。

（2）过 B 点作 AB 的垂线，沿垂线量取 d_1 定出 2 点，做出标志；过 C 点作 AC 的垂线，沿垂线量取 d_2 定出 3 点，做出标志；用细线拉出直线 $P3$ 和 $Q2$，两条直线的交点即为 1 点，做出标志。_____、_____、_____ 点即为建筑基线点。

（3）在 1 点安置经纬仪，精确观测 ∠213，其与 90°的差值应小于 ±20″。

➤ **引导 4**：如图 9-4 所示，设 P 点在建筑坐标系 AOB 中的坐标为 P(100.000，50.000)，计算其测量坐标。

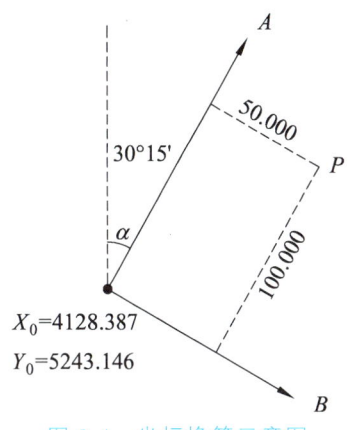

图 9-4 坐标换算示意图

> **引导** 5：各小组推荐代表进行汇报，教师讲评，明确坐标换算的方法。

> **引导** 6：在新建筑区，可以利用建筑基线的设计坐标和附近已有控制点的坐标，用极坐标法测设建筑基线。如图 9-5 所示，A、B 为附近已有控制点，1、2、3 为选定的建筑基线点，测设方法是什么？

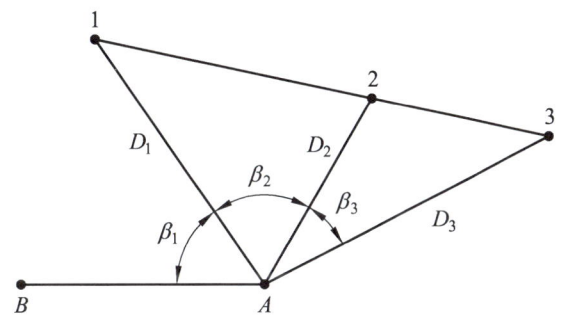

图 9-5 根据控制点测设建筑基线

（1）根据已知控制点和建筑基线点的坐标，计算出测设数据_____、_____、_____、_____、_____、_____。

（2）用极坐标法测设建筑基线 1、2、3 点。

由于存在测量误差，测设的基线点往往不在同一直线上，且点与点之间的距离与设计值也不完全相符，因此，需要精确测出已测设直线的折角 β' 和距离 D'，并与设计值相比较。如图 9-6 所示，如果 $\Delta\beta = \beta' - 180°$ 超过 ±15″，则应对 1′、2′、3′ 点在与基线_____的方向上进行等量调整，调整量按下式计算：

$$\delta = \frac{ab}{a+b} \times \frac{\Delta\beta}{2\rho}$$

式中　δ——各点的调整值（m）；

　　　a、b——分别为 12、23 的长度（m）。

如果测设距离超限，如 $\frac{\Delta D}{D} = \frac{D'-D}{D} > \frac{1}{10\,000}$，则以 2 点为准，按设计长度沿基线方向调整 1′、3′点。

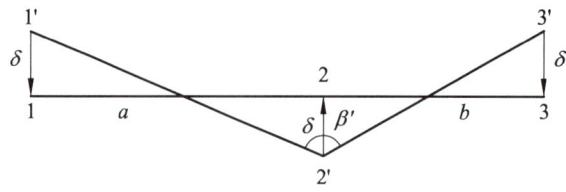

图 9-6　基线点的调整

如图 9-7 所示，假设测设一字形的建筑基线 $A'B'C'$ 三点已测设于地面，经检查 $\angle A'B'C' = 179°59'42''$，已知 $A'B' = 200\text{ m}$，$B'C' = 120\text{ m}$，试求各点移动量值，并绘图说明如何改正使三点成一直线。

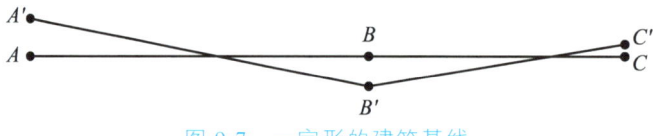

图 9-7　一字形的建筑基线

（三）检查与评价

> **引导** 7：各小组互评，检查根据建筑红线测设建筑基线方法是否正确。

> **引导** 8：各小组互评，检查根据已有控制点测设建筑基线方法是否正确。

> **引导** 9：各小组推荐代表对根据建筑红线和已有控制点测设建筑基线的结果进行汇报，教师讲评。

建筑方格网

二、建筑方格网

（一）准备与计划

> **引导** 1：建筑方格网是整个测区建设的平面布设和高程控制的基础，在场地平整、管线开挖、桩基施工、厂房、办公楼的建设、设备安装的整个建设过程中，都发挥着至关重要的作用。所以建筑方格网的布设是整个测区工程建设质量的关键，必须认真对待，精心策划和施测。如何对建筑方格网进行布设？

1. 建筑方格网

由_____或_____组成的施工平面控制网，称为建筑方格网，或称矩形网。

2. 建筑方格网的布设

布设建筑方格网时,应根据总平面图上各建(构)筑物、道路及各种管线的布置,结合现场的地形条件来确定。如图 9-8 所示,先确定方格网的_____AOB 和 COD,然后再布设方格网。

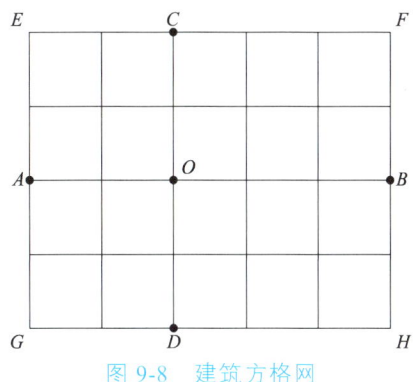

图 9-8　建筑方格网

(二)决策与实施

▶ **引导**2:在设计建筑方格网时,应对整个测区的平面布置、施工总体规程、原有测量数据等相关资料有一个全面的了解。根据上述资料结合现场勘查的地形情况,首先选择主轴线,而后选择方格网点。建筑方格网的测设方法是什么?

1. 主轴线测设

主轴线测设与建筑基线测设方法相似。

首先,准备测设数据。然后,测设两条互相垂直的主轴线 AOB 和 COD,主轴线实质上是由_____组成,如图 9-8 所示。最后,精确检测主轴线点的相对位置关系,并与_____相比较,如果超限,则应进行调整。

通常我们所涉及的建筑施工方格网其精度等级可归结为Ⅰ和Ⅱ级,主要技术要求如表 9-1 所示。

表 9-1　建筑方格网的主要技术要求

等级	边长/m	测角中误差	边长相对中误差	测角检测限差	边长检测限差
Ⅰ级	100～300	5″	1/30 000	10″	1/15 000
Ⅱ级	100～300	8″	1/20 000	16″	1/10 000

 知识链接

主轴线选择时,应考虑以下几方面因素:① 主轴线原则上应与测区主轴线或主要轴线一致或平行。② 纵横轴线的长度应在建筑区域内取用最大值。③ 通视要好,且不受土方开挖的影响,以利长期使用。④ 建筑方格网布设的图形及所选的网格点,要有利于今后施工的方便,还应满足图形精度的相关要求,事先要对最弱点进行精度估计。

2. 方格网点测设

如图 9-8 所示，主轴线测设后，分别在主点 A、B 和 C、D 安置经纬仪，后视主点 O，向左右测设____°水平角，即可交会出"田"字形方格网点。随后再做检核，测量相邻两点间的距离，看是否与设计值_____，测量其角度是否为____°，误差均应在允许范围内，并埋设_____标志。

（三）检查与评价

> **引导** 3：各小组互评，检查主轴线测设的测设方法是否正确。

> **引导** 4：各小组推荐代表对建筑方格网测设结果进行汇报，教师讲评。

高程控制测量

三、高程控制测量

（一）准备与计划

> **引导** 1：由于测图高程控制网在点位分布和密度方面均不能满足施工测量的需要，因此在施工场地建立平面控制网的同时还必须重新建立施工高程控制网。

1. 施工场地高程控制网的建立

建筑物高程控制应采用_____，应根据施工场地附近的国家或城市已知水准点，测定施工场地水准点的高程，以便纳入统一的高程系统。

在施工场地上，水准点的密度应尽可能满足安置_____次仪器即可测设出所需的高程。而测图时敷设的水准点往往是不够的，因此，还需增设一些水准点。在一般情况下，_____、_____以及导线点也可兼作高程控制点。只要在平面控制点桩面上中心点旁边，设置一个突出的半球状标志即可。

为了便于检核和提高测量精度，施工场地高程控制网应布设成闭合或附合路线。附合路线闭合差应不低于____水准的要求。高程控制网可分为_____网和_____网，相应的水准点称为_____水准点和_____水准点。

> **知识链接**
>
> 首级高程控制网采用三等水准测量测设，在此基础上，采用四等水准测量测设加密高程控制网。
>
> 首级高程控制网应在原有测图高程网的基础上，单独增设水准点，并建立永久

性标志。场地水准点的间距，宜小于 1 km。距离建筑物、构筑物不宜小于 25 m；距离振动影响范围以外不宜小于 5 m；距离回填土边线不宜小于 15 m。凡是重要的建筑物附近均应设水准点。整个建筑场地至少要设置三个永久性的水准点，并应布设成闭合水准路线或附合水准路线，以控制整个场地。高程测量精度不宜低于三等水准测量，其点位要选择恰当，不受施工影响，并便于施测，又能永久保存。

加密高程控制网是在首级高程控制网的基础上进一步加密而得，一般不能单独埋设，要与建筑方格网合并，并要附合在首级水准点上，作为推算高程的依据。各点间距宜在 200 m 左右以便施工时安置一次仪器即可测出所需高程。

2. 基本水准点

基本水准点应布设在土质坚实、不受施工影响、无震动和便于实测之处，并埋设_____标志。

一般情况下，按_____等水准测量的方法测定其高程，而对于为连续性生产车间或地下管道测设所建立的基本水准点，则需按_____等水准测量的方法测定其高程。

3. 施工水准点

施工水准点是用来直接测设_____高程的。为了测设方便和减少误差，施工水准点应靠近建筑物。

由于设计建筑物常以底层室内地坪高 ± 0 标高为高程起算面，为了施工测设方便，常在建筑物内部或附近测设_____。± 0 水准点的位置，一般选在稳定的建筑物墙、柱的侧面，用红漆绘成顶为水平线的 "▼" 形，其顶端表示 ± 0 位置。

（二）决策与实施

➤ **引导** 2：请以小组为单位，绘制本组高程控制网草图。

（三）检查与评价

➤ **引导** 3：某工程高程控制网复测（水准三等），往测时由 A 点测至 B 点（第一次复测），往测结束后在未换尺的情况下直接进行返测。复测后发现 A 点至 B 点实测高差的往返测合格（往返测不符值约 3 mm），但与设计高差相差近 2 cm。在进行整体复测完毕后，对 A、B 点相邻点实测高差进行分析，确定 B 点高程变动，进行平差计算时，对 B 点高程进行了更改。在一个月后进行了第二次高程复测，复测完毕后发现 A、B 点间高差与原设计标高基本相同，误差约 2 mm。经过现场重复测量，确定在第一次复测时的 A、B 点高差实测错误。

各组同学讨论建筑物高程控制不当的原因分析及防止措施。

任务二　民用建筑施工测量

任务目标

（1）了解施工测量准备工作；
（2）掌握民用建筑物的定位和放线方法；
（3）掌握建筑物基础施工测量、墙体施工测量、高程传递测量的方法；
（4）掌握高程建筑物的施工测量方法。

民用建筑
定位放线

一、建筑物的定位和放线

（一）准备与计划

▶ **引导**1：民用建筑一般是指居民住宅、学校用房、办公楼、医院、宾馆等建筑物，有单层、低层、多层和高层建筑之分。因建筑物的性质、功能不同，其测量方法和精度要求也就不同，但建筑物定位放线程序基本相同。其基本程序一般分为建筑物的定位和放线、基础工程施工测量、墙体工程施工测量及高层建筑施工测量等。施工放样的过程是什么呢？

施工测量前的准备工作如下：

1）熟悉设计图纸

设计图纸是施工测量的主要依据，在测设前，应熟悉建筑物的设计图纸，了解施工建筑物与相邻地物的相互关系，以及建筑物的尺寸和施工的要求等，并仔细核对各设计图纸的有关尺寸。测设时必须具备下列图纸资料：

（1）总平面图：如图9-9所示，从总平面图上，可以查取或计算设计建筑物与原有建筑物或测量控制点之间的_____和_____，作为测设建筑物总体位置的依据。

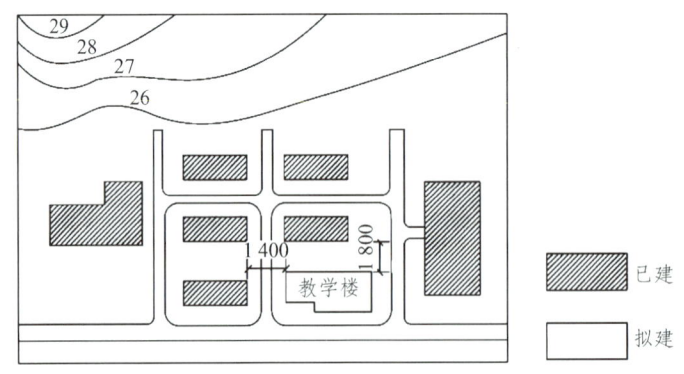

图9-9　建筑总平面图

（2）建筑平面图：如图9-10所示，从建筑平面图中，可以查取建筑物的总尺寸，以及内部各定位_____尺寸，这是施工测设的基本资料。

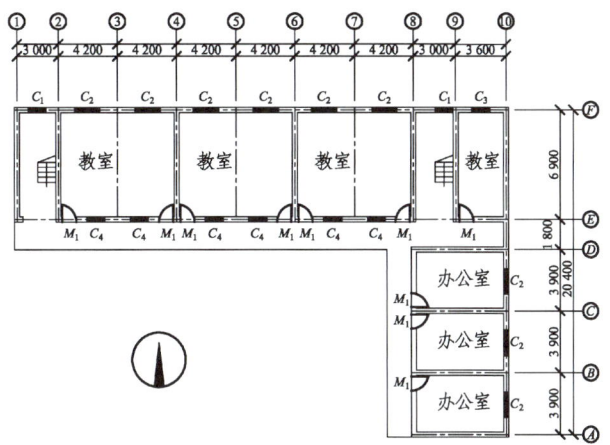

图 9-10 建筑平面示意图

（3）基础平面图：如图 9-11 所示，从基础平面图上，可以查取_____边线与_____轴线的平面尺寸，这是测设基础轴线的必要数据。

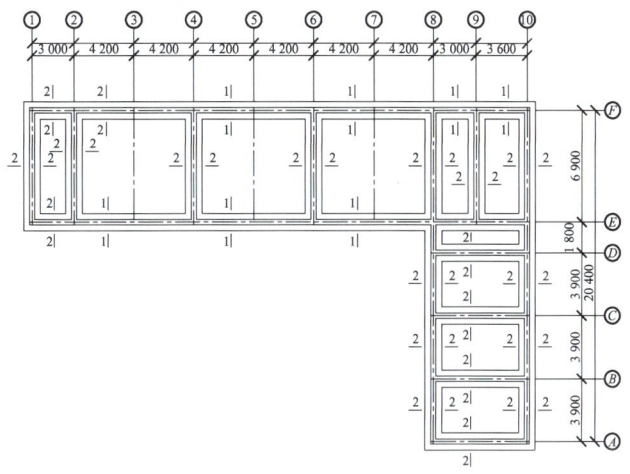

图 9-11 基础平面示意图

（4）基础详图：如图 9-12 所示，从基础详图中，可查取_____尺寸和_____标高，这是基础高程测设的依据。

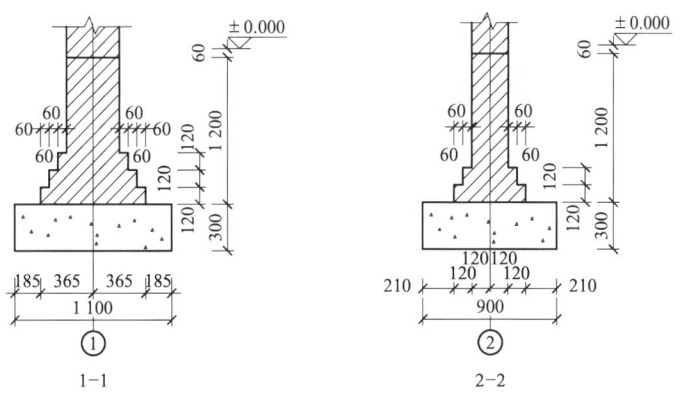

图 9-12 基础详图

（5）建筑物的立面图和剖面图：从建筑物的立面图和剖面图中，可以查取基础、地坪、门窗、楼板、屋架和屋面等_____高程，这是高程测设的主要依据。

2）现场踏勘

全面了解现场情况，对施工场地上的_____和_____进行检核。

3）施工场地整理

平整和清理施工场地，以便进行测设工作。

4）制订测设方案

根据设计要求、定位条件、现场地形和施工方案等因素，制订测设方案，包括测设方法、测设数据计算和绘制测设略图，如图9-13所示。

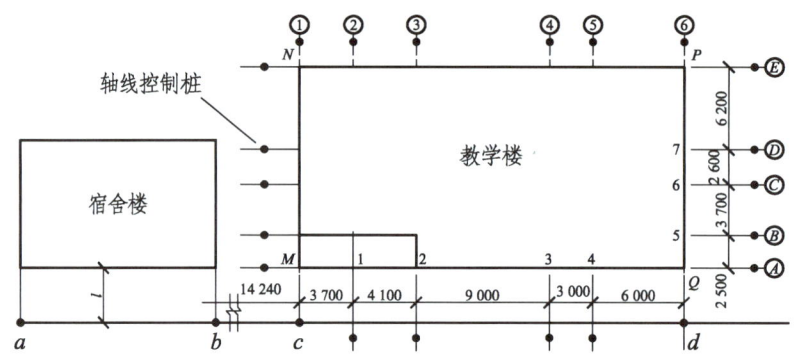

图9-13 建筑物的定位和放线

5）仪器和工具

对测设所使用的仪器和工具进行检核。

> **引导2**：建筑物的定位与放线施工，是对建筑物的设计形状、设计面积的关键性定位工作。从这方面意义来说，对于建筑物的定位与放线在精度要求上是相当高的，不仅不允许出现错误，对于绝对标高与相对标高的区别，放线定位所选用的方法，也要从最适合建筑物的定位放线工作出发，选择最优方案进行。由于测设条件和现场条件不同，建筑物的定位方法也有所不同。

1. 建筑物的定位

建筑物的定位是将建筑物外廓各轴线交点（简称角桩，即图9-13中的 M、N、P 和 Q）测设在地面上，作为_____放样和_____放样的依据。

2. 建筑物定位方法

（1）根据建筑基线或方格网进行建筑物定位。

如果待定位建筑物的定位点设计坐标是已知的，且建筑场地已设有建筑方格网或建筑基线，可利用_____法测设定位点，也可用_____法等其他方法进行测设。

但直角坐标法所需要的测设数据的计算较为方便，在使用全站仪或经纬仪和钢尺实地测设时，建筑物总尺寸和较大角的精度容易控制和检核。常用角度交会法或距离交会法来测设定位点。

（2）根据控制点定位。

如果待定位建筑物的定位点设计坐标是已知的，且附近有高级控制点可供利用，可根据实际情况选用_____法、_____法或_____法来测设定位点。在这三种方法中，极坐标法通用性最强，是用得最多的一种定位方法。

（3）根据与已有建筑物和道路的关系定位。

如果设计图上只给出建筑物与附近原有建筑物或道路的相对关系，而没有提供建筑物定位点的坐标，周围又没有测量控制点、建筑方格网和建筑基线可利用，可根据原有建筑物的边线或道路中心线将新建筑物的定位点测设出来。

3. 建筑物的放线

建筑物的放线是指根据已定位的外墙轴线交点桩（角桩）详细测设出建筑物其他各轴线的交点桩（或称中心桩），并将其延长到安全的地方做好标志。然后以细部轴线为依据，按基础宽度和放坡要求用白灰撒出基槽开挖边界线。

（二）决策与实施

> **引导 3**：根据已有建筑物测设拟建建筑物的方法是什么？

（1）如图 9-13 所示，用钢尺沿宿舍楼的东、西墙，延长出一小段距离 l 得 a、b 两点，做出标志。

（2）在 a 点安置经纬仪，瞄准 b 点，并从 b 沿 ab 方向量取_____m（因为教学楼的外墙厚 370 mm，轴线偏里，离外墙皮 240 mm），定出 c 点，做出标志，再继续沿 ab 方向从 c 点起量取_____m，定出 d 点，做出标志，cd 线就是测设教学楼平面位置的_____。

（3）分别在 c、d 两点安置经纬仪，瞄准 a 点，顺时针方向测设 90°，沿此视线方向量取距离_____m，定出 M、Q 两点，做出标志，再继续量取_____m，定出 N、P 两点，做出标志。M、N、P、Q 四点即为教学楼外廓定位轴线的交点。

（4）检查 NP 的距离是否等于_____m，$\angle N$ 和 $\angle P$ 是否等于___°，其误差应在允许范围内。

> **引导 4**：在图 9-14 中，已标出新建筑物的尺寸，以及新建筑物与原有建筑物的相对位置尺寸，另外建筑物轴线距外墙皮 240 mm，试述测设新建筑物的方法和步骤。

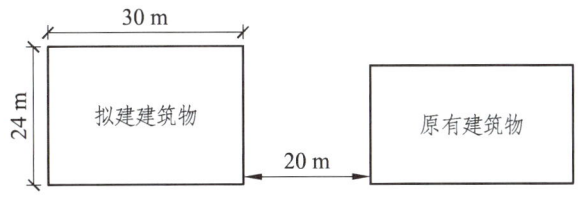

图 9-14　建筑物关系图

> **引导 5**：如图 9-13 所示，根据已定位的外墙轴线交点桩，如何进行建筑物放线？

（1）在外墙轴线周边上测设中心桩位置。

在 M 点安置经纬仪，瞄准 Q 点，用钢尺沿 MQ 方向量出相邻两轴线间的距离，定出 1、2、3…各点，同理可定出 5、6、7 各点。量距精度应达到设计精度要求。量出各轴线之间距离时，钢尺零点要始终对在_____上。

（2）恢复轴线位置的方法。

由于在开挖基槽时，角桩和中心桩要被挖掉，为了便于在施工中恢复各轴线位置，应把各轴线延长到基槽外安全地点，并做好标志。其方法有_____和_____两种形式。

① 设置轴线控制桩。

在大型复杂的建筑施工中，常设置轴线控制桩。轴线控制桩设置在基槽外、基础轴线的_____上，作为开槽后各施工阶段恢复轴线的依据，如图 9-13 所示。轴线控制桩一般设置在基槽外_____m 处，打下木桩，桩顶钉上小钉，准确标出轴线位置，并用混凝土包裹木桩，如图 9-15 所示。如附近有建筑物，也可把轴线投测到建筑物上，用红漆做出标志，以代替轴线控制桩。

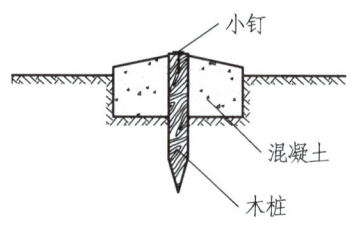

图 9-15　轴线控制桩

② 设置龙门板。

在小型民用建筑施工中，常将各轴线引测到基槽外的水平木板上。_____称为龙门板，固定龙门板的木桩称为龙门桩，如图 9-16 所示。

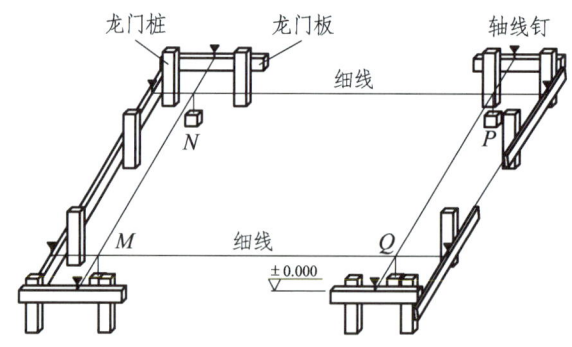

图 9-16　龙门板

设置龙门板的步骤如下：

A. 在建筑物四角与隔墙两端，基槽开挖边界线以外_____m 处，设置龙门桩。龙门桩要钉得竖直、牢固，龙门桩的外侧面应与基槽_____。

B. 根据施工场地的水准点，用水准仪在每个龙门桩外侧，测设出该建筑物室内地坪_____线（即 ±0 标高线），并做出标志。

C. 沿龙门桩上 ±0 标高线钉设龙门板，这样龙门板顶面的高程就同在 ±0 的水平面上。然后，用水准仪校核龙门板的高程，如有差错应及时纠正，其允许误差为 ±5 mm。

D. 在 N 点安置经纬仪，瞄准 P 点，沿视线方向在龙门板上定出一点，用小钉做标志，纵转望远镜在 N 点的龙门板上也钉一个小钉。用同样的方法，将各轴线引测到龙门板上，所钉之小钉称为_____钉。轴线钉定位误差应小于 ± 5 mm。

E. 用钢尺沿龙门板的顶面，检查轴线钉的间距，其误差不超过 1/2 000。检查合格后，以轴线钉为准，将墙边线、基础边线、基础开挖边线等标定在龙门板上。

➤ **引导** 6：如图 9-17 所示为某建筑物的平面位置图和底层平面图，试根据此设计图对建筑物进行定位和轴线测设。

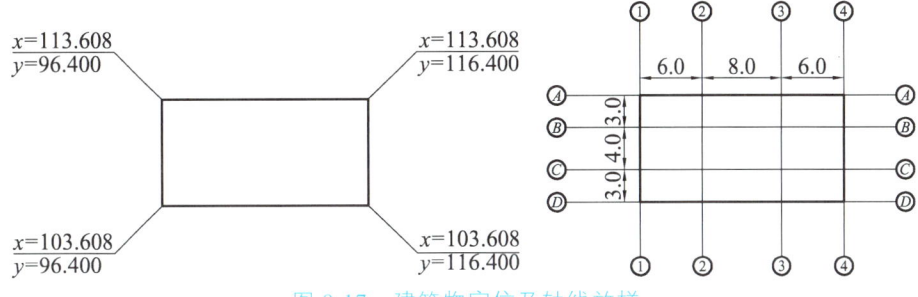

图 9-17　建筑物定位及轴线放样

➤ **引导** 7：以小组为单位，讨论轴线控制桩和龙门板的作用是什么？如何设置？

➤ **引导** 8：以小组为单位，根据图 9-13 进行建筑物放线实训，并总结测量数据及计算过程。

（三）检查与评价

➤ **引导** 9：小组之间互相分享实训过程中存在的问题。

➤ **引导** 10：各小组推荐代表进行建筑物定位及放线的流程汇报，教师讲评。

二、建筑物基础施工测量

（一）准备与计划

➤ **引导** 1：基础施工测量的主要内容包括撒灰基槽开挖边线、控制基础的开挖深度、测设垫层的施工高程和放样基础模板的位置。

建筑物基础施工测量

1. 撒灰开挖边线

先按基础剖面图给出的设计尺寸，计算基槽的开挖宽度 d。

$$d = B + mh$$

式中　B——基底宽度；

　　　h——基槽深度；

　　　m——边坡坡度的分母。

然后根据计算结果，在地面上以轴线为中线往两边各量出＿＿＿＿，拉线并撒上白灰，即为＿＿＿＿边线，如图 9-18 所示。如果是基坑开挖，则只需按最外围墙体基础的宽度及放坡确定开挖边线。

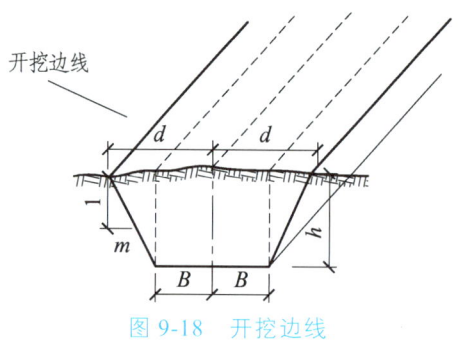

图 9-18　开挖边线

2. 基槽抄平

建筑施工中的高程测设，又称＿＿＿＿＿＿。

（1）设置水平桩。

为了控制基槽的开挖深度，当快挖到槽底设计标高时，应用水准仪根据地面上＿＿＿＿m 点，在槽壁上测设一些水平小木桩（称为水平桩），如图 9-19 所示，使木桩的上表面离槽底的设计标高为一固定值（如 0.500 m）。为了施工时使用方便，一般在槽壁各拐角处、深度变化处和基槽壁上每隔＿＿＿＿＿＿m 测设一水平桩。水平桩可作为挖槽深度、修平槽底和打基础垫层的依据。

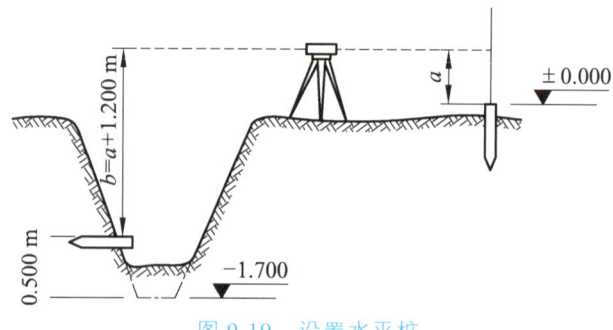

图 9-19　设置水平桩

（2）水平桩的测设方法。

如图 9-19 所示，槽底设计标高为 -1.700 m，欲测设比槽底设计标高高 0.500 m 的水平桩，测设方法如下：

① 在地面适当地方安置水准仪，在____m 标高线位置上立水准尺，读取后视读数为 a，如 1.318 m。

② 计算测设水平桩的应读前视读数 $b_应$：

$b_应 =$ _____

③ 在槽内一侧立水准尺，并上下移动，直至水准仪视线读数为_____m 时，沿水准尺尺底在槽壁打入一小木桩。

3. 垫层中线的投测

基础垫层打好后，根据轴线控制桩或龙门板上的轴线钉，用____或用____的方法，把_____投测到垫层上，并用墨线弹出墙中心线和基础边线，作为砌筑基础的依据，如图 9-20 所示。由于整个墙身砌筑均以此线为准，这是确定建筑物位置的关键环节，所以要严格校核后方可进行砌筑施工。

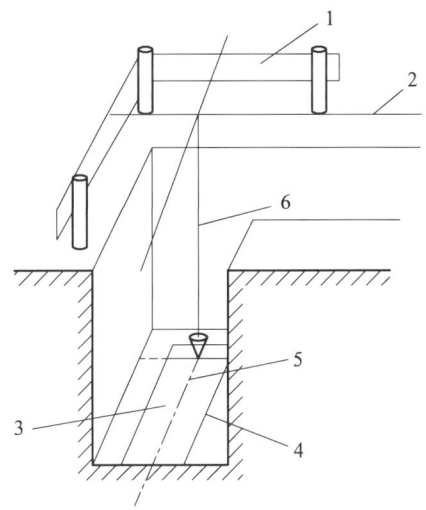

1—龙门板；2—细线；3—垫层；4—基础边线；5—墙中线；6—线锤。

图 9-20　在垫层上投测基础中心线

4. 基础墙标高的控制

基础墙体是指 ± 0.000 m 以下的砖墙，其标高一般用_____来控制确定。

（1）"基础皮数杆"一般是用一根木杆做成，在杆上注明_____m 的位置，按照设计尺寸将_____和_____的厚度，分皮从上往下一一画出来，如图 9-21 所示。

图 9-21　基础皮数杆

（2）立皮数杆时，先在立杆处打一木桩，用水准仪在木桩侧面定出一条高于垫层某一数值（如 100 mm）的水平线，然后将皮数杆上标高相同的一条线与木桩上的水平线_____，并用大铁钉把皮数杆与木桩钉在一起，作为基础墙的标高依据。

5. 基础面标高的检查

基础施工结束后，应检查基础面的标高是否符合_____要求（也可检查防潮层）。可用水准仪测出基础面上若干点的高程和_____高程比较，允许误差为 ±____ mm。

（二）决策与实施

> 引导 2：试述房屋基础施工测量的基槽抄平要点有哪些。

> 引导 3：某建筑场地上有一水准点 A，其高程为 H_A = 140.000 m，欲测设高程为 139.450 m 的室内 + 0.000 m 标高，设水准仪在水准点 A 所立水准尺的读数为 1.034 m，试计算在室内 + 0.000 m 标高所立水准尺的读数，并说明其测设方法。

（三）检查与评价

> 引导 4：各小组推荐代表进行房屋基础施工测量的基槽抄平要点汇报，教师讲评。

> 引导 5：小组成员互相检查，检查对方小组水准尺读数计算方法是否正确，计算过程是否完整，测设方法是否正确，小组之间完成互评。

三、墙体施工测量

（一）准备与计划

墙体施工测量

> 引导 1：基础工程施工结束后，应对龙门板或轴线控制桩进行检查复核，以防基础施工期间发生移位。复核无误后，如何进行墙体施工测量？

1. 墙体定位

（1）如图 9-22 所示，利用轴线控制桩或龙门板上的轴线和墙边线标志，用经纬仪或拉细绳挂锤球的方法将_____投测到_____上。

（2）用墨线弹出墙_____线和墙_____线。

（3）检查外墙轴线交角是否等于_____。

（4）把墙轴线延伸并画在外墙基础上，作为向上投测轴线的依据。

（5）把门、窗和其他洞口的边线，也在外墙基础上标定出来。

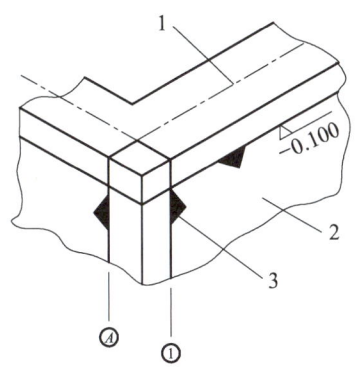

1—墙中心线；2—外墙基础；3—轴线。

图 9-22　墙体定位

2. 墙体各部位标高控制

在墙体施工中，墙身各部位标高通常也是用_____控制，如图 9-23 所示。

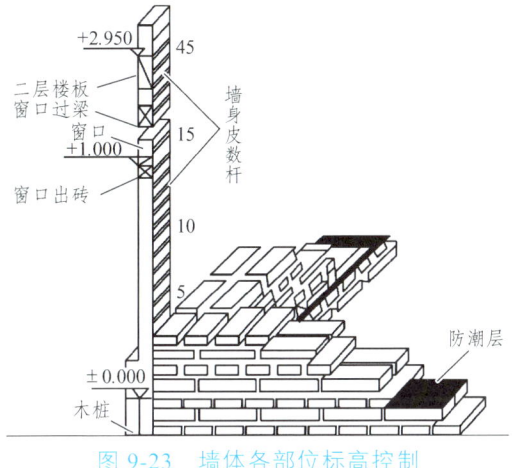

图 9-23　墙体各部位标高控制

（1）在墙身皮数杆上，根据设计尺寸，按砖、灰缝的厚度画出线条，并标明 0.000 m、门、窗、楼板等的标高位置。标注时从 ±0.000 m 起由____向____标注。

（2）墙身皮数杆的设立与基础皮数杆相同，使皮数杆上的 0.000 m 标高与房屋的_____标高相吻合。在墙的转角处，每隔_____m 设置一根皮数杆。

（3）墙体砌筑到一定高度后（1.5 m 左右），应在内、外墙面上测设出 +0.5 m 标高的水平墨线，称为"_____"。

外墙的"+50 线"作为向上传递各楼层标高的依据，内墙的"+50 线"作为室内地面施工及室内装修的标高依据。也可以在内外墙上测设 +1.000 m 标高水平线，称为 1 米线。

（4）第二层以上墙体施工中，为了使皮数杆在同一水平面上，要用水准仪测出楼板四角的标高，取_____值作为地坪标高，并以此作为立皮数杆的标志。

框架结构的民用建筑，墙体砌筑是在框架施工后进行的，故可在柱面上画线，代替皮数杆。

（二）决策与实施

> **引导** 2：试述墙体施工测量的内容有哪些。

（三）检查与评价

> **引导** 3：各小组推荐代表进行墙体施工测量的内容汇报，教师讲评。

四、高层建筑施工测量

（一）准备与计划

> **引导** 1：高层建筑及超高层建筑，在我国一般是这样划分的：2 层及 2 层以下的为低层建筑，2～8 层为多层建筑，8～16 层为中高层建筑，16～20 层为高层建筑，24 层以上为超高层建筑。

在高层建筑工程施工测量中，由于高层建筑的体形大、层数多、高度高、造型多样化、建筑结构复杂、设备和装修标准高，因此，在施工过程中对建筑物各部位的水平位置、轴线尺寸、垂直度和标高的要求都十分严格，对施工测量的精度要求也高。

高层建筑定位测量与普通建筑定位测量步骤基本相同，只是因施工高度较高，要求精度相比一般建筑也要高。根据设计给定的定位依据和定位条件，进行高层建筑的定位放线，是确定建筑物平面位置和进行基础施工的关键环节，施测时必须保证精度。

1. 测设施工方格网

一般采用测设专用的施工方格网的形式来定位。施工方格网是测设在基坑开挖范围以外一定距离，_____于建筑物主要轴线方向的_____控制网，如图 9-24 所示。施工方格网一般在总平面图上进行布置设计。

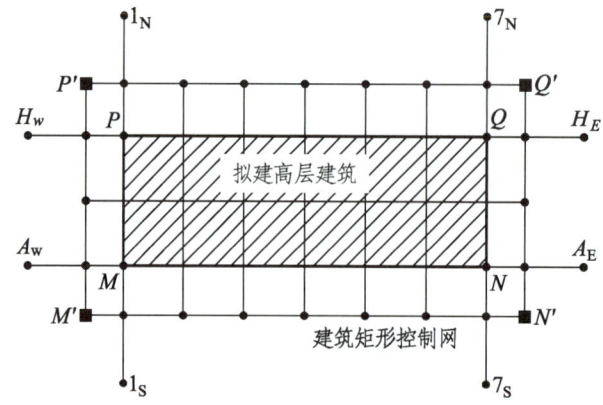

图 9-24　建筑矩形控制网

2. 测设主轴线控制桩

在施工方格网的四边上,根据建筑物_____与_____的间距,测设主要轴线的控制桩。测设时要以施工方格网各边的两端控制点为准用经纬仪定线,用钢尺拉通尺量距来打桩定点。测设好这些轴线控制桩后,施工时便可方便准确地在现场确定建筑物的四个主要角点。

因为高层建筑的主轴线上往往是柱或剪力墙,施工中通视和量距困难,为了便于使用,实际上一般是测设主轴线的_____线。由于其作用和效果与主轴线完全一样,为方便起见,这里仍统一称为主轴线。

除了四廓的轴线外,建筑物的中轴线等重要轴线也应在施工方格网边线上测设出来,与四廓的轴线一起,称为施工控制网中的_____线,一般要求控制线的间距为_____m。控制线的增多,可为以后测设细部轴线带来方便,也便于校核轴线偏差。如果高层建筑是分期分区施工,为满足某局部区域定位测量的需要,应把对该局部区域有控制意义的轴线在施工方格网边线测设出来。施工方格网控制线的测距精度不低于1/10 000,测角精度不低于＋10″。

如果高层建筑准备采用经纬仪法进行轴线投测,还应把应投测轴线的控制桩往_____的地方引测,这些桩与建筑物的距离应_____建筑物的高度,以免用经纬仪投测时仰角太大。

➢ **引导2**:近十几年来我国高层建筑大量兴起,高层建筑中的施工测量已引起人们重视。在高层建筑施工过程中有大量的施工测量问题,施工测量应紧密配合施工,起到指导施工的作用。高层建筑基础施工测量包括基坑开挖边线、基础放线及标高控制等。

1. 测设基坑开挖边线

高层建筑一般都有地下室,要进行基坑开挖。开挖前,先根据建筑物_____确定角桩以及建筑物的外围边线,再考虑边坡的坡度和基础施工所需工作面的宽度,测设出基坑的_____并撒出灰线。

2. 基础开挖时的测量工作

高层建筑的基坑一般都很深,需要_____并进行_____支护加固,开挖过程中,除了用水准仪控制开挖深度外,还应经常用经纬仪或拉线检查_____的位置,防止出现坑底边线内收,致使基础位置不够的情况出现。

高层建筑在基坑下需要测设各种各样的轴线和定位线,其方法是基本一样的。先根据地面上各主要轴线的控制桩,用经纬仪向基坑下投测建筑物的_____、_____和_____,经认真校核后,以此为依据放出细部轴线;再根据基础图所示尺寸,放出基础施工中所需的各种_____和_____,例如桩心的交线以及梁、柱、墙的中线和边线等。

3. 基础放线及标高控制

(1)基础放线基坑开挖完成后,有三种情况:

一是直接打垫层,然后做箱形基础或筏板基础,这时要求在垫层上测设_____等。

227

二是在基坑底部打桩或挖孔，做桩基础，这时要求在坑底测设_____的定位线，桩做完后，还要测设桩承台和承重梁的_____。

三是先做桩，然后在桩上做箱形基础或筏板，组成复合基础，这时的测量工作是前两种情况的结合。

 知识链接

测设轴线时，有时为了通视和量距方便，不是测设真正的轴线，而是测设其平行线，这时一定要在现场标注清楚，以免发生错误。另外，一些基础桩、梁、柱、墙的中线不一定与建筑轴线复合，而是偏移某个尺寸，因此要认真按图施测，防止出错。

如果是在垫层上放线，可把有关轴线和边线直接用墨线弹在垫层上，由于基础轴线的位置决定了整个高层建筑的平面位置和尺寸，因此施测时要严格检核，保证精度。如果是在基坑下做桩基，则测设轴线和桩位时，宜在基坑护壁上设立轴线控制桩，既能保留较长时间，也便于施工时用来复核桩位和测设桩顶上的承台和基础梁等。

从地面往下投测轴线时，一般是用经纬仪投测法，由于俯角较大，为了减小误差，每个轴线点均应盘左、盘右各投测一次，然后取中数。

（2）基础标高测设基坑完成后，应及时用水准仪根据地面上的 +0.000 m 水平线，将高程引测到坑底，并在基坑护坡的钢板或混凝土桩上做好标高为负的_____数的标高线。由于基坑较深，引测时可多设几站观测，也可用悬吊钢尺代替水准尺进行观测。在施工过程中，如果是桩基，要控制好各桩的顶面高程；如果是箱基和筏基，则直接将高程标志测设到竖向钢筋和模板上，作为安装模板、绑扎钢筋和浇筑混凝土的标高依据。

➢ **引导3**：随着结构的升高，要将首层轴线逐层往上投测，作为施工的依据。此时建筑物主轴线的投测最为重要，因为它们是各层放线和结构垂直度控制的依据。随着高层建筑物设计高度的增加，施工中对竖向偏差的控制要求就越高，轴线竖向投测的精度和方法就必须与其适应，以保证工程质量。

1. 高层建筑的轴线投测

高层建筑物施工测量中的主要问题是控制垂直度，就是将建筑物的基础轴线准确地向高层引测，并保证各层相应轴线位于同一竖直面内，控制_____偏差，使轴线向上投测的偏差值不超限。

 知识链接

为了保证总的竖向施工误差不超限，层间标高测量偏差和竖向测量偏差均不应超过 ±3 mm，建筑全高（H）测量偏差和竖向偏差 ≤ $3H/10\,000$，且 30 m<H≤60 m 时，建筑全高（H）测量偏差和竖向偏差 ≤ ±10 mm；60 m<H≤90 m 时，建筑全高（H）测量偏差和竖向偏差 ≤ ±15 mm；H>90 m 时，建筑全高（H）测量偏差和竖向偏差 ≤ ±20 mm。

有关规范对于不同结构的高层建筑施工的竖向精度有不同的要求,如表 9-2 所示,H 为建筑总高度。

表 9-2 高层建筑竖向及标高施工偏差限差

结构类型	竖向施工偏差限差/mm		标高偏差限差/mm	
	每层	全高	每层	全高
现浇混凝土	8	$H/1\ 000$(最大 30)	±10	±30
装备式框架	5	$H/1\ 000$(最大 20)	±5	±30
大模板施工	5	$H/1\ 000$(最大 30)	±10	±30
滑模施工	5	$H/1\ 000$(最大 50)	±10	±30

每层楼面建好后,为了保证墙体轴线与基础轴线在同一铅垂面上,应将基础或首层墙面上的轴线投测到楼面上,检查无误后,以此为依据弹出墙体边线,再往上砌筑。

2. 高层建筑物轴线的竖向投测方法

1)外控法

当施工场地比较宽阔时,多使用外控法进行竖向投测,它是在高层建筑物外部,利用经纬仪,根据建筑物轴线控制桩来进行轴线的竖向投测,也称作"_____"。具体操作方法如下:

(1)在建筑物底部投测中心轴线位置。

① 高层建筑的基础工程完工后,将经纬仪安置在轴线控制桩 A_1、A_1'、B_1 和 B_1' 上。

② 把建筑物主轴线精确地投测到建筑物的_____,并设立标志,如图 9-25 中的 a_1、a_1'、b_1 和 b_1',以供下一步施工与向上投测之用。

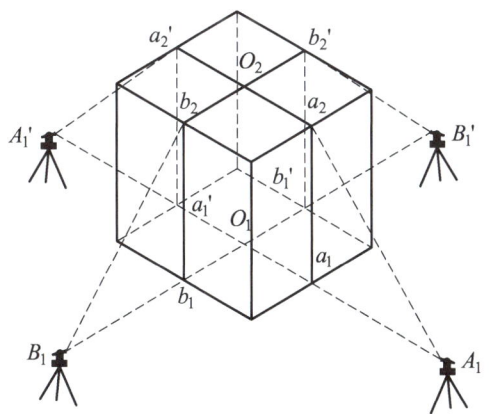

图 9-25 经纬仪投测中心轴线

(2)向上投测中心线。

① 随着建筑物不断升高,要逐层将轴线向上传递,如图 9-25 所示,将经纬仪安置在中心轴线控制桩 A_1、A_1'、B_1 和 B_1' 上。

② 严格整平仪器，用望远镜瞄准建筑物底部已标出的轴线_____、_____、_____和_____点，用盘左和盘右分别向上投测到每层楼板上。

③ 取其_____作为该层中心轴线的投影点，如图 9-25 中的 a_2、a_2'、b_2 和 b_2'。

（3）增设轴线引桩。

当楼房逐渐增高，而轴线控制桩距建筑物又较近时，望远镜的仰角较大，操作不便，投测精度也会降低。为此，要将原中心轴线控制桩引测到更远的安全地方，或者附近大楼的屋面，然后继续往上引测，如图 9-26 所示。

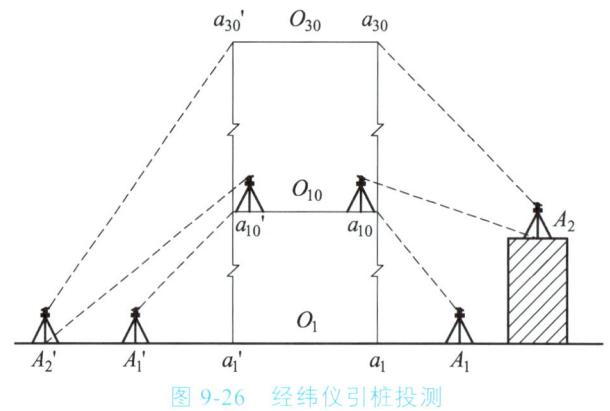

图 9-26　经纬仪引桩投测

① 将经纬仪安置在已经投测上去的较高层（如第十层）楼面轴线 $a_{10}a_{10}'$ 上，如图 9-26 所示，瞄准地面上原有的轴线控制桩 A_1 和 A_1' 点。

② 用盘左、盘右_____法，将轴线延长到远处 A_2 和 A_2' 点，并用标志固定其位置，_____、_____即为新投测的 A_1A_1' 轴控制桩。

③ 更高各层的中心轴线，可将经纬仪安置在新的引桩上，按上述方法继续进行投测。

2）内控法

当周围建筑物密集，施工场地窄小，无法在建筑物以外的轴线处安置经纬仪时，可采用_____法进行竖向投测。内控法是在建筑物内 ±0 平面设置轴线控制点，并预埋标志，以后在各层楼板相应位置上预留 200 mm×200 mm 的传递孔，在轴线控制点上直接采用_____法或_____法，通过预留孔将其点位垂直投测到任一楼层，如图 9-27 所示。

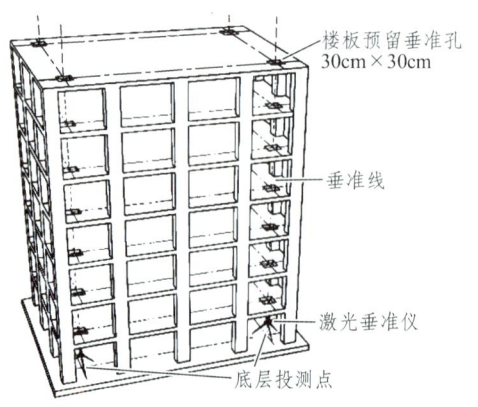

图 9-27　投测孔与激光垂准仪投测

（1）内控法轴线控制点的设置。

在基础施工完毕后，在±0首层平面上适当位置设置与轴线_____的辅助轴线。辅助轴线距轴线500~800 mm为宜，并在辅助轴线交点或端点处埋设标志，如图9-28所示。

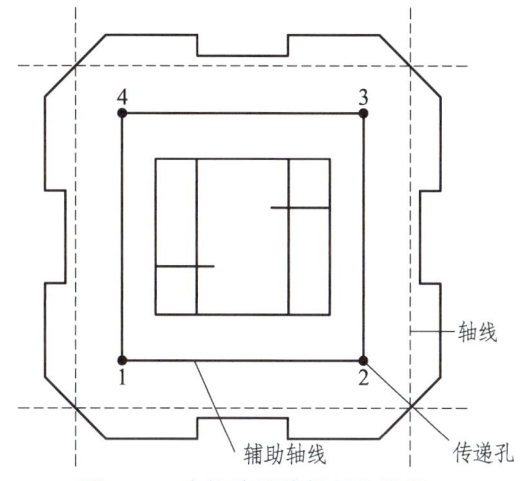

图9-28 内控法轴线控制点的设置

（2）吊线坠法。

吊线坠法是利用钢丝悬挂_____的方法，进行轴线竖向投测。这种方法一般用于高度在50~100 m的高层建筑施工中，锤球的质量为10~20 kg，钢丝的直径为0.5~0.8 mm。投测方法如下：

① 如图9-29所示，在预留孔上面安置十字架，挂上锤球，对准首层预埋标志。

② 当锤球线静止时，固定十字架，并在预留孔四周做出标记，作为以后恢复轴线及放样的依据。

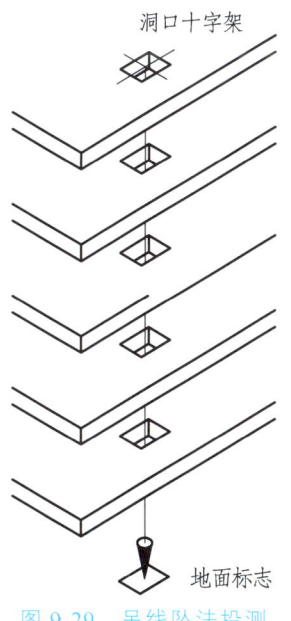

图9-29 吊线坠法投测

③ _____ 即为轴线控制点在该楼面上的投测点。

用吊线坠法实测时,要采取一些必要措施,如用铅直的塑料管套着坠线或将锤球沉浸于油中,以减少摆动。

(3)垂准仪投测法。

垂准仪法就是利用能提供铅直向上(或向下)视线的测量仪器,进行竖向投测。常用的仪器有_____ 和_____ 等。用垂准仪法进行高层建筑的轴线投测,具有占地小、精度高、速度快的优点,在高层建筑施工中用得越来越多。

垂准仪法需要事先在建筑底层设置轴线控制网,建立稳固的轴线标志,在标志上方每层楼板都预留孔洞(大于 30 cm×30 cm),供视线通过。

知识链接

① 垂准经纬仪。如图 9-30(a)所示,该仪器的特点是在望远镜的目镜位置上配有弯曲成 90°的目镜,使仪器铅直指向正上方时,测量员能方便地进行观测。此外该仪器的中轴是空心的,使仪器也能观测正下方的目标。

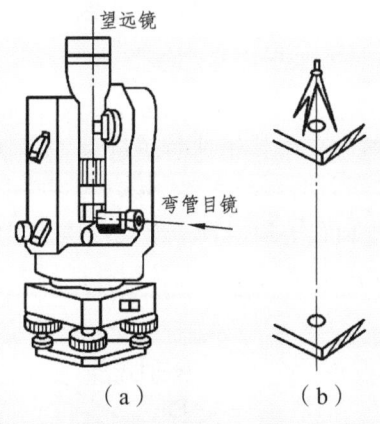

图 9-30 垂准经纬仪

使用时,将仪器安置在首层地面的轴线点标志上,严格对中整平,由弯管目镜观测,当仪器水平转动一周时,若视线一直指向一点上,说明视线方向处于铅直状态,可以向上投测。投测时,视线通过楼板上预留的孔洞,将轴线点投测到施工层楼板的透明板上定点,为了提高投测精度,应将仪器照准部水平旋转一周,在透明板上投测多个点,这些点应构成一个小圆,然后取小圆的中心作为轴线点的位置。同法用盘右再投测一次,取两次的中点作为最后结果。由于投测时仪器安置在施工层下面,因此在施测过程中要注意对仪器和人员的安全采取保护措施,防止落物击伤。

如果把垂准经纬仪安置在浇筑后的施工层上,将望远镜调成铅直向下的状态,视线通过楼板上预留的孔洞,照准首层地面的轴线点标志,也可将下面的轴线点投测到施工层上来,如图 9-30(b)所示。该法较安全,也能保证精度。

该仪器竖向投测方向观测中误差不大于 ±6″,即 100 m 高处投测点位误差为 ±3 mm,相当于约 1/30 000 的铅垂度,能满足高层建筑对竖向的精度要求。

② 激光经纬仪。如图 9-31 所示，它是在望远镜筒上安装一个氦氖激光器，用一组导光系统把望远镜的光学系统联系起来，组成激光发射系统，再配上电源，便成为激光经纬仪。为了测量时观测目标方便，激光束进入发射系统前设有遮光转换开关。遮去发射的激光束，就可在目镜（或通过弯管目镜）处观测目标，而不必关闭电源。

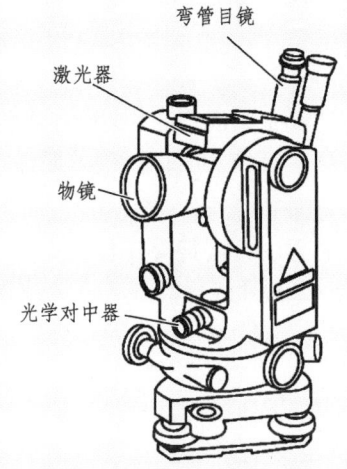

图 9-31 激光经纬仪

激光经纬仪可用于高层建筑轴线竖向投测，其方法与配弯管目镜的经纬仪是一样的，只不过是用可见激光代替人眼观测。投测时，在施工层预留孔中央设置用透明聚酯膜片绘制的接收靶，在地面轴线点处对中整平仪器，启动激光器，调节望远镜调焦螺旋，使投射在接收靶上的激光束光斑最小，再水平旋转仪器，检查接收靶上光斑中心是否始终在同一点，或画出一个很小的圆圈，以保证激光束铅直，然后移动接收靶，使其中心与光斑中心或小圆圈中心重合，将接收靶固定，则靶心即为欲投测的轴线点。

③ 激光垂准仪。如图 9-32 及图 9-27 所示，激光垂准仪主要由氦氖激光器、竖轴、水准管、基座等部分组成，可广泛应用于高层建筑施工、高塔烟囱、电梯、大型机构设备的施工安装以及工程监理和变形观测。

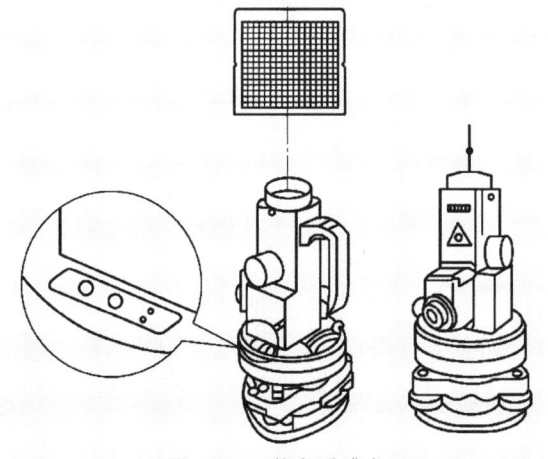

图 9-32 激光垂准仪

> 激光垂准仪通过望远镜可以直接观测到清晰的可视激光，激光垂准仪用于高层建筑轴线竖向投测时，其原理和方法与激光经纬仪基本相同，主要区别在于对中方法。激光经纬仪一般用光学对中器，而激光垂准仪用激光管尾部射出的光束进行对中。

> **引导**4：高程的测量和复测都关系到高层建筑的工程进展和工程质量，因此做好高层建筑的高程传递，一定要根据建筑的实际状况选择正确合理的测量时间、环境、测量仪器和测量方法，多次准确的观测，降低误差。

高层建筑各施工层的标高，都是由底层±0.0标高线传递上来的，以便楼板、门窗口等的标高符合设计要求。高层建筑施工的标高偏差限差如表9-2所示。

1. 全站仪测量法

用全站仪与水准仪相结合的方法可进行高程传递。

① 根据底层高程控制点或+500 mm标高线，把全站仪望远镜水平放置，确定仪器视高。

② 把望远镜安置到铅垂状态，用测距功能将高程传递至高层工作面的接收棱镜。

③ 用水准仪将高程引测至该工作面的其他位置。

2. 钢尺直接测量法

对于高程传递精度要求较高的建筑物，通常用钢尺直接丈量来传递高程。

一般用钢尺沿结构外墙、边柱或楼梯间，由底层+0.000标高线向上竖直量取设计高差，即可得到施工层的_____线。

用这种方法传递高程时，应至少由__处底层标高线向上传递以便于相互校核。

由底层传递到上面同一施工层的几个标高点，必须用水准仪进行校核，检查各标高点是否在_____水平面上，其误差应不超过+3 mm。合格后以其_____为准，作为该层的地面标高。若建筑高度超过一尺段（30 m或50 m），可每隔一个尺段的高度精确测设新的_____线，作为继续向上传递高程的依据。

3. 悬吊钢尺测量法

在外墙或预留孔洞悬吊一把钢尺，分别在地面和楼面上安置水准仪，将标高传递到楼面上，如图9-33所示。用于传递高程的钢尺，应经过检定，量高差时尺身应_____和用规定的_____，并应进行_____改正。

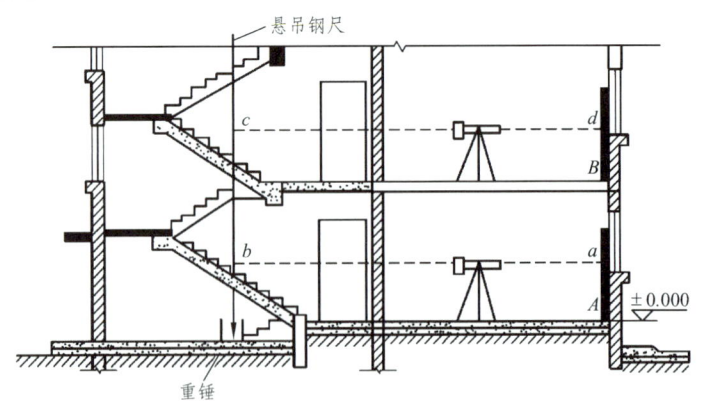

图9-33 悬吊钢尺法传递高程

（二）决策与实施

> **引导** 5：试述高层建筑轴线投测的方法有哪些。

> **引导** 6：在高层建筑施工中，如何控制建筑物的垂直度和传递标高？

（三）检查与评价

> **引导** 7：各小组推荐代表进行高层建筑轴线投测的方法汇报，教师讲评。

> **引导** 8：各小组推荐代表进行高层建筑物的垂直度控制和传递标高方法汇报，教师讲评。

任务三　工业建筑施工测量

任务目标

（1）掌握厂房矩形控制网的测设；
（2）掌握厂房基础施工测量；
（3）掌握厂房构件及设备安装测量。

一、厂房控制网测设

（一）准备与计划

> **引导** 1：工业建筑主要以厂房为主，而工业厂房多为排柱式建筑，跨距和间距大，隔墙少，平面布置简单，而且其施工测量精度又明显高于民用建筑。工业建筑施工测量除做好与民用建筑施工测量相同的准备工作之外，还需做好哪些工作？

1. 制订厂房矩形控制网的测设方案及计算测设数据

工业建筑厂房测设的精度要求_____于民用建筑，而厂区原有控制点的密度和精度又不能满足厂房测设的要求，因此，对于每个厂房还应在原有控制网的基础上，根据厂房的规模大小建立满足精度要求的独立_____控制网，作为厂房施工测量的基本控制。

对于一般中、小型厂房，可测设一个单一的厂房矩形控制网，即在基础的开挖边线以外，测设一个与厂房轴线_____可满足测设的需要。如图 9-34 所示，E、F、G 等为建筑_____，厂房外廓各轴线交点的坐标为设计值，R、S、P、Q 为布置在厂房基坑开挖范围以外的厂房_____的四个交点。对于大型厂房或设备基础复杂的厂房，为保证厂房各部分精度一致，需先测设一条主轴线，然后以此主轴线测设出矩形控制网。在确定主轴线点及矩形控制网位置时，要考虑到控制点能长期保存，应避开地上和地下管线。距离指标桩即沿厂房控制网各边每隔若干柱间距埋设一个控制桩，故其间距一般为厂房柱距的倍数，但不要超过所用钢尺的整尺长。

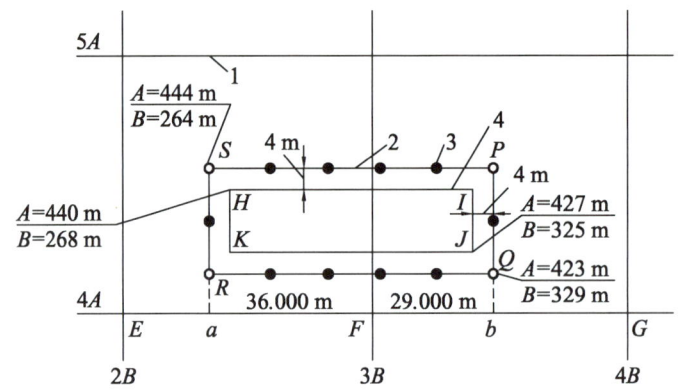

1—建筑方格网；2—厂房矩形控制网；3—距离指标桩；4—厂房轴线。

图 9-34　矩形控制网

厂房矩形控制网的测设方案，通常是根据厂区的总平面图、厂区控制网、厂房施工图和现场地形情况等资料来制订的。其主要内容为：确定主轴线位置、矩形控制网位置、距离指标桩的点位、测设方法和精度要求。

2. 绘制测设略图

根据厂区的总平面图、厂区控制图、厂房施工图等资料，按一定比例绘制测设略图，如图 9-34 所示，为测设工作做好准备。

▶ **引导** 2：厂房有单层和多层、装配式和现浇整体式之分。单层工业厂房以装配式为主，采用预制的钢筋混凝土柱、吊车梁、屋架、大型屋面板等构件，在施工现场进行安装。为保证厂房构件就位的正确性，施工测量中应进行以下几个方面的工作：厂房矩形控制网的测设，厂房柱列轴线放样；杯形基础施工测量，厂房构件及设备安装测量等。其定位一般是根据现场建筑基线或建筑方格网，采用由主轴线控制桩组成的矩形方格网作为厂房的基本控制网。

1. 中小型厂房矩形控制网的测设

如图 9-34 所示，H、I、J、K 四点是厂房的房角点，从设计图中已知 H、J 两点的坐标。S、P、Q、R 为布置在基础开挖边线以外的厂房矩形控制网的四个角点，称为_____。厂房矩形控制网的边线到厂房轴线的距离为 4 m，厂房控制桩 S、P、Q、R 的坐标，可按厂房角点的设计坐标，加减 4 m（或 6 m）算得。根据矩形控制网的四个角点的施工坐标和地面建筑方格网，利用直角坐标法即可将控制网的四个角点在地面上直接标定出来。

（1）轴线控制网：如图 9-34 所示，各轴线桩都钉在轴线交点上，挖槽时会被挖掉，所以要把轴线桩引测到基槽开挖边线以外，称为_____。这个引桩称为_____，也称为保险桩。

（2）矩形控制桩：把各轴线控制连接起来称为_____。矩形控制网的形式根据建筑物的规模而定，一般工程布设_____控制网就能满足要求，较复杂的工程应布设_____形控制网。矩形控制网的一般形式如图 9-34 所示。

> **知识链接**
>
> 设置控制桩时应注意以下问题：
> ① 设在距基槽开挖边线以外 1～15 m 处，至轴线交点的距离应为 1 m 的倍数。
> ② 采用机械挖方或爆破施工时，距离要加大。
> ③ 桩位要选在易于保存，不影响施工，避开地下、地上管道及道路，便于丈量和观测的地方。

2. 大型厂房矩形控制网的测设

对于大型或设备基础复杂的厂房，可选其相互垂直的两条主轴线测设矩形控制网的四个角点，即布设_____控制网，用测设建筑方格网主轴线同样的方法将其测设出来，然后再根据这两条主轴线测设矩形控制网的四个角点，如图 9-35 所示。控制网的技术要求见表 9-3。

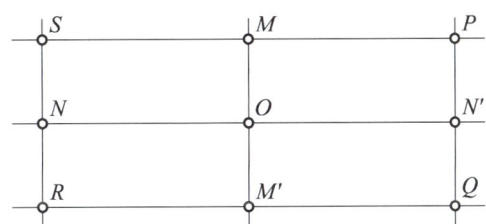

图 9-35　大型厂房控制网测设

表 9-3　控制网的技术要求

矩形网类型	厂房类型	主轴线、矩形边长精度	矩形角允许误差	角度闭合差
单一矩形网	中小型厂房或系统工程	1∶10 000～1∶25 000	15′	60″
田字形网	大型厂房或系统工程	1∶30 000	7′	28″

（二）决策与实施

➤ **引导 3**：在工业建筑的定位放线中，现场已有建筑方格网做控制，为何还要测设矩形控制网？

➤ **引导** 4：以小组为单位，根据图 9-34 进行厂房控制网测设，并讨论厂房控制点测设检查哪些内容。

（1）计算测设数据。

根据厂房控制桩 S、P、Q、R 的坐标，计算利用_____法进行测设时，所需测设数据、计算结果标注在图 9-34 中。

（2）厂房控制点的测设。

① 从 F 点起沿 FE 方向量取____，定出 a 点；沿 FG 方向量取____m，定出 b 点。

② 在 a 与 b 上安置经纬仪，分别瞄准 E 与 F 点，顺时针方向测设 90°，得两条视线方向，沿视线方向量取____m，定出 R、Q 点。再向前量取____m，定出 S、P 点。

（3）为了便于进行细部的测设，在测设厂房矩形控制网的同时，还应沿控制网测设距离指标桩，如图 9-34 所示，距离指标桩的间距一般等于柱子间距的_____。

（4）检查。

① 检查∠S、∠P 是否等于_____°，其误差不得超过 ±10″。

② 检查 SP 是否等于_____长度，其误差不得超过 1/10 000。

（三）检查与评价

➤ **引导** 5：各小组推荐代表进行厂房控制网测设实训汇报，教师讲评。

二、厂房柱列轴线与柱基施工测量

（一）准备与计划

➤ **引导** 1：厂房柱列轴线的测设与柱基施工测量如何进行？

1. 厂房柱列轴线测设

如图 9-36 所示为某厂房的平面示意图，A、B、C 轴线及 1、2、3…等轴线分别是厂房的_____，又称定位轴线。____轴线的距离表示厂房的跨度，____轴线的距离表示厂房的柱距。在进行柱基测设时，应注意定位轴线不一定是柱的中心线，一个厂房的柱基类型很多，尺寸不一，放样时应特别注意。

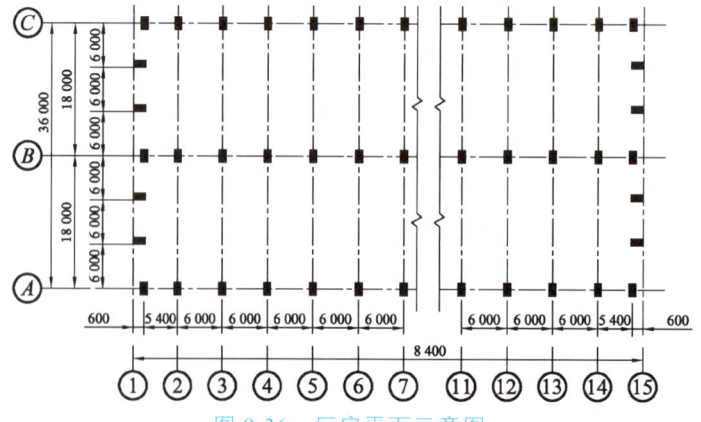

图 9-36　厂房平面示意图

在厂房控制网建立以后，即可按柱列间距和跨距用钢尺从靠近的距离指标桩量起，沿矩形控制网各边定出各_____的位置，并在桩顶上钉入小钉，作为桩基放线和构建安置的依据，如图 9-37 所示。

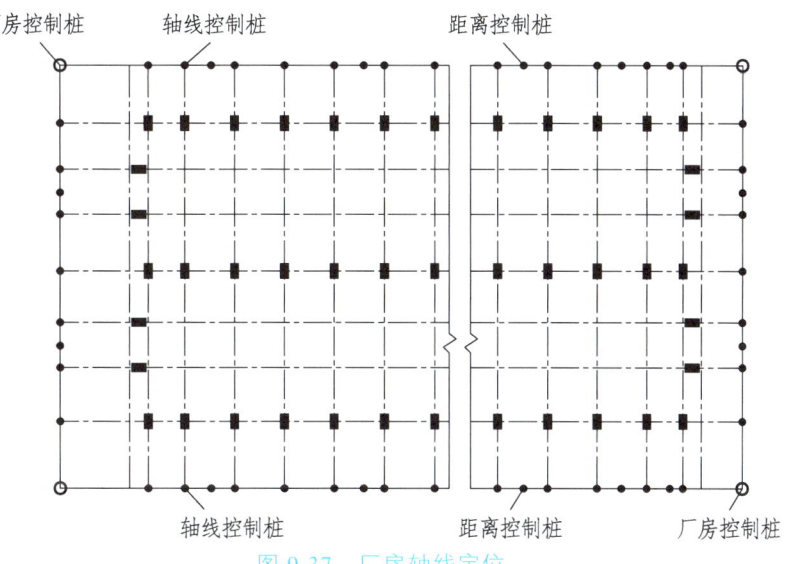

图 9-37　厂房轴线定位

2．柱基施工测量

柱基的测设应以_____为基线，按基础施工图中基础与柱列轴线的关系尺寸进行。现以图 9-38 所示 C 轴与⑤轴交点处的基础详图为例，说明柱基的测设方法。

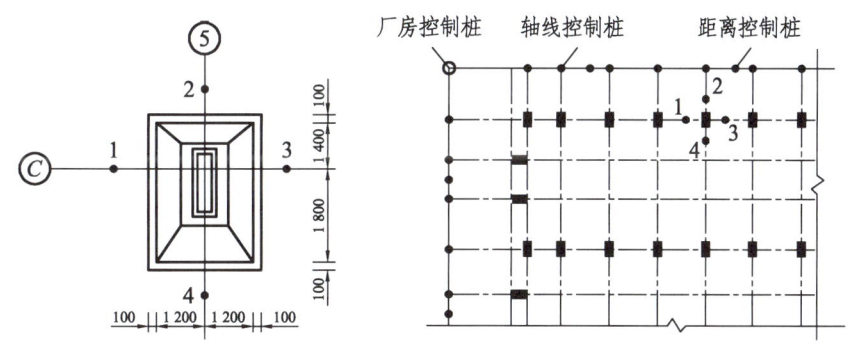

图 9-38　柱基测设示意图

① 将两台经纬仪分别安置在 C 轴与⑤轴一端的轴线控制桩上，瞄准各自轴线另一端的轴线控制桩，交会定出轴线交点（注意：该点不一定是基础中心点），此项工作称为_____。

② 沿轴线在基础开挖边线以外 1~2 m 处的轴线上打入四个小木桩 1、2、3、4，并在桩上用小钉标明位置。木桩应钉在基础开挖线以外一定位置，留有一定空间以便修坑和立模。

③ 根据基础详图的尺寸和放坡宽度，量出基坑开挖的边线，并撒上石灰线，此项工作称为_____。

④ 在进行柱基测设时，应注意柱列轴线不一定都是柱基的中心线，而一般立模、吊装等习惯用中心线，此时，应将柱列轴线平移，定出柱基中心线。

知识链接

（1）基坑开挖深度的控制：当基坑挖到一定深度时，应在基坑四壁，离基坑底设计标高 0.5 m 处，测设水平桩，作为检查基坑底标高和控制垫层的依据。

（2）杯形基础立模测量。

杯形基础立模测量有以下三项工作：

① 基础垫层打好后，根据基坑周边定位小木桩，用拉线吊锤球的方法，把柱基定位线投测到垫层上，弹出墨线，用红漆画出标记，作为柱基立模板和布置基础钢筋的依据。

② 立模时，将模板底线对准垫层上的定位线，并用锤球检查模板是否垂直。

③ 将柱基顶面设计标高测设在模板内壁，作为浇灌混凝土的高度依据。

（二）决策与实施

> **引导** 2：试述桩基的放样方法。

> **引导** 3：在进行厂房柱基测设时，柱列轴线是否必须是柱基的中心线？

（三）检查与评价

> **引导** 4：试述厂房柱列轴线的测设及柱基础定位放线方法。

三、厂房预制构件安装测量

（一）准备与计划

> **引导** 1：在装配式工业厂房中，先预制柱、吊车梁、屋架等构件，后在施工现场进行安装。构件安装就位的准确度将直接影响厂房的使用，严重时甚至导致厂房倒塌。在所有预制构件的安装过程中，预制柱的安装就位是关键，应引起足够重视。

1）柱子安装应满足的基本要求

（1）柱子中心线应与相应的_____一致，其允许偏差为 ±5 mm。

（2）牛腿顶面和柱顶面的实际标高应与_____标高一致，其允许误差为 ±（5～8 mm），柱高大于 5 m 时为 ±8 mm。

（3）柱身垂直允许误差：当柱高≤5 m时，为±5 mm；当柱高在5~10 m之间时，为±10 mm；当柱高超过10 m时，则为柱高的1/1 000，但不得大于20 mm。

2）柱子安装前的准备工作

柱的安装就位及校正，是利用柱身的中心线标高线和相应的基础顶面中心定位线、基础内侧标高线进行对位来实现的。故在柱就位前须做好柱身_____校正。

（1）在柱基顶面投测柱列轴线。

柱基拆模后，用经纬仪根据_____，将柱列轴线投测到杯口顶面上，如图9-39所示，并弹出墨线，用红漆画出"▶"标志，作为安装柱子时确定轴线的依据。如果柱列轴线不通过柱子的中心线，应在杯形基础顶面上加弹柱中心线。

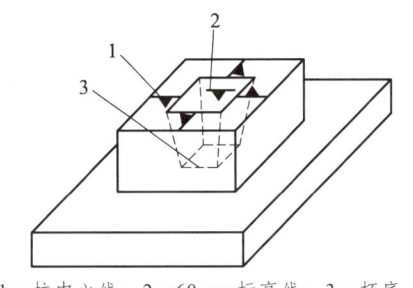

1—柱中心线；2—60 cm标高线；3—杯底。

图9-39　杯形基础

用水准仪在杯口内壁，测设一条一般为_____m的标高线（一般杯口顶面的标高为-0.500 m），并画出"▼"标志，如图9-39所示，作为杯底_____的依据。

（2）柱身弹线。

柱子安装前，应将每根柱子按_____进行编号。如图9-40所示，在每根柱子的三个侧面弹出柱_____线，并在每条线的上端和下端近杯口处画出"▶"标志。根据牛腿面的设计标高，从牛腿面向下用钢尺量出_____m的标高线，并画出"▼"标志，以便及时校正。

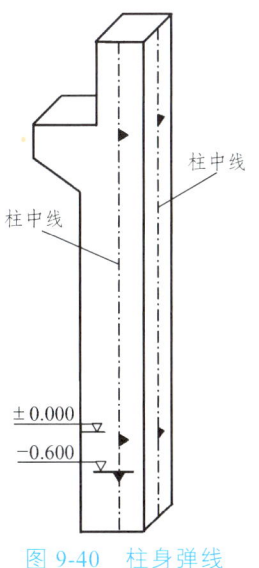

图9-40　柱身弹线

（3）杯底找平。

先量出柱子的 – 0.600 m 标高线至柱_____的长度，再在相应的柱基杯口内，量出 – 0.600 m 标高线至_____的高度，并进行比较，以确定杯底_____，根据找平厚度，用水泥沙浆在杯底进行找平，使牛腿面符合设计高程。

3）柱子的安装测量

柱子安装测量的目的是保证柱子平面和高程符合设计要求，柱身铅直。

（1）预制的钢筋混凝土柱子插入杯口后，应使柱子三面的中心线与杯口中心线_____，如图 9-41（a）所示，用木楔或钢楔临时固定。

（2）柱子立稳后，立即用水准仪检测柱身上的_____m 标高线，其容许误差为 ±3 mm。

（3）如图 9-41（a）所示，用两台经纬仪，分别安置在_____上，离柱子的距离不小于柱高的 1.5 倍，先用望远镜瞄准柱底的中心线标志，固定照准部后，再缓慢抬高望远镜，观察柱子偏离十字丝竖丝的方向，指挥用钢丝绳拉直柱子，直至从两台经纬仪中观测到的柱子中心线都与十字丝竖丝_____为止。

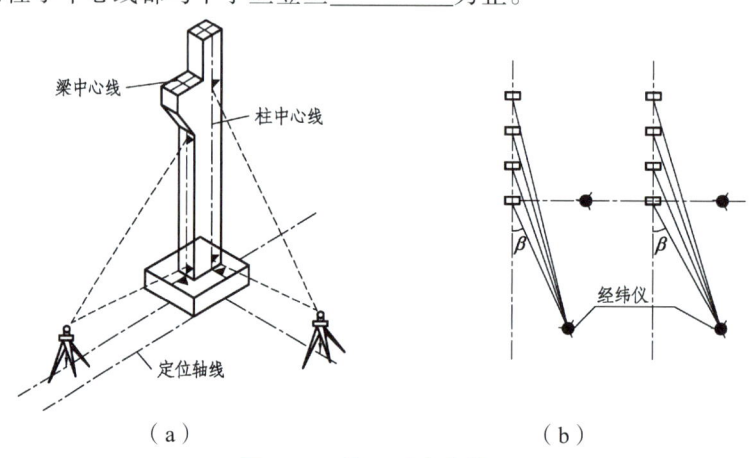

图 9-41　柱子垂直度校正

（4）在杯口与柱子的缝隙中浇入混凝土，以固定柱子的位置。

（5）在实际安装时，一般是一次把许多柱子都竖起来，然后进行垂直校正。这时，可把两台经纬仪分别安置在纵横轴线的一侧，一次可校正几根柱子，如图 9-41（b）所示，但仪器偏离轴线的角度，应在 15° 以内。

 知识链接

柱子安装测量的注意事项：

① 所使用的经纬仪必须严格校正，操作时，应使照准部水准管气泡严格居中。

② 校正时，除注意柱子垂直外，还应随时检查柱中心线是否对准杯口柱列轴线标志，以防柱子安装就位后产生水平位移。

③ 在校正变截面的柱子时，经纬仪必须安置在柱列轴线上，以免产生差错。

④ 在日照下校正柱子的垂直度时，应考虑日照使柱顶向阴面弯曲的影响，为避免此种影响，宜在早晨或阴天校正。

> **引导**2：吊车梁安装时，测量工作的任务是使柱子牛腿上的吊车梁的平面位置、顶面标高及梁端中心线的垂直度都符合要求。屋架安装测量的主要任务同样是使其平面位置及垂直度符合要求。

1. 吊车梁安装测量

1）吊车梁安装前的准备工作

（1）在柱面上量出吊车梁顶面标高：根据柱子上的 ±0.000 m 标高线，用钢尺沿柱面向上量出_____，作为调整吊车梁面标高的依据。

（2）在吊车梁上弹出梁的中心线：如图 9-42 所示，在吊车梁的顶面和两端面上，用墨线弹出梁的中心线，作为安装定位的依据。

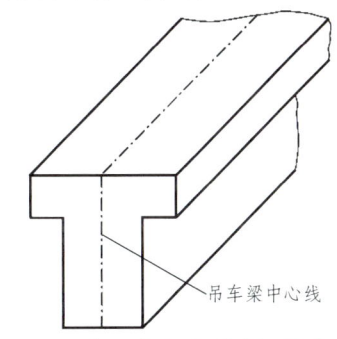

图 9-42　在吊车梁上弹出梁的中心线

（3）在牛腿面上弹出梁的中心线：根据厂房中心线，在牛腿面上投测出吊车梁的中心线，投测方法如下：

① 如图 9-43（a）所示，利用厂房中心线 A_1A_1，根据设计轨道间距，在地面上测设出吊车梁中心线（也是吊车轨道中心线）_____和_____。

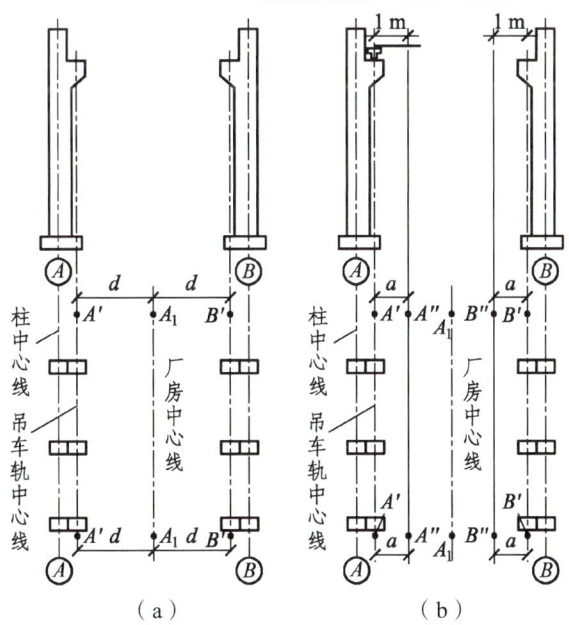

图 9-43　吊车梁的安装测量

② 在吊车梁中心线的一个端点 A'（或 B'）上安置经纬仪，瞄准另一个端点 A'（或 B'），固定照准部，抬高望远镜，即可将_____投测到每根柱子的牛腿面上，并用墨线弹出梁的中心线。

2）吊车梁的安装测量

安装时，吊车梁两端的梁中心线与牛腿面梁中心线重合，使吊车梁初步定位。采用_____法，对吊车梁的中心线进行检测，校正方法如下：

（1）如图 9-43（b）所示，在地面上，从吊车梁中心线向厂房中心线方向量出长度 a（1 m），得到平行线_____和_____。

（2）在平行线一端点 A''（或 B''）上安置经纬仪，瞄准另一端点 A''（或 B''），固定照准部，抬高望远镜进行测量。

（3）此时，另外一人在梁上移动横放的木尺，当视线正对准尺上一米刻划线时，尺的_____应与梁面上的中心线重合。如不重合，可用撬杠移动吊车梁，使吊车梁中心线到 $A''A''$（或 $B''B''$）的间距等于 1 m 为止。

吊车梁安装就位后，先按柱面上定出的吊车梁设计标高线对吊车梁面进行调整，然后将水准仪安置在吊车梁上，每隔_____m 测一点高程，并与_____比较，误差应在 3 mm 以内。

2. 屋架安装测量

1）屋架安装前的准备工作

屋架吊装前，用经纬仪或其他方法在柱顶面上测设出_____。在屋架两端弹出屋架中心线，以便进行定位。

2）屋架的安装测量

屋架吊装就位时，应使屋架的中心线与柱顶面上的定位轴线_____，允许误差为 5 mm。屋架的垂直度可用锤球或经纬仪进行检查。用经纬仪检校方法如下：

（1）如图 9-44 所示，在屋架上安装三把卡尺，一把卡尺安装在_____附近，另外两把分别安装在屋架的_____。自屋架几何中心沿卡尺向外量出一定距离，一般为 500 mm，做出标志。

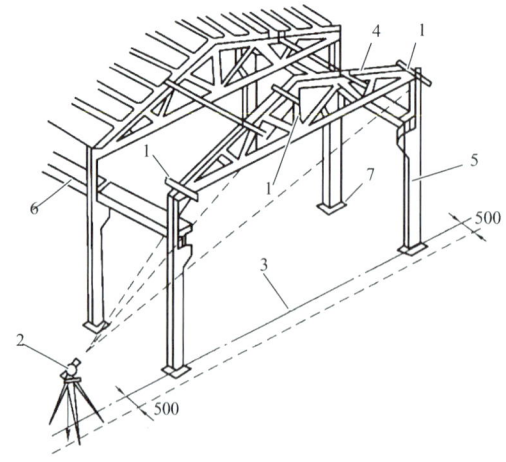

1—卡尺；2—经纬仪；3—定位轴线；4—屋架；5—柱；6—吊车梁；7—柱基。

图 9-44 屋架的安装测量

（2）在地面上，距屋架中线同样距离处安置经纬仪，观测三把卡尺的标志是否在同一_____面内，如果屋架竖向偏差较大，则用机具校正，最后将屋架固定。垂直度允许偏差为：薄腹梁为 5 mm；桁架为屋架高的 1/250。

（二）决策与实施

> 引导 3：如何进行柱子吊装的竖直校正工作？应注意哪些具体要求？

> 引导 4：试述吊车梁的吊装测量工作。吊车梁吊装后，有哪些检验项目？

> 引导 5：工业建筑施工测量包括哪些主要工作？与民用建筑施工测量相比有什么区别？

（三）检查与评价

> 引导 6：各小组推荐代表，比较民用建筑施工测量与工业厂房施工测量在内容、要求、方法等方面的异同点，教师点评。

任务四　建筑物变形监测

任务目标

（1）了解建筑物变形观测的工作内容及程序；
（2）掌握常规变形观测的测量方法；
（3）熟悉竣工总平面图的绘制。

一、建筑物的沉降观测

（一）准备与计划

建筑物沉降观测

> 引导 1：随着城市化进程的不断推进，建筑日益增多，建筑施工安全性得到了越来越高的重视。沉降观测是确保建筑物整体结构稳定性的重要手段，如果建筑物局部发生不均匀沉降，会导致某点需要承受的应力过大，建筑结构容易发生变形，严重时甚至会导致建筑物发生倾斜，严重影响施工人员以及建筑使用者的生命安全。

1. 沉降观测方法

测定建筑物上一些点的高程随时间而变化的工作称为_____。建筑物沉降观测是用_____方法，周期性地观测建筑物上的_____点和_____点之间的高差变化值。

2. 水准点的布设

_____是沉降观测的基准，其形式和埋设要求及观测方法均与三、四等水准测量相同。水准点高程应从建筑区永久水准点引测。因此，水准基点的布设应满足以下要求：

（1）要有足够的稳定性：水准基点必须设置在沉降影响范围以_____，要离开道路、管道最少 5 m 以上；冰冻地区水准基点应埋设在冰冻线以下 0.5 m。

（2）要具备检核条件：为了保证水准基点高程的正确性，水准基点最少应布设____个，以便相互检核。

（3）要满足一定的观测精度：水准基点和观测点之间的距离应适中，相距太远会影响观测精度，一般应在 100 m 范围内。

3. 沉降观测点的布设

沉降观测点是固定在拟观测建（构）筑物上的测量标志。设置沉降观测点，应能够反映建（构）筑物_____部位，标志应稳固、明显，结构合理，不影响建（构）筑物的美观和使用，点位应避开障碍物，便于观测和长期保存。

> **知识链接**
>
> 沉降观测点的布设应满足以下要求：
>
> （1）沉降观测点的位置：沉降观测点应布设在能全面反映建筑物沉降情况的部位，如建筑物四角、沉降缝两侧、荷载有变化的部位、大型设备基础、柱子基础和地质条件变化处。
>
> （2）沉降观测点的数量：一般沉降观测点是均匀布置的，它们之间的距离一般为 10～20 m。

4. 沉降观测

1）观测周期

观测的_____和_____，应根据工程的性质、施工进度、地基地质情况及基础荷载的变化情况而定。

> **知识链接**
>
> （1）当埋设的沉降观测点稳固后，在建筑物主体开工前，进行第一次观测。
>
> （2）主体施工过程中，荷重增加前后（如基础浇灌、回填土、安装柱子、房架、砖墙每砌筑一层楼、设备安装及运转等）均应进行观测。
>
> （3）在建（构）筑物主体施工过程中，一般每盖 1～2 层观测一次。如中途停工时间较长，应在停工时和复工时进行观测。

（4）当发生大量沉降或严重裂缝时，应立即或几天一次连续观测。

（5）建筑物封顶或竣工后，一般每月观测一次，如果沉降速度减缓，可改为2~3个月观测一次，直至沉降量半年内不超过1mm时，普遍认为沉降区域稳定，观测才可停止。

2）观测方法

沉降观测的观测方法视沉降观测点的精度要求而定，观测的方法有：_____、_____、_____等水准测量，液体静力水准测量，微水准测量，三角高程测量等。其中最常用的是_____方法。

观测时先___视水准基点，接着依次_____视各沉降观测点，最后再次后视该水准基点，两次后视读数之差不应超过±1mm。另外，沉降观测的水准路线（从一个水准基点到另一个水准基点）应为_____水准路线。为了保证水准测量的精度，每次观测前，对所使用的仪器和设备应进行检验校正。观测时视线长度一般不得超过____m，前、后视距离要尽量_____，视线高度应不低于_____m。

沉降观测的各项记录，必须注明观测时的_____和_____。

3）精度要求

沉降观测的精度应根据建筑物的性质而定。

（1）多层建筑物的沉降观测，可采用 DS$_3$ 水准仪，用_____水准测量的方法进行，其水准路线的闭合差不应超过 ±2.0$\sqrt{n}$ mm（n 测站数）。

（2）高层建筑物的沉降观测，则应采用 DS$_1$ 精密水准仪，用_____水准测量的方法进行，其水准路线的闭合差不应超过 ±1.0$\sqrt{n}$ mm（n 测站数）。

4）工作要求

沉降观测是一项长期、连续的工作，为了保证观测成果的正确性，应尽可能做到四定：即固定_____，使用固定的_____和_____，使用固定的_____，按固定的_____进行。

> **引导2**：沉降观测资料应及时整理和妥善保存，作为该工程技术档案的一部分。

1. 整理原始记录

每次观测结束后，应检查记录的数据和计算是否正确，精度是否合格，然后，调整_____，推算出各沉降观测点的_____，填入表9-4中。

表9-4 建（构）筑物沉降记录

观测日期	荷载/(t/m^2)	观测点								
		1			2			3		
		高程/m	本次沉降/mm	累积沉降/mm	高程/m	本次沉降/mm	累积沉降/mm	高程/m	本次沉降/mm	累积沉降/mm
2019.3.15	0	21.067	0	0	21.083	0	0	21.091	0	0
4.1	4.0	21.064	3	3	21.081	2	2	21.089	2	2
4.15	6.0	21.061	3	6	21.079	2	4	21.087	2	4

续表

观测日期	荷载/(t/m²)	观测点								
		1			2			3		
		高程/m	本次沉降/mm	累积沉降/mm	高程/m	本次沉降/mm	累积沉降/mm	高程/m	本次沉降/mm	累积沉降/mm
5.10	8.0	21.060	1	7	21.076	3	7	21.084	3	7
6.5	10.0	21.059	1	8	21.075	1	8	21.082	2	9
7.5	12.0	21.058	1	9	21.072	3	11	21.080	2	11
8.5	12.0	21.057	1	10	21.070	2	13	21.078	2	13
10.5	12.0	21.056	1	11	21.069	1	14	21.078	0	13
12.5	12.0	21.055	1	12	21.068	1	15	21.076	2	15
2020.2.5	12.0	21.055	0	12	21.067	1	16	21.076	0	15
4.5	12.0	21.054	1	13	21.066	1	17	21.075	1	16
6.5	12.0	21.054	0	13	21.066	0	17	21.074	1	17

2. 计算沉降量

（1）计算各沉降观测点的本次沉降量。

沉降观测点的本次沉降量 = _____ − _____ 。

（2）计算累积沉降量。

累积沉降量 = _____ + _____ 。

将计算出的沉降观测点_____、_____和_____、_____等记入"沉降观测表"中。

3. 绘制沉降曲线

为了更清楚地表示出_____、_____和_____三者之间的关系，可画出各观测点的荷载、时间、沉降量关系曲线图，如图 9-45 所示为沉降曲线图，沉降曲线分为两部分，即_____曲线和_____曲线。

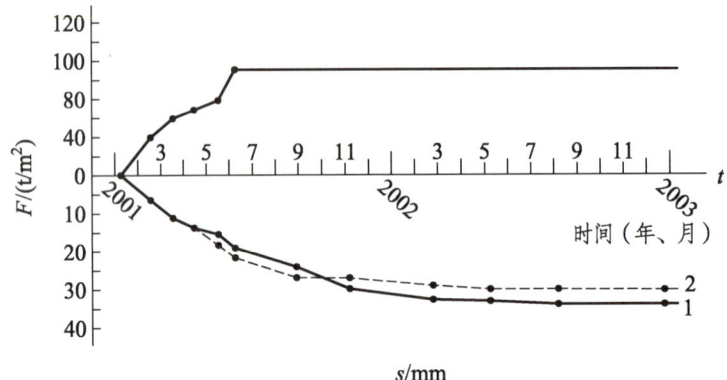

图 9-45　沉降曲线

（1）绘制时间与沉降量关系曲线。

① 以_____为纵轴，以_____为横轴，组成直角坐标系。

② 以_____为纵坐标，以_____为横坐标，标出沉降观测点的位置。

③ 用曲线将标出的各点连接起来，并在曲线的一端注明_____，这样就绘制出了时间与沉降量关系曲线，如图 9-45 所示。

（2）绘制时间与荷载关系曲线。

① 以_____为纵轴，以_____为横轴，组成直角坐标系。

② 根据每次观测时间和相应的荷载标出各点，将各点连接起来，即可绘制出时间与荷载关系曲线，如图 9-45 所示。

（二）决策与实施

> **引导 3**：为什么要进行沉降观测？沉降观测有何特点？沉降观测的注意事项有哪些？

> **引导 4**：以小组为单位，选取校园某栋教学楼，讨论并编写建筑物沉降观测方案。

> **引导 5**：以小组为单位，选取校园某栋教学楼，进行建筑物沉降观测并整理观测成果。

> **引导 6**：某多层住宅楼进行主体沉降观测，共布设 6 个沉降观测点，观测精度需满足三等变形观测要求，观测时采用两次仪器高法观测，测量基准点相对高程为 10.000 00 m。某日，测量人员对该住宅楼进行了一次沉降观测，观测路线为环线闭合，观测成果如表 9-5 所示。试计算本次观测各变形观测点的相对高程，并判断观测闭合差是否满足测量精度要求。

表 9-5　沉降观测成果

测站		1		2		3		4	
测点		BM_O	A	A	B	B	C	C	D
水准尺读数	后视（左尺）	99.576		117.270		109.100		117.578	
	后视（右尺）	101.129		118.835		110.654		119.131	
	前视（左尺）		103.999		113.514		113.235		111.845
	前视（右尺）		105.558		115.072		114.790		113.411
水准尺读数	后视（左尺）	109.322		111.290		120.415			
	后视（右尺）	110.875		112.848		121.960			
	前视（左尺）		92.240		116.770		132.915		
	前视（右尺）		93.788		118.338		134.468		

（三）检查与评价

➢ **引导7**：请各小组推举一名同学，讲解本组的建筑物沉降观测方案。

➢ **引导8**：小组之间互查，检查对方小组沉降观测是否超限差，小组之间完成互评。

建筑物倾斜、裂缝观测

二、建筑物的倾斜观测

（一）准备与计划

➢ **引导1**：建筑物因地基基础不均匀下沉或其他原因，往往会产生倾斜。为了分析因建筑物的倾斜而影响其稳定性，应进行建筑物的倾斜观测。

1. 倾斜观测

用测量仪器来测定建筑物的＿＿＿＿＿和＿＿＿＿＿倾斜变化的工作，称为倾斜观测。

建筑物主体的倾斜观测，应测定建筑物顶部观测点相对于底部观测点的＿＿＿＿＿＿＿＿，再根据建筑物的＿＿＿＿＿＿，计算建筑物主体的倾斜度。

一般用＿＿＿＿＿＿来衡量建筑物的倾斜程度，如图 9-46 所示。

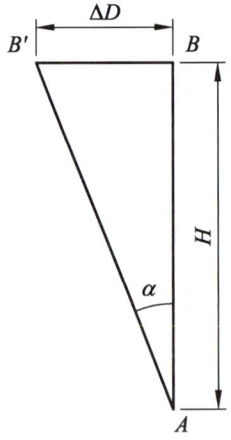

图 9-46　倾斜率

$$i = \tan\alpha = \frac{\Delta D}{H}$$

式中　i——建筑物主体的倾斜度；

ΔD——建筑物顶部观测点相对于底部观测点的偏移值（m）；

H——建筑物的高度（m）；

α——倾斜角（°）。

由上式可知，倾斜测量主要是测定建筑物主体的_____。偏移值 ΔD 的测定一般采用经纬仪投影法。

2. 一般建筑物主体的倾斜观测

① 先在欲观测的墙面顶部设置一标志点 M，如图 9-47 所示。

② 置经纬仪于距墙面约 1.5 倍墙高处，瞄准观测点 M，用_____法向下投点得 N 点，做好标志；用同样的方法，在与 X 墙面垂直的 Y 墙面上定出上观测点 P 和下观测点 Q。M、N 和 P、Q 即为所设观测标志。

③ 隔一定时间后再次观测，在原固定测站上，用经纬仪照准 M 点和 P 点后，向下投点得 N′ 点和 Q′ 点，如果 N 与 N′、Q 与 Q′ 不重合，说明建筑物_____。

④ 用钢尺量出在 X、Y 墙面的偏移值 ΔA、ΔB，然后用矢量相加的方法，计算出该建筑物的总偏移值 ΔD，即 $\Delta D = \sqrt{\Delta A^2 + \Delta B^2}$，根据总偏移值 ΔD 和建筑物的高度 H，用倾斜度公式即可计算出其倾斜度 i = _____。

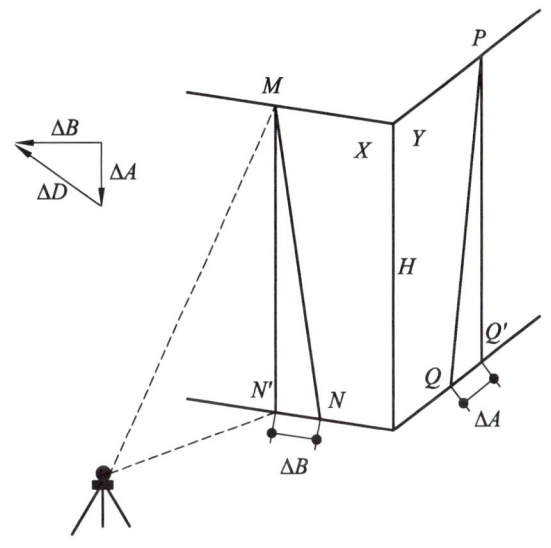

图 9-47　一般建筑物的倾斜观测

3. 圆形建（构）筑物主体的倾斜观测

对圆形建（构）筑物的倾斜观测，是在互相垂直的两个方向上，测定其顶部中心对底部中心的_____值。具体观测方法如下：

（1）如图 9-48 所示，在烟囱底部横放一根标尺，在标尺中垂线方向上，安置经纬仪，经纬仪到烟囱的距离为烟囱高度的 1.5 倍。

（2）用望远镜将烟囱顶部边缘两点 A、A′ 及底部边缘两点 B、B′ 分别投到标尺上，得读数为 y_1、y_1' 及 y_2、y_2'，如图 9-48 所示。烟囱顶部中心 O 对底部中心 O′ 在 y 方向上的偏移值 Δy 为：

$$\Delta y = \frac{y_1 + y_1'}{2} - \frac{y_2 + y_2'}{2}$$

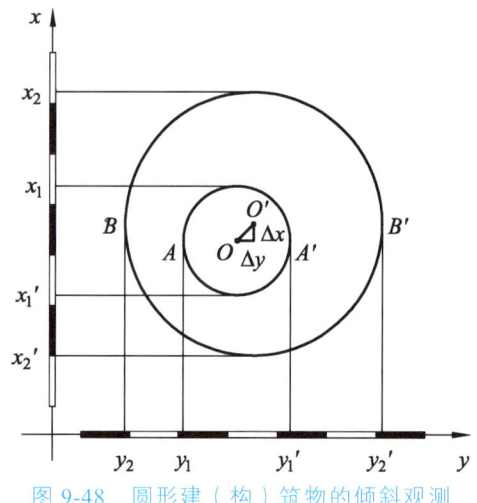

图 9-48　圆形建（构）筑物的倾斜观测

（3）用同样的方法，可测得在 x 方向上，顶部中心 O 的偏移值 Δx 为：

$$\Delta x = \frac{x_1 + x_1'}{2} - \frac{x_2 + x_2'}{2}$$

（4）用矢量相加的方法，计算出顶部中心 O 对底部中心 O' 的总偏移值 ΔD，即：

$$\Delta D = \sqrt{\Delta x^2 + \Delta y^2}$$

根据总偏移值 ΔD 和圆形建（构）筑物的高度 H，用倾斜度公式即可计算出其倾斜度 i。

另外，也可采用激光铅垂仪或悬吊锤球的方法，直接测定建（构）筑物的倾斜量。

4. 建筑物基础倾斜观测

建筑物的基础倾斜观测一般采用精密水准测量的方法，定期测出基础两端点的_____ _____ Δh，如图 9-49 所示，再根据两点间的距离 L，即可计算出基础的倾斜度 i = _____。

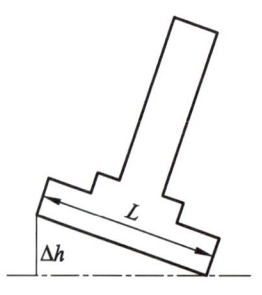

图 9-49　基础倾斜观测

对整体刚度较好的建筑物的倾斜观测，也可采用基础沉降量差值，推算主体偏移值。如图 9-50 所示，用精密水准测量测定建筑物基础两端点的_____ Δh，再根据建筑物的 _____ L 和_____ H，推算出该建筑物主体的偏移值 ΔD：

$$\Delta D = \frac{\Delta h}{L} H$$

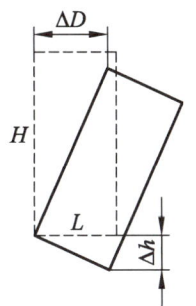

图 9-50 基础倾斜观测

这种方法适用于建筑物本身刚性强,发生倾斜时自身结构仍然完整,且沉降资料可靠的建筑物。

(二)决策与实施

> **引导** 2:所有的建筑物是否都进行建筑物倾斜观测?

> **引导** 3:各小组总结建筑物倾斜测量的方法和流程。

(三)检查与评价

> **引导** 4:各小组推荐代表进行本组建筑物倾斜测量的方法和流程汇报,教师点评。

三、建筑物的裂缝观测和位移观测

(一)准备与计划

> **引导** 1:测定建筑物上裂缝发展情况的观测工作称为裂缝观测。建筑物产生裂缝往往与不均匀沉降有关,因此,进行裂缝观测的同时,一般需要进行建筑物的沉降观测,以便进行综合分析和及时采取相应的措施。

常用的裂缝观测方法有_____和_____。

1)石膏板标志

用厚 10 mm、宽 50~80 mm 的石膏板(长度视裂缝大小而定),固定在_____。当裂缝继续发展时,石膏板也随之开裂,从而观察裂缝继续发展的情况。

2)白铁皮标志

(1)如图 9-51 所示,用两块白铁皮,一片取 150 mm × 150 mm 的正方形,固定在_____。

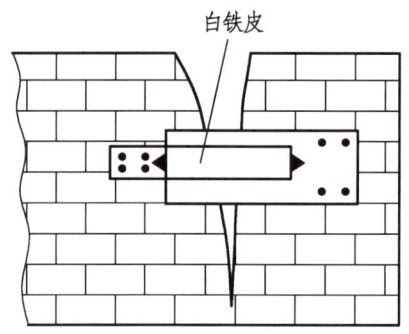

图 9-51 建筑物的裂缝观测

（2）另一片为 50 mm×200 mm 的矩形，固定在裂缝的另一侧，使两块白铁皮的边缘相互平行，并使其中的一部分重叠。

（3）在两块白铁皮的表面，涂上红色油漆。

（4）如果裂缝继续发展，两块白铁皮将逐渐拉开，露出正方形，原被覆盖没有油漆的部分，其宽度即为裂缝加大的宽度，可用尺子量出。

3）金属棒标志

如图 9-52 所示，将长约 100 mm、直径约 10 mm 的钢筋头插入墙体，并使其露出墙外约 20 mm，用水泥砂浆填灌牢固。两钢筋头标志间距离不得小于 150 mm。待水泥砂浆凝固后，用游标卡尺量出两金属棒之间的距离，并记录下来。以后如裂缝继续发展，则金属棒的间距就不断加大。定期测量两棒的间距并进行比较，即可掌握裂缝的发展情况。

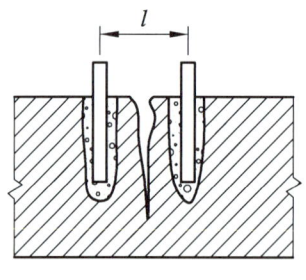

图 9-52 金属棒标志

裂缝观测结果常与其他数据相结合，可供探讨建筑物变形的原因、变形的发展趋势和判断建筑物的安全等。

➤ **引导**2：建筑物位移观测是工程施工中的一个重要环节，可对异常变形情况进行分析和预报。

根据平面控制点测定建筑物的_____位置随时间而移动的大小及方向，称为位移观测。位移观测首先要在建筑物附近埋设测量控制点，再在建筑物上设置位移观测点，如图 9-53 所示。

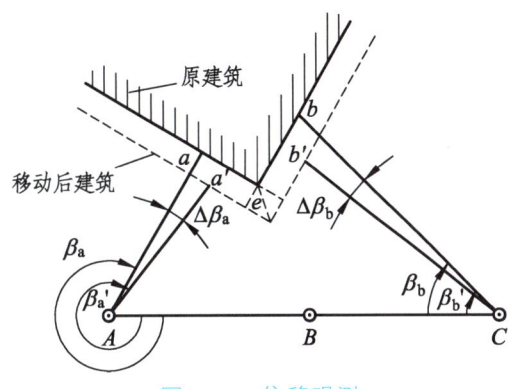

图 9-53 位移观测

知识链接

欲对建筑物进行位移观测时,可在建筑物底部埋设观测标志点 a、b;在地面上建立控制点 A、B、C,使其成为一直线。定期测定各观测标志,即可掌握建筑物随时间产生位移量的情况。观测时,将经纬仪分别安置在 A、C 点上,测得控制点与观测点的夹角分别为 β_a 和 β_b,若一段时间后建筑物随时间变化产生水平位移 aa' 和 bb',则再次测得控制点与观测点的夹角分别为 β_a' 和 β_b',其两次夹角之差值为 $\Delta\beta_a = \beta_a - \beta_a'$ 及 $\Delta\beta_b = \beta_b - \beta_b'$,则建筑物的纵横方向位移量按下式计算:

$$aa' = Aa\frac{\Delta\beta_a}{\rho''}$$

$$bb' = Cb\frac{\Delta\beta_b}{\rho''}$$

建筑物的总位移量为:

$$e = \sqrt{(aa')^2 + (bb')^2}$$

(二)决策与实施

> **引导** 3:建筑物位移观测对高层建筑物基础施工是否有影响?

> **引导** 4:以小组为单位,选取校园某栋宿舍楼,讨论并编写建筑物裂缝观测方案。

> **引导** 5:建筑物位移观测要点有哪些?

> **引导** 6:建筑物变形观测的主要项目有哪些?

(三)检查与评价

➢ **引导** 7:请各小组推举一名同学,讲解本组的建筑物裂缝观测方案。

➢ **引导** 8:有哪些原因可能会引起建筑物裂缝观测和位移观测误差,我们如何避免其误差的产生?

任务五　竣工测量

 任务目标

(1)了解建筑物竣工测量的工作内容及程序;
(2)掌握数据处理方法;
(3)掌握竣工总平面图的绘制。

(一)准备与计划

➢ **引导** 1:竣工测量又是一项贯穿于施工测量全过程的基础性工作,工程建筑物的高程、平面位置、几何尺寸以及建筑物的几何形态、高度、坡度、平整度等均将在竣工测量工作内容中显示,应该说竣工测量的内容和成果在一定程度上显示了工程施工的质量。

1. 竣工测量的形式

建(构)筑物竣工验收时进行的测量工作,称为_____。在每一个单项工程完成后,必须由施工单位进行竣工测量,并提出该工程的竣工测量成果,作为编绘_____的依据。

竣工测量可分为_____的竣工测量和_____的竣工测量。前者包括各工序完成后的检查验收测量和各单项工程完成后的竣工验收测量,其直接关系到下一工序的进行,应与施工测量相互配合;后者则是整个工程全部完成后所进行的全面性的竣工验收测量,是在前者的基础上完成的,其包括全部资料的整理,并建立竣工档案。

2. 竣工测量的目的

一是为了检查工程施工单位的_____;

二是为今后的扩建、改建及管理维护提供_____;

三是为工程验收提供_____。

> **知识链接**

1. 竣工测量的内容

（1）工业厂房及一般建筑物。测定各房角坐标、几何尺寸，各种管线进出口的位置和高程，室内地坪及房角标高，并附注房屋结构层数、面积和竣工时间。

（2）地下管线。测定检修井、转折点、起终点的坐标，井盖、井底、沟槽和管顶等的高程，附注管道及检修井的编号、名称、管径、管材、间距、坡度和流向。

（3）架空管线。测定转折点、结点、交叉点和支点的坐标，支架间距、基础面标高等。

（4）交通线路。测定线路起终点、转折点和交叉点的坐标，路面、人行道、绿化带界线等。

（5）特种构筑物。测定沉淀池的外形和四角坐标、圆形构筑物的中心坐标、基础面标高、构筑物的高度或深度等。

2. 竣工测量的方法与特点

竣工测量的基本测量方法与地形测量相似，区别在于以下几点：

（1）图根控制点的密度。一般竣工测量图根控制点的密度要大于地形测量图根控制点的密度。

（2）碎部点的实测。地形测量一般采用视距测量的方法，测定碎部点的平面位置和高程。而竣工测量一般采用经纬仪测角、钢尺量距的极坐标法测定碎部点的平面位置，采用水准仪或经纬仪视线水平测定碎部点的高程，也可用全站仪进行测绘。

（3）测量精度。竣工测量的测量精度要高于地形测量的测量精度。地形测量的测量精度要求满足图解精度，而竣工测量的测量精度一般要满足解析精度，应精确至厘米。

（4）测绘内容。竣工测量的内容比地形测量的内容更丰富。竣工测量不仅测地面的地物和地貌，还要测地下各种隐蔽工程，如上、下水及热力管线等。

➤ **引导**2：竣工总平面图是设计总平面图在施工结束后实际情况的全面反映。设计总平面图与竣工总平面图一般不会完全一致，如在施工过程中可能由于设计时没有考虑到的问题而使设计有所变更，这种临时变更设计的情况必须通过测量反映到竣工总平面图上。因此，施工结束后应及时编绘竣工总平面图，以便于日后进行各种设施的维修工作，特别是地下管道等隐蔽工程的检查和维修工作。竣工图的测绘既是对建筑物竣工成果和质量的验收测量，又为企业的扩建提供了原有各项建筑物、地上和地下各种管线及测量控制点的坐标和高程等资料。

1. 竣工总平面图的编绘方法

（1）_____。建筑物竣工总平面图的比例尺一般为 1/500 或 1/1 000。

（2）_____。编制竣工总平面图，首先要在图纸上精确地绘出坐标方格网。坐标方格网画好后，应进行检查。用直尺检查有关的交叉点是否在同一直线上；

同时用比例尺量出正方形的边长和对角线长,视其是否与应有的长度相等。图廓对角线绘制容许误差为±1 mm。

（3）_____。以图纸上绘出的坐标方格网为依据,将施工控制点按坐标值展绘在图纸上。展点对所临近的方格而言,其容许误差为±0.3 mm。

（4）_____。根据坐标方格网,将设计总平面图的图面内容按其设计坐标,用铅笔展绘于图纸上,作为底图。

（5）_____。对凡按设计坐标进行定位的工程,应以测量定位资料为依据,按设计坐标(或相对尺寸)和标高展绘。对原设计进行变更的工程,应根据设计变更资料展绘。对凡有竣工测量资料的工程,若竣工测量成果与设计值之比差,不超过所规定的定位容许误差时,按设计值展绘;否则,按竣工测量资料展绘。

> **知识链接**
>
> 对于各种地上、地下管线,应用各种不同颜色的墨线绘出其中心位置,注明转折点及检查井位置的坐标、高程及有关注记。在一般没有设计变更的情况下,墨线绘的竣工位置与按设计原图用铅笔绘的设计位置应该重合。随着施工的进展,逐渐在底图上将铅笔线都绘成墨线,在图上按坐标展绘工程竣工位置时,与在图纸上展绘控制点的要求一样,均以坐标方格网为依据进行展绘,展点对临近的方格而言,其容许误差为＋0.3 mm。
>
> 另外,建筑物的竣工位置应到实地去测量,如根据控制点采用极坐标法或直角坐标法实测其坐标。外业实测时,必须在现场绘出草图,最后根据实测成果和草图,在室内进行展绘,就成为完整的竣工总平面图。

2. 竣工总平面图的整饰

（1）竣工总平面图的符号应与_____图的符号一致。有关地形图的图例应使用国家地形图图示符号。

（2）对于厂房应使用黑色墨线,绘出该工程的竣工位置,并应在图上注明_____、_____、_____及有关说明。

（3）对于各种地上、地下管线,应用各种不同颜色的墨线,绘出其中心位置,并应在图上注明_____及_____、_____及有关说明。

（4）对于没有进行设计变更的工程,用墨线绘出的竣工位置,与按设计原图用铅笔绘出的设计位置应重合,但其坐标及高程数据与设计值比较可能稍有出入。随着工程的进展,逐渐在底图上将铅笔线都绘成墨线。

> **知识链接**
>
> 编绘竣工总平面图的依据包括:
> （1）设计总平面图,单位工程平面图,纵、横断面图,施工图及施工说明。
> （2）施工放样成果、施工检查成果及竣工测量成果。
> （3）更改设计的图纸、数据、资料,包括设计变更通知单。

竣工总平面图的绘制内容包括：

（1）现场保存的测量控制点和建筑方格网、主轴线、矩形控制网等平面及高程控制。

（2）地面建筑及地下建筑的平面位置、屋角坐标、楼层、底层及室外标高。

（3）室外给水、排水、电力、通信及热力管线等位置，与建筑物的关系、编号、标高、坡度、管径、流向及管材等。

（4）铁路、公路等交通线路，桥涵等构筑物的位置及标高。

（5）沉淀池、污水处理池、烟囱、水塔等及其附属构筑物的位置及标高。

（6）室外场地、绿化环境工程的位置及高程。

为了全面反映竣工成果，便于管理、维修和日后的扩建或改建，下列与竣工总平面图有关的一切资料，应分类装订成册，作为竣工总平面图的附件保存。

（1）建筑场地及其附近的测量控制点布置图及坐标与高程一览表。

（2）建筑物或构筑物沉降及变形观测资料。

（3）地下管线竣工纵断面图。

（4）工程定位、检查及竣工测量的资料。

（5）设计变更文件、建设场地原始地形图等。

（二）决策与实施

> **引导**3：在编绘竣工总平面图时，哪些情况必须现场实测？

> **引导**4：简述竣工图与地形图的区别。

> **引导**5：竣工图与施工设计图在哪些方面是一致的？

> **引导**6：编绘竣工图应收集哪些资料？

> **引导**7：以小组为单位，以校园1~6号宿舍楼为实训地点，进行建筑物竣工测量，并编制竣工图。

（三）检查与评价

➢ **引导**8：请各小组推举一名同学，汇报本组的建筑物竣工测量成果。

附表 1

学习情况反馈表

学习任务					
班级		小组编号		负责人	
开始时间		计划完成时间		实际完成时间	
序号	学习记录				备注
	学习项目		任务内容		
1	工作页的填写				
2	独立完成的任务				
3	小组合作完成的任务				
4	教师指导下完成的任务				
5	是否达到了学习目标,能否独立完成工程测量学习任务				
存在的问题及建议					

附表 2

建筑物定位放线

1. 实训方案
2. 测量数据及计算过程
3. 实训过程中存在的问题及自评

学生签名	教师签名

附表 3

建筑物沉降观测记录

测点编号	第 1 次 年 月 日			第 2 次 年 月 日			第 3 次 年 月 日			第 4 次 年 月 日		
	标高/m	沉降量/mm 本次	累积	标高/m	沉降量/mm 本次	累积	标高/m	沉降量/mm 本次	累积	标高/m	沉降量/mm 本次	累积
仪器型号												
观测者												

项目十 道路与桥梁测量

项目十		道路与桥梁测量	建议学时	10
任务描述				
对于路桥工程的建设而言,勘测是设计的基础,只有对路桥建设情况进行全面了解才能着手相关的设计,因此道路与桥梁测量对路桥建设而言至关重要。在道路与桥梁的建设过程中,将测量工作落实到位,是保证施工质量以及施工安全的重要举措。 本项目的任务是:掌握道路施工测量的工作任务、操作程序、数据采集、测设及工作总结等各个环节的知识。能够组织实施道路施工测量工作,为将来从事道路施工工作打下基础。能精确地测出桥墩台的中心位置,并在施工过程中进行桥梁各个部位的定位与放样				
学习目标				
完成本学习项目工作任务后,学生应当能够: 1. 掌握路线交点及转点的设置方法; 2. 掌握圆曲线的计算及测设方法; 3. 掌握路线纵横断面测绘; 4. 理解桥梁施工控制测量、桥梁墩台放样方法				
提交材料				
1. 每个任务的测量记录、计算表等; 2. 学习情况反馈表(附表1); 3. 分项训练评价表(附表2、附表3)				
学业评价形式及标准				
每位学生独立完成学习内容和工作任务,以百分制分数对个人单独评价				
序号	考核要求	分数	评分标准	得分
1	遵守纪律,能按时独立完成工作任务	20	在该情境安排的学时结束时没完成工作任务的,每延迟2学时扣5分,直至扣完为止,延迟超过1天本单项成绩评0分	
2	道路中线测量	20	正确20分;基本正确18分;有缺陷14分;不正确0分	
3	道路圆曲线测设	20	正确20分;基本正确18分;有缺陷14分;不正确0分	
4	道路纵、横断面测量	20	正确20分;基本正确18分;有缺陷14分;不正确0分	
5	道路纵、横断面绘制	20	正确20分;基本正确18分;有缺陷14分;不正确0分	
合计				

任务一 道路测量

任务目标

（1）掌握道路工程施工测量工作的主要内容；
（2）掌握路线交点及转点的设置方法；
（3）掌握圆曲线的计算及测设方法；
（4）掌握道路纵、横断面图的绘制。

一、中线测量

（一）准备与计划

▶ **引导** 1：图 10-1 为某高速公路第四施工合同段景观图（节选），起于 K19+800，终于 K26+600，全长 2.8 km。路基宽度整体是 33.5 m，设计速度 100 km/h，设计载荷：公路-I 级。

图 10-1　I 级高速公路景观设计图

该施工段包括直线、缓和曲线、圆曲线等线型，如图 10-2 所示。其中起点从 K19+800～K19+927.289 为直线，长度为 127.289 m；K19+927.289～K22+142.614 是由圆曲线和缓和曲线组成的基本线形，长度为 2 215.325 m，曲线为左偏，偏角为 38°47′01″；K22+142.614～K22+202.252 为直线，长度为 63.638 m；K22+202.252～K24+942.780 是由圆曲线和缓和曲线组成的基本线形，长度为 2 740.527 m，曲线为右偏，偏角为 26°08′51″；K24+942.780～K24+942.802 为直线，长度为 0.022 m；K24+942.802～K26+440.455 是由圆曲线组成，曲线为左偏，偏角为 15°33′36″，长度为 1 493.653 m；K26+440.455～K26+600.000 为直线段，长度为 195.545 m。直线、曲线及转角见表 10-1。

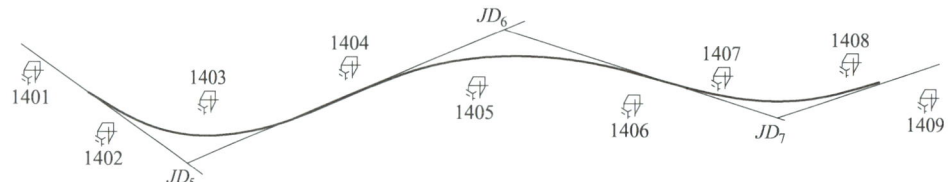

图 10-2 线路平面图

表 10-1 直线、曲线及转角

点号	交点桩号	交点坐标		转向角 /(°′″)	曲线要素数值/m				方位角 /(°′″)
		X 坐标	Y 坐标		R	l_0	T	L	
5	K21+073.394	1 367.654	3 299.325	38 47 01 (Z)	2 800	320	1 146.105	2 215.325	71 26 35
6	K23+596.509	2 195.096	5 764.145	26 08 51 (Y)	4 800	550	1 390.256	2 740.527	
7	K25+698.253	1 912.193	7 887.092	15 33 36 (Z)	5 500	0	751.450	1 493.653	97 35 26

1. 道路中线测量的主要内容

道路中线测量是通过_____和_____的测设，将图纸上设计好的道路中心线用木桩具体地标定在现场上，并测定路线的实际里程。

中线测量工作主要包括：测设中线上各_____（JD）和_____（ZD）、量距和钉桩、测量交点上的偏角、测设_____和_____的主点（直圆 ZY、曲中 QZ、圆直 YZ、圆缓 YH、缓圆 HY）和细部点等，如图 10-3 所示。

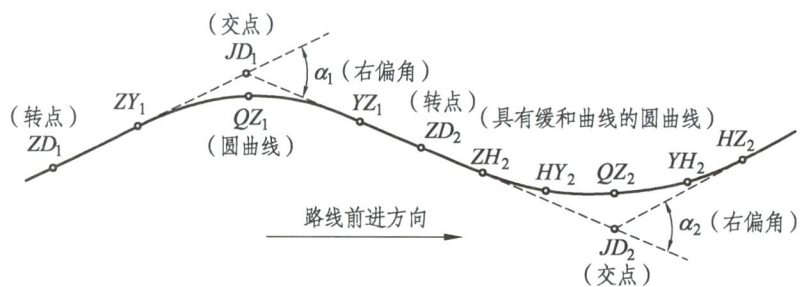

ZY—直线和圆曲线连接点；QZ—圆曲线的中点；YZ—圆曲线和直线连接点；
YH—圆曲线和缓和曲线连接点；HY—缓和曲线和圆曲线连接点。

图 10-3 线路中线

2. 路线交点测设

路线的相邻直线段的相交之点称为_____，用 JD 表示，是详细测设道路中线的控制点。在初测的带状地形图上进行纸上定线，设计交点的位置，然后实地测设。

1）根据与地物的关系测设交点

如图 10-4 所示，交点 JD_{10} 的位置已在地形图上选定，图上交点附近有房屋、电杆等地物，可先在图上量出 JD_{10} 至_____和_____的距离，然后在现场找到相应的地物，经复核无误后，用卷尺按_____法测设出该交点。这种方法适合于定位精度要求不太高的场合，而且要求交点周围有定位特征明显的地物作为参照。

266

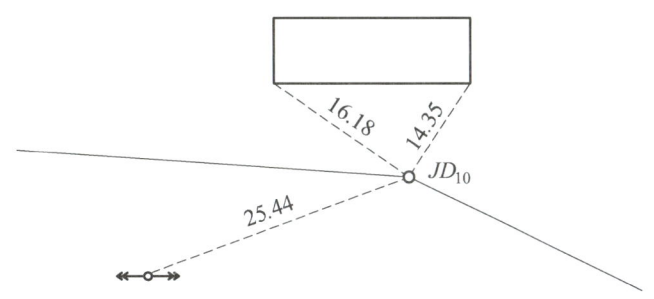

图 10-4　根据与地物的关系测设交点

2）根据导线点测设交点

路线工程的平面控制点一般用导线的形式布设，经导线测量和计算后，导线上各控制点的坐标已知，可根据控制点坐标和交点设计坐标，按_____法测设交点。一般来说，交点设计坐标可在设计图纸上查到，如果没有，可在标有交点的地形图上量取。

如图 10-5 所示，T_4、T_5 为导线点，JD_{12} 为交点，与 T_4 点通视。可先计算 T_4 点至 JD_{12} 的_____、T_4 点至 T_5 点的_____和 T_4 点至 JD_{12} 的_____，然后在 T_4 点上设站按极坐标法测设 JD_{12}。

根据平面控制点测设交点时，一般采用电子全站仪施测，可达到很高的定位精度，且方便灵活，工作效率高，是现代路线工程中测设交点的主要方法。

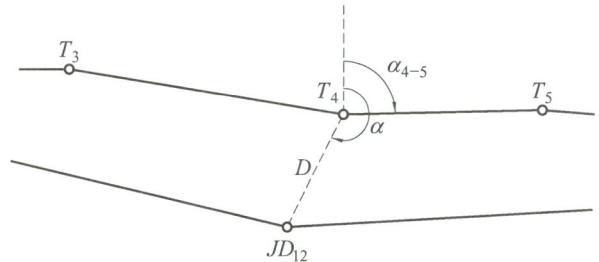

图 10-5　根据导线点测设交点

3）穿线法测设路线交点

测设的转点不严格在一条直线上，用目估法或经纬仪视准法定出一条直线，使尽可能靠近这些测设点，这一工作称为_____，如图 10-6 所示。当线路主点不能直接测出，且定测中线离初测导线不远时，常采用此方法。

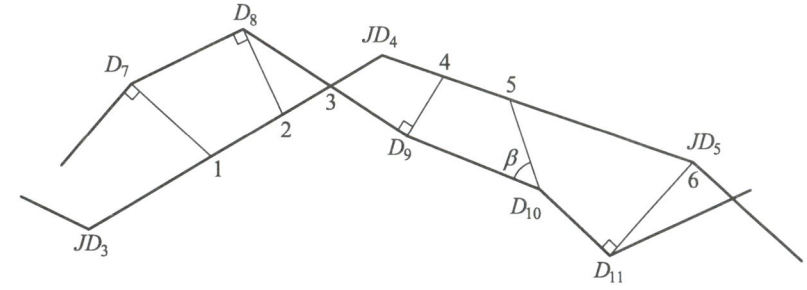

图 10-6　放点穿线法

（1）放点。

可采用_____法（垂直于导线边的距离）、_____法或_____法。

（2）穿线。

定出一条尽可能多地穿过或靠近直线上点（如 P_1、P_2、P_3 点）的直线 AB，如图 10-7 所示。

图 10-7　穿线法测设路线交点

（3）定交点。

如图 10-8 所示，路线的相邻直线段（AB、CD）用穿线法定出后，可用_____法测设交点（JD）。

① 将经纬仪安置于 B 点，瞄准 A 点，制动照准部，倒转望远镜成前视状态。

② 在视线方向上，在接近交点 JD 的概略位置前、后打下两个桩，俗称_____。采用延长直线的"_____法"在该两桩上定出 a、b 两点，并钉以小钉，拉上细线连接 a、b 两点。

③ 将经纬仪搬至____点，照准后视 D 点，同法在交点概略位置前、后打下两个骑马桩，定出 c、d 两点，拉上细线。

④ 在两条细线相交处打下木桩，并钉以小钉，得到交点 JD。

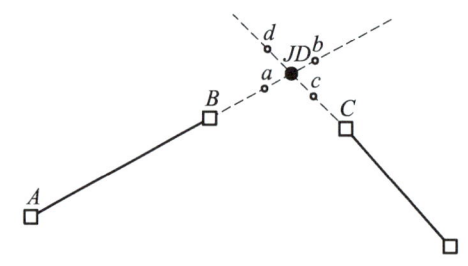

图 10-8　穿线法

3. 路线转点测设

_____是指当相邻两交点过长或互不通视时，需要在其连线测设一些供放线、交点、测角、量距时照准所用的点。每隔 200～300 m 设一转点，以便在交点测量转折角和直线量距时作为照准和定线的目标。

（1）两交点间测设转点。

当两交点间距离较远，但尚能通视或已有转点需要加密时，则可以用经纬仪_____定线或经纬仪_____法测设转点。

知识链接

① 如图 10-9 所示，在 JD_5、JD_6 的大致中间位置 ZD′架设仪器，瞄准 JD_5，望

远镜转 180°定出 JD_6'。

② 测量出 a、b 距离和 JD_6' 到 JD_6 的距离 f。

③ 利用公式计算 e 值，实地量取 e，得 ZD 点。

$$e = \frac{a}{a+b} \cdot f$$

④ 在新定的 ZD 点架仪器，检查三点是否在一直线上。重复以上步骤直到满足要求。

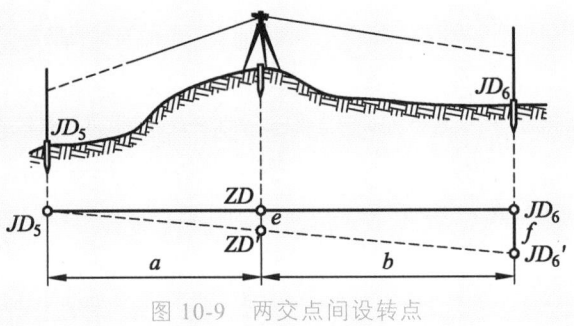

图 10-9　两交点间设转点

（2）延长线上测设转点。

当相邻两交点互不通视时，可采用下列方法测设转点。

① 如图 10-10 所示，在 JD_8、JD_9 延长线上初定转点 ZD'。

② 在 ZD' 上安置经纬仪，用正倒镜照准 JD_8，固紧水平制动螺旋俯视 JD_9，两次取中得到中点 JD_9'。若 JD_9 与 JD_9' 重合或偏差值 f 在容许范围内，即可将 JD_9' 作为转点，否则应重设转点。

③ 用视距法定出 a、b，则 ZD' 应横向移动的距离 e 可按下式计算，将 ZD 按 e 值移至 ZD'。重复上述方法，直至符合要求为止。

$$e = \frac{a}{a-b} \cdot f$$

图 10-10　延长线上设转点

4. 路线转折角的测定

（1）路线右角的观测。

在路线的交点上，应根据交点前、后的转点测定路线的转折角。通常测定路线前进方向的右角β，用 DJ_2 或 DJ_6 级经纬仪观测一个测回。

（2）转角的计算。

按β角计算出路线交点处的偏角，当$\beta<180°$时，为_____（路线向右转折）；当$\beta>180°$时，为_____（路线向左转折），如图 10-11 所示。转角的计算公式为：

$$\varDelta_R = 180° - \beta$$

$$\varDelta_L = \beta - 180°$$

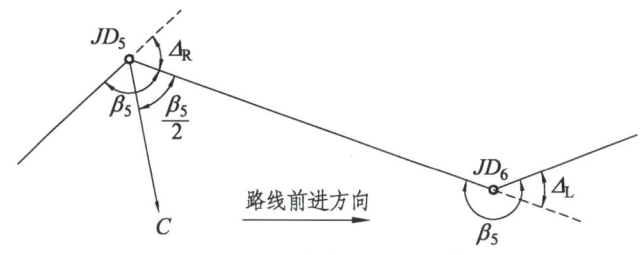

图 10-11　路线转折角测定

（3）角分线方向测定。

由于测设平曲线的需要，测角组要同时在路线设置曲线的一侧把角分线的方向标定出来。

知识链接

①在右角测定后，如图 10-12 所示，仪器处于盘右瞄准前视 ZD 的状态，设此时水平度盘的读数为 R，则角分线方向值 c（即瞄准角分线方向时水平度盘读数）应为：$c = R + \dfrac{\beta}{2}$。

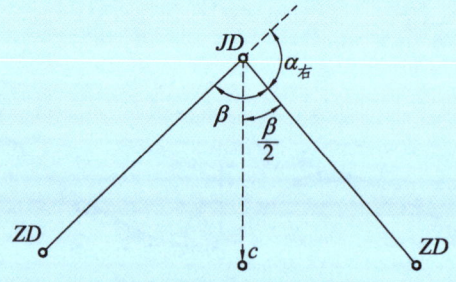

图 10-12　角分线方向标定

②转动仪器的照准部，在读数窗找到 $\left(R + \dfrac{\beta}{2}\right)$ 这一读数，此时望远镜方向即为角分线方向，在此方向上钉桩即标定角分线方向。

③ 对于左转角，应将 $R+\dfrac{\beta}{2}$ 的计算值加上 180°即为角分线的方向值，也可采用 $R+\dfrac{\beta}{2}$ 计算值，再纵转望远镜，在设置曲线一侧定出角分线方向。

5. 里程桩的设置

由路线的起点开始，每隔一段距离钉设木桩标志，称为_____，简称中桩。用以确定路线中线的位置和路线长度，作为测量路线纵、横断面的依据以及为以后路线施工放样打下基础。

_____表示路线中线的具体位置。桩的正面写有_____，桩号表示该桩距路线起点的里程。如某桩点距路线起点的里程为 3 135.12 m，则桩号记为 K3+135.1，桩号中"+"号前面为____数，"+"号后面为____数，路线起点的桩号为_____。

桩的背面写有_____；编号是反映桩间的排列顺序，从 1 开始累进，在 1 km 内循环进行。

里程桩分_____桩和_____桩，如图 10-13 所示。

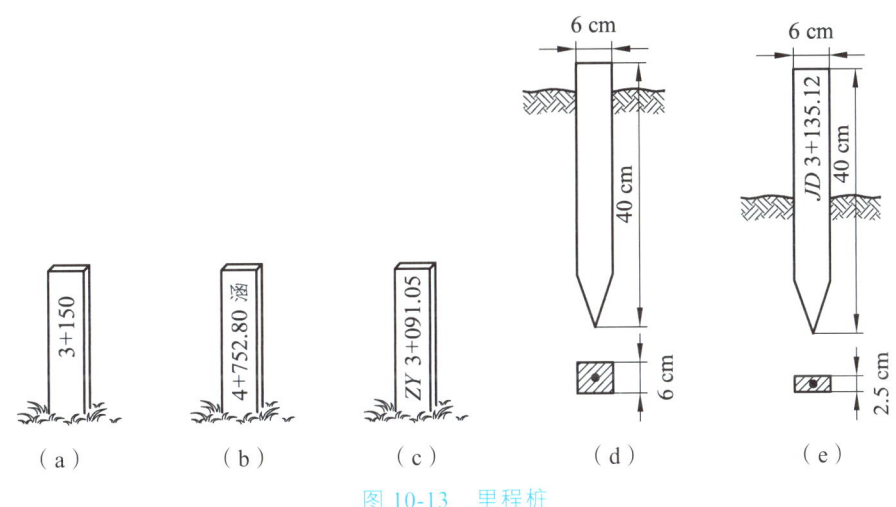

图 10-13　里程桩

整桩是由路线起点开始，每隔 10 m、20 m 或 50 m 的整倍数桩号而设置的里程桩。百米桩和公里桩均属于整桩。

加桩分为_____加桩、_____加桩、_____加桩和_____加桩。

知识链接

通常直线段的桩距较大，宜为 25～50 m，根据地形变化确定；而曲线段的桩距较小，宜为 5～25 m。《公路勘测规范》（JTG C10—2007）9.2.1 规定，曲线半径和桩距必须满足表 10-2 的要求。

表 10-2　中桩间距规定

直线/m		曲线/m			
平原、微丘	重丘、山岭	不设超高的曲线	$R>60$	$30<R<60$	$R<30$
50	25	25	20	10	5

地形加桩——沿中线地面起伏突变处、横向坡度变化处以及天然河沟处等所设置的里程桩。

地物加桩——沿中线有人工构筑物的地方,如桥梁、涵洞处,路线与其他公路、铁路、渠道、高压线等交叉处,拆迁建筑物处,土壤地质变化处等加设的里程桩。

曲线加桩——曲线上设置的主点桩,如圆曲线起点 ZY、圆曲线中点 QZ、圆曲线终点 YZ。

关系加桩——路线上的转点 ZD 桩和交点 JD 桩。

(二) 决策与实施

> **引导** 2:依据中线测量原理,以小组为单位完成以下两个案例。

【案例 1】 已知路线导线的右角 β:(1)$\beta = 210°42'$;(2)$\beta = 162°06'$。试计算路线转角值,并说明是左转角还是右转角。

【案例 2】 在路线右角测定之后,保持原度盘位置,如果后视方向的读数为 $32°40'00''$,前视方向的读数为 $172°18'12''$,试求出角分线方向的度盘读数。

(三) 检查与评价

> **引导** 3:小组成员互相检查,检查对方小组案例计算方法是否正确,计算过程是否完整,小组之间完成互评。

> **引导** 4:各小组推荐代表进行案例计算结果的汇报,教师讲评。

二、圆曲线的测设

(一) 准备与计划

> **引导** 1:在各类线路工程弯道处施工,常常会遇到圆曲线的测设工作。目前,圆曲线测设的方法已有多种,在实际工作中测设方法的选用要视现场条件、测设数据求算的繁简、测设工作量的大小,以及测设时仪器和工具情况等因素而定。

1. 圆曲线测设原则

圆曲线的测设分两步进行，先测设曲线的_____，再在主点的基础上进行详细测设，加密曲线上的_____点，以详细标定曲线位置。

2. 圆曲线主点测设

1）主点测设元素计算

为测设圆曲线主点 ZY、QZ、YZ，应先计算出_____、_____、_____、_____，这些元素称为主点测设元素。

> **知识链接**
>
> （1）切线长：ZY（或 YZ）至 JD 间的直线长。
> （2）曲线长：ZY 至 YZ 间的曲线长。
> （3）外矢距：JD 沿半径方向至 QZ 的直线长。
> （4）切曲差：两倍切线长与曲线长之差。
>
> 如图 10-14 所示，当圆曲线半径 R、转向角 α 已知时，可以得到以下计算：
>
> $$T = R\tan\frac{\Delta}{2}$$
>
> $$L = R\Delta\frac{\pi}{180}$$
>
> $$E = R\left(\sec\frac{\Delta}{2} - 1\right)$$
>
> $$J = 2T - L$$
>
>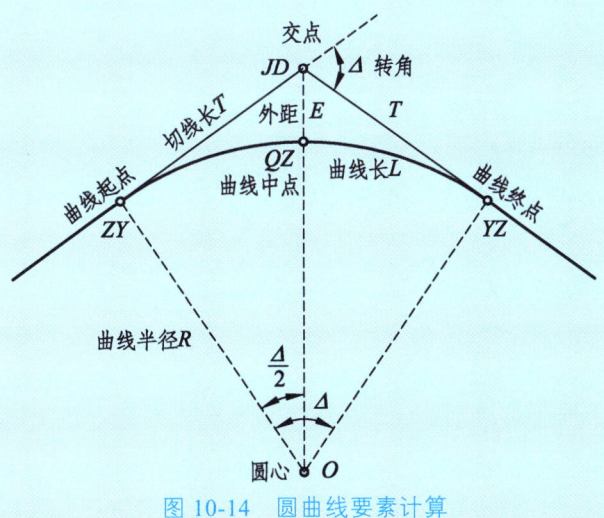
>
> 图 10-14 圆曲线要素计算

2）主点桩号计算

如图 10-15 所示，曲线主点 ZY、QZ、YZ 的桩号，可根据 JD 桩号与曲线测设元素计算。

$$ZY 桩号 = JD 桩号 - T$$

$$QZ 桩号 = ZY 桩号 + \frac{L}{2}$$

$$YZ 桩号 = QZ 桩号 + \frac{L}{2}$$

计算检核：

$$YZ 桩号 = JD 桩号 + T - J$$

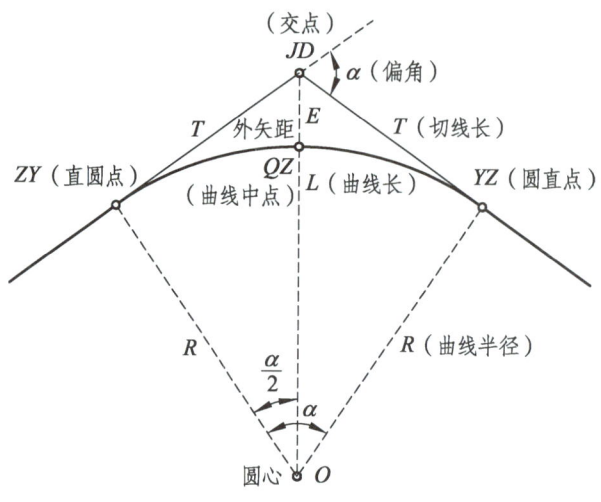

图 10-15　主点桩号

3）主点的测设

（1）测设曲线起点（ZY）。

在 JD 点安置经纬仪，后视相邻交点或转点方向，自 JD 点沿视线方向量取_____，打下曲线起点桩 ZY。

（2）测设曲线终点（YZ）。

经纬仪照准前视相邻交点或转点方向，自 JD 点沿视线方向量取_____，打下曲线终点桩 YZ。

（3）测设曲线中点（QZ）。

沿测定路线转角时所测定的角分线方向，量取_____，打下曲线中点桩 QZ。

➤ **引导** 2：地形变化不大、曲线长度小于 40 m 时，测设曲线的三个主点已能满足设计和施工的需要。曲线较长，地形变化大，除了测定三个主点以外，还需按一定的桩距，在曲线上测设整桩和加桩。《公路勘测规范》规定的整桩间距 l 为：R>60 m，l = 20 m；30 m<R<60 m，l = 10 m；R<30 m，l = 5 m。测设曲线整桩和加桩称为圆曲线的详细测设。

1. 曲线上设桩的方法

_____法：将曲线上靠近起点 ZY 的第一个桩的桩号凑整成基本桩距的整倍数，然后按桩距连续向曲线终点 YZ 设桩，这样设置的桩号为整桩号。

_____法：从曲线起点 ZY 和终点 YZ 开始，分别以基本桩距连续向曲线中点 QZ 设桩。由于这样设置的桩号大都不为整数，因此应注意加设百米桩和千米桩。

2. 圆曲线的详细测设方法

1）偏角法

以_____为测站，计算出测站至曲线任一细部点的_____与_____来确定 P_i 点的位置，如图 10-16 所示。

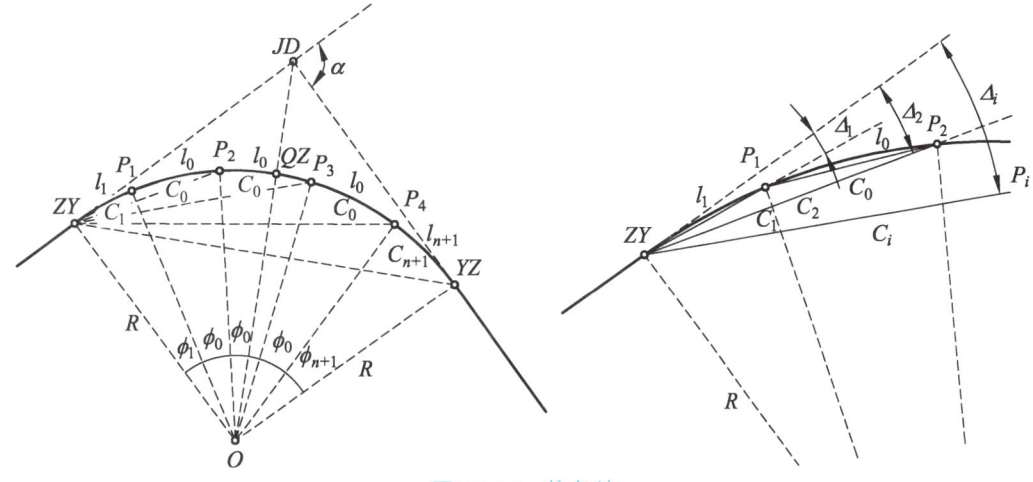

图 10-16　偏角法

> **知识链接**
>
> 如图 10-16 所示，细部点 $P_1P_2P_3P_4$（整桩）、l_0 整桩间弧长（整弧）、l_1l_{n+1}（非整弧）所对圆心角分别为 φ_0、φ_1、φ_{n+1}：
>
> $$\varphi_0 = \frac{l_0}{R} \cdot \frac{180}{\pi}$$
>
> $$\varphi_1 = \frac{l_1}{R} \cdot \frac{180}{\pi}$$
>
> $$\varphi_{n+1} = \frac{l_{n+1}}{R} \cdot \frac{180}{\pi}$$
>
> 根据弦切角为同弧所对圆心角之半：
>
> $$\Delta_0 = \frac{1}{2}\varphi_0 \quad \Delta_1 = \frac{1}{2}\varphi_1$$
>
> $$\Delta_i = \frac{1}{2}[\varphi_1 + (i-1)\varphi_0]$$
>
> $$\Delta_{n+1} = \frac{1}{2}\varphi_{n+1}$$
>
> 同弧所对的弦长为：

$$C_i = 2R\sin\Delta_i$$

根据弦切角和弦长,以切线为起始方向,用极坐标法测设 P_i,如表 10-3 所示。

表 10-3 偏角法详细测设圆曲线数据计算表示例

曲线里程桩号	相邻桩点弧长 /m	偏角 $\Delta/$ (° ′ ″)	弦长 C/m	相邻桩点弦长 C/m
ZY 桩:K2+906.90	0.00	00 00 00	0	0
+920	13.10	1 52 35	13.10	13.10
+940	33.10	4 4 28	33.06	19.99
+960	53.10	7 36 22	52.94	19.99
QZ 桩:K2+966.59	59.69	8 33 00	59.47	6.59
+980	73.10	10 28 15	72.69	13.41
K3+000	93.10	13 20 08	92.26	19.99
+020	113.10	16 12 01	111.60	19.99
YZ 桩:K3+026.28	119.38	17 06 00	117.62	6.28

2)切线支距法

以曲线起点 ZY(或终点 YZ)为独立坐标系的原点,_____为 x 轴,_____为 y 轴,计算出曲线细部点在该独立坐标系中的坐标并进行测设。其测设步骤如下:

(1)如图 10-17 所示,根据曲线桩的计算资料 $P_i(x_i, y_i)$ 从 ZY(YZ)点开始用钢尺或皮尺沿切线方向量取 P_i 点的得垂足 N_i。

(2)在垂足点 N_i 用方向架(或经纬仪)定出切线的垂线方向,沿此方向量出_____,即可定出曲线上 P_i 点位置。

(3)校核方法:丈量所定各桩点间的_____来进行校核,如果不符或超限,应查明原因。

知识链接

如图 10-17 所示,设 P_i 为曲线上欲测设的点位,该点至 ZY 点或 YZ 点的弧长为 l_i,φ_i 为 l_i 所对的圆心角,R 为圆曲线半径,则 P_i 的坐标可按下式计算。

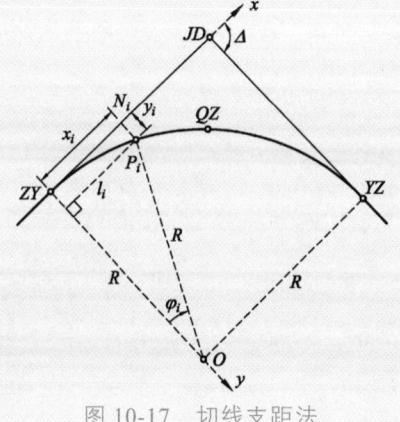

图 10-17 切线支距法

$$x = R\sin\varphi$$

$$y = R(1-\cos\varphi) = x \cdot \tan\frac{\varphi}{2}$$

式中，$\varphi = \dfrac{l}{R}(\text{rad})$。

切线支距法坐标计算表示例见表10-4。

表10-4 切线支距法坐标计算表示例

桩号	桩点至曲线起（终）点的弧长 l/m	横坐标 x_i/m	纵坐标 y_i/m
ZY桩：K2+906.90	0.00	0	0
+920	13.10	13.09	0.43
+940	33.10	32.95	2.73
+960	53.10	52.48	7.01
QZ桩：K2+966.59	59.69	58.81	8.84
+980	46.28	45.87	5.33
K3+000	26.28	26.20	1.72
+020	6.28	6.28	0.10
YZ桩：K3+026.28	0	0	0

3）极坐标法

如图10-18所示，根据下列公式计算出圆曲线细部点的_____，将其上传到全站仪内存，可实现在任意控制点安置仪器测设曲线点位。

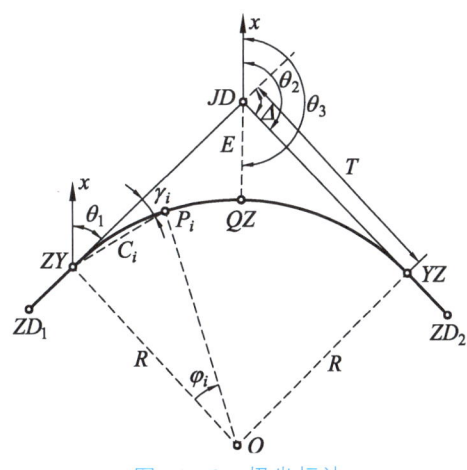

图10-18 极坐标法

$$x_{ZY} = x_{JD} - T\cos\theta_1$$
$$y_{ZY} = y_{JD} - T\sin\theta_1$$
$$x_{YZ} = x_{JD} + T\cos\theta_2$$

$$y_{YZ} = y_{JD} + T\sin\theta_2$$
$$x_{QZ} = x_{JD} + E\cos\theta_3$$
$$y_{QZ} = y_{JD} + E\sin\theta_3$$

（二）决策与实施

> **引导** 3：什么是整桩号法设桩？什么是整桩距设桩？两者各有什么特点？

> **引导** 4：依据圆曲线测设原理，以小组为单位完成以下两个案例。

【案例 3】 已知交点的里程桩号为 K4 + 300.18，测得转角 $\alpha_{左} = 17°30'$，圆曲线半径 $R = 500$ m，若采用切线支距法并按整桩号法设桩，试计算各桩坐标，并说明测设步骤。

【案例 4】 已知交点的里程桩号为 K10 + 110.88，测得转角 $\alpha_{左} = 24°18'$，圆曲线半径 $R = 400$ m，若采用偏角法按整桩号法设桩，试计算各桩的偏角和弦长（要求前半曲线由曲线起点测设，后半曲线由曲线终点测设），并进行测设。

（三）检查与评价

> **引导** 5：小组成员互相检查，检查对方小组案例计算方法是否正确，计算过程是否完整，小组之间完成互评。

> **引导** 6：各小组推荐代表进行圆曲线测设结果的汇报，教师讲评。

三、纵、横断面图的测绘

（一）准备与计划

> **引导** 1：线路纵断面测量就是测定线路中线上各里程桩的地面高程，为绘制路线纵断面图提供数据，为路线纵坡设计提供依据。

1. 路线纵断面测量的主要任务

纵断面测量又称线路_____，主要任务包括：

① 在线路方向上设置水准点，并测定水准点的高程，建立高程控制，称为_____。

② 根据各水准点高程，分段进行中桩水准测量，测定道路各个中线桩的高程，称为_____。

③ 根据各里程桩的地面高程绘制_____。

横断面测量是测定各中心桩两侧垂直于线路中线的地面高程，可供路基设计、计算土石方量及施工放边桩之用。传统的路线纵、横断面测量是用水准仪进行，现在又增加了全站仪和 GPS 的方法进行路线纵、横断面测量。

2. 线路纵断面测量步骤

1）基平测量

（1）水准点布设。

定测阶段水准点的布设应在_____基础上进行。

> **知识链接**
>
> ① 首先对初测水准点逐一检核，其不符值在 $\pm 30\sqrt{K}$（mm）（K 为水准路线长度，以 km 为单位）以内时，采用初测成果；若确认超限，方能更改。
>
> ② 其次，若初测水准点远离线路，则应重新移设至距线路 100 m 的范围内。水准点的布设密度一般 2 km 设置一个，但长度在 300 m 以上的桥梁和 500 m 以上的隧道两端和大型车站范围内，均应设置水准点。
>
> 水准点应选在地基稳固、易于联测以及施工时不易被破坏的地方。水准点要埋设标石，也可设在永久性建筑物上，或将金属标志嵌在基岩上，以 BM 表示并统一编号。

（2）施测。

基平测量时，首先应将起始水准点与国家高程基准进行联测，以获得绝对高程。在沿线途中，也应尽量与附近国家水准点进行联测，以便获得更多的检核条件。若线路附近没有国家水准点，也可以采用假定高程基准。

按照设计精度和线路地形状况不同，测量线路可布设为附合水准路线、闭合水准路线、结点水准网等形式，一般采用_____和_____的方法，按四等水准测量的精度，外业成果合格后要进行平差计算，得到各水准点的高程。

2）中平测量方法

（1）水准仪中平测量。

中平测量一般是从一个水准点出发，逐个测定中线桩的地面高程，附合到下一个水准点上，相邻水准点间构成一条_____路线。中平测量只做_____观测，按普通水准测量精度，但水准路线的两端必须附合于由_____水准点作为检验。

① 如图 10-19 所示，水准仪置于测站 1 后视水准点 BM_1、前视转点 TP_1，将观测结果分别记入表 10-5 中"_____"和"_____"栏内。

② 观测 BM_1 和 TP_1 中间的各个中桩，让后司尺员将标尺依次立于 0 + 000、0 + 050…0 + 120 各中桩处的地面上，将读数分别记入表 10-5 中"_____"栏内。如果利用中线桩作转点，应将标尺立在桩顶上，并记录桩高。

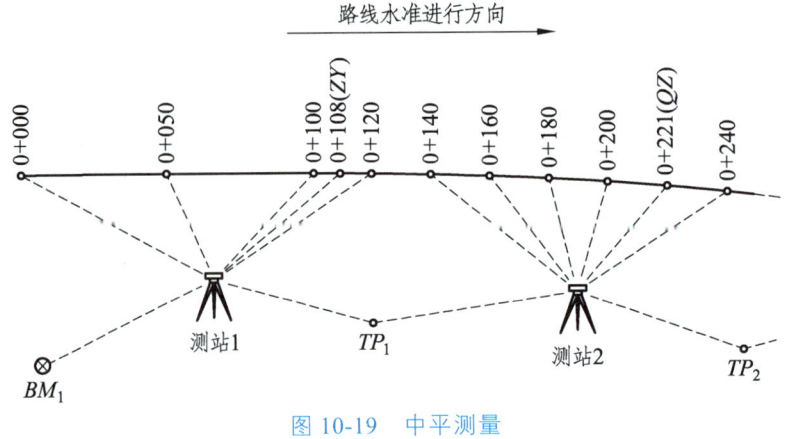

图 10-19 中平测量

③ 将仪器搬至测站 2，后视转点 TP_1，前视转点 TP_2，然后观测各中桩地面点。

④ 用同法继续向前观测，直至附合到水准点 BM_2，完成附合路线的观测工作。

每一测站的各项计算依次按下列公式进行：

$$视线高程 = \underline{\qquad} + \underline{\qquad}$$

$$转点高程 = \underline{\qquad} - \underline{\qquad}$$

$$中桩高程 = \underline{\qquad} - \underline{\qquad}$$

记录员应边记录边计算，直至下一个水准点为止。计算高差闭合差，若高速、一级公路 $f_{h允} \leqslant \pm 30\sqrt{n}$ mm，或者二级及以下公路 $f_{h允} \leqslant \pm 50\sqrt{L}$ mm，则符合要求，可以不进行闭合差的调整，以表 10-5 中计算的各点高程作为绘制纵断面图的数据。

表 10-5 中平测量记录

点号	桩号	水准尺读数/m			视线高程/m	高程/m	备注
		后视	中视	前视			
辅助计算							

>  **知识链接**
>
> 测量时,在每一测站上首先读取后、前两转点(TP)的标尺读数,再读取两转点间所有中桩地面点(中间点)的标尺读数,中间点的立尺由后视立尺人员来完成。
>
> 由于转点起传递高程的作用,因此,转点标尺应立在尺垫、稳固的桩顶或坚石上,尺上读数至毫米,视距一般不应超过 150 m。中间点标尺上读数至厘米,要求尺子立在紧靠桩边的地面上。当线路跨越河流时,还需测出河床断面、洪水位高程和正常水位高程,并注明时间,以便为桥梁设计提供资料。

(2)全站仪中平测量。

先在 BM_1 上测定各转点 TP_1、TP_2 的高程,再在 TP_1、TP_2 上架设仪器,测定各桩点的高程。同样要从 BM_1 测至 BM_2 上,检查高差闭合差。其原理为三角高程测量原理。

3. 纵断面图的绘制

根据已测出的线路_____和_____,即可绘制纵断面图,以形象地将线路中线经过的地形、地质等自然状况以及设计的线路平、纵断面资料表示出来,如图 10-20 所示。以_____为横坐标,_____为纵坐标,为了更加形象地描述地形起伏状况,一般采用的高程比例尺是水平距离比例尺的 10 倍或自定义比例。

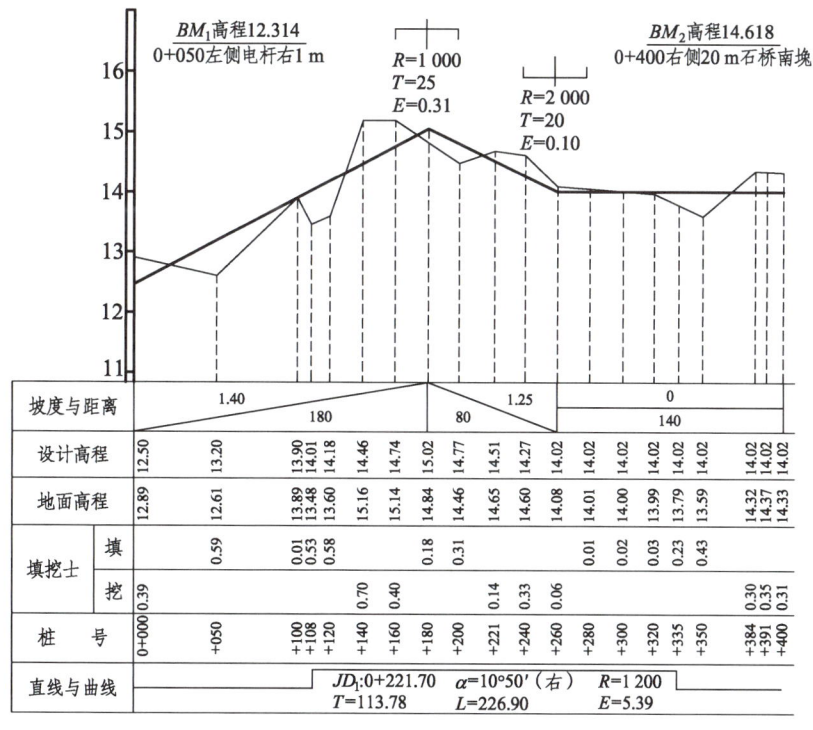

图 10-20 线路纵断面图的绘制

> **引导**2：线路横断面测量有什么意义？

1. 线路横断面测量的主要任务

线路横断面测量是在各中桩处测定_____于道路中线方向的地面起伏，然后按每一中桩桩号绘成_____。它是横断面设计、土石方等工程量计算和施工时确定断面填挖边界的依据。

2. 横断面施测宽度

横断面测量的宽度由路基宽度和地形情况确定，一般在中线两侧各测 15～50 m。横断面测量，首先要确定横断面的方向，然后在此方向上测定中线两侧地面坡度变化点的_____和_____，如图 10-21 所示。

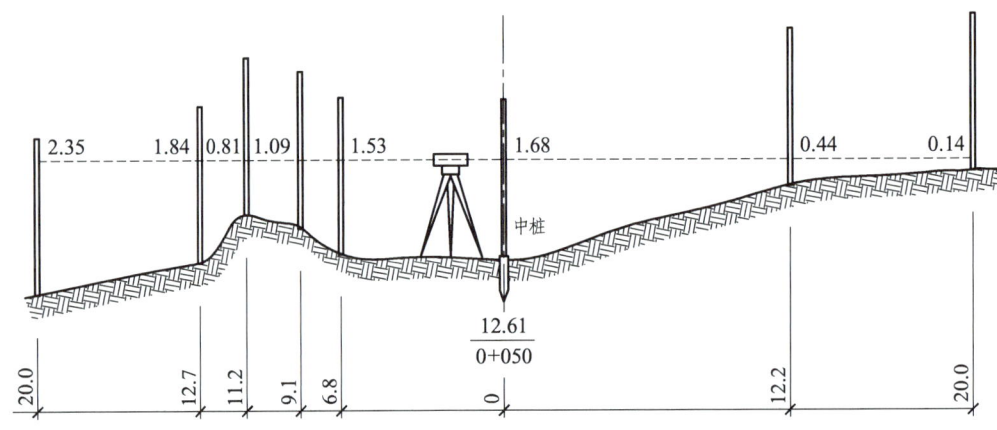

图 10-21　线路横断面测量

3. 横断面方向的确定

（1）直线段的横断面方向确定。

直线段横断面方向与路线中线相垂直，一般采用方向架测定，如图 10-22 所示。将方向架置于桩点上，以其中一个方向对准线路前方（或后方）的某一中桩，则另一方向即为横断面的实测方向。

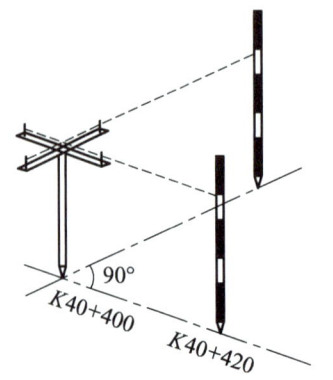

图 10-22　用方向架定横断面方向

（2）圆曲线段的横断面方向确定。

由几何知识可知，圆曲线上一点的横断面方向必定沿该点的半径方向。测定时一般采用_____，即在方向架上安装一个可以转动的活动片，并由一固定螺旋将其固定，如图 10-23 所示。

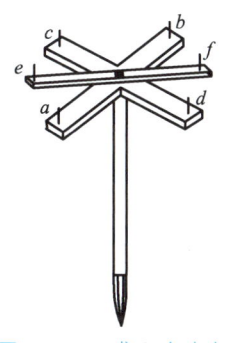

图 10-23　求心方向架

 知识链接

① 如图 10-23 所示，用求心方向架测定横断面方向时，欲测定圆曲线上某桩点 1 的横断面方向，将求心方向架置于 ZY（或 YZ）点上，用固定片 ab 瞄准交点，ab 方向即为切线方向，则另一固定片 cd 所指明方向即为 ZY（或 YZ）点的横断面方向。保持方向架不动，转动活动片 ef 瞄准 1 点并将其固定，如图 10-24 所示。

② 将方向架搬至 1 点，用固定片 cd 瞄准 ZY（或 YZ）点，则活动片 e 所指的方向即为 1 点的横断面方向。

③ 在测定 2 点的横断面方向时，可在 1 点的横断面方向上插一花杆，以固定片 cd 瞄准它，ab 片的方向即为切线方向。

④ 此后的操作与测定 1 点横断面方向时完全相同，保持方向架不动，用活动片 ef 瞄准 2 点并将其固定。

⑤ 将方向架搬至 2 点，用固定片 cd 瞄准 1 点，活动片 ef 的方向即为 2 点的横断面方向。如果圆曲线上桩距相同，在定出 1 点横断面方向后，保持活动片 ef 原来位置，将其搬至 2 点上，用固定片 cd 瞄准 1 点，活动片 ef 即为 2 点的横断面方向。

⑥ 圆曲线上其他各点也可按照上述方法进行。

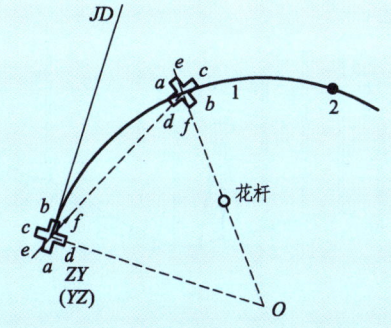

图 10-24　圆曲线段的横断面方向确定

4. 横断面测量方法

1）标杆皮尺法

标杆皮尺法（抬杆法）是用一根标杆和一卷皮尺测定横断面方向上的两相邻变坡点的_____和_____的一种简易方法，如图10-25所示。此法简便，但精度较低，适用于测量山等级较低的公路。

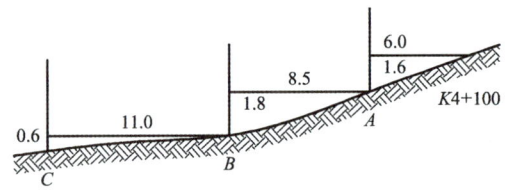

图 10-25　标杆皮尺法测横断面

① A、B、C……为横断面方向上所选定的变坡点。施测时，将标杆立于 A 点，皮尺在接近中桩地面拉平量出中桩至 A 点的距离，皮尺截于标杆的高度即为两点间的_____。

② 记录如表10-6所列。同法可测得 A 至 B、B 至 C 等测段的距离与高差，直至测完需要的宽度为止。表中按路线前进方向分左、右两侧，用_____形式表示。分母为_____，分子为_____，上坡为_____，下坡为_____，自中桩由近及远逐段记录。

表 10-6　横断面测量记录

左侧（单位：m）			桩号	右侧（单位：m）			
…… $\dfrac{\text{高差}}{\text{平距差}}$				$\dfrac{\text{高差}}{\text{平距差}}$ ……			
$\dfrac{-0.6}{11.0}$	$\dfrac{-1.8}{8.5}$	$\dfrac{-1.6}{6.0}$	K4+000	$\dfrac{+1.5}{4.6}$	$\dfrac{+0.9}{4.4}$	$\dfrac{+1.6}{7.0}$	$\dfrac{+0.5}{10.0}$

2）水准仪皮尺法

水准仪皮尺法是利用水准仪和皮尺，按水准测量的方法测定各变坡点与中桩点间的_____，用皮尺丈量两点的_____的方法。此法适用于施测横断面较宽的平坦地区。

① 如图10-26所示，安置水准仪后，以中线桩地面高程点为后视，以中线桩两侧横断面方向的地形特征点为前视，标尺读数读至厘米。

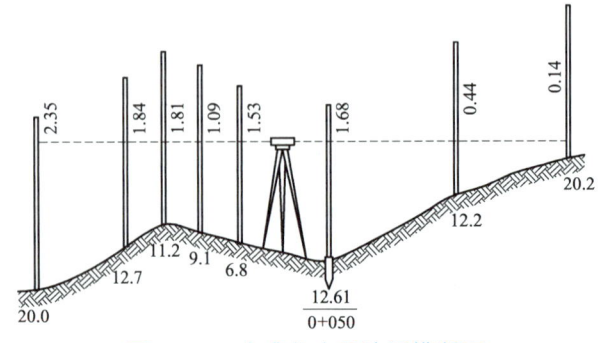

图 10-26　水准仪皮尺法测横断面

② 用皮尺分别量出各特征点到中线桩的水平距离，量至分米。记录测量数据，如表 10-7 所示。高差由后视读数与前视读数求差得到。

表 10-7　水准仪皮尺法横断面测量记录

桩号		各变坡点至中桩的距离/m	后视读数/m	前视读数/m	各变坡点至中桩的高程/m	备注
	左侧					
	右侧					

3）经纬仪视距法

经纬仪视距法是采用经纬仪按＿＿＿＿＿方法测得各变坡点与中桩点之间的水平距离和高差的一种方法。施测时，将经纬仪安置在中桩上，用视距法测出横断面方向各变坡点至中桩的水平距离和高差。此法适用于任何地形，包括地形复杂、山坡陡峻的线路横断面测量。缺点是每个中桩都要架设仪器，工作效率低。

4）全站仪距离法

全站仪距离法与经纬仪视距法相似，只是把视距测量的方法改成电子测距，它比经纬仪视距法的速度要快。缺点是频繁搬动仪器导致工作效率低。

➤ **引导**3：绘制横断面图的工作量较大，为提高工效，防止出现错误，目前在公路测量中，一般都是在野外边测边绘，这样便于及时对横断面图进行检核，省略记录，又可及时核对发现问题，及时纠正，以保证横断面图的质量。

根据横断面的测量成果，对距离和高程取同一比例尺，通常取 1∶100 或 1∶200，在厘米方格纸上绘制横断面图。

绘图时，先在图纸上标定好中桩位置，由中桩开始，分左右两侧以平距为横轴，高差为纵轴，将各测点逐一点绘于图纸上，并用直线连接相邻各点即得横断面地面线，绘出的横断面图如图 10-27 所示。

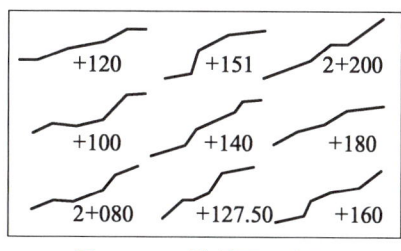

图 10-27　横断面示意图

一般规定：绘图顺序是从图纸左下方起，自下而上、由左向右，依次按桩号绘制。

（二）决策与实施

➤ **引导**4：小组内讨论线路纵断面图上的内容有哪些？

> **引导**5：以小组为单位，选取校园某道路作为测区，进行道路纵、横断面测绘的方案编制。

> **引导**6：以小组为单位，选取校园某道路作为测区，进行道路纵、横断面测绘。

（三）检查与评价

> **引导**7：各小组推荐代表对道路纵、横断面测绘方案进行汇报，教师讲评。

> **引导**8：小组成员互相检查，检查对方小组纵、横断面测绘是否正确，小组之间完成互评。

四、道路施工测量

（一）准备与计划

> **引导**1：道路施工测量就是利用测量仪器和设备，按照设计图纸中的各项元素（如道路平、纵、横元素）依据控制点或路线上控制桩的位置，将道路的"样子"具体地标定在实地，以指导施工作业。道路施工测量主要包括恢复路线中线测量、施工控制桩及路基边桩的测设、竖曲线的测设等内容。

1. 恢复中线测量

道路勘测完成到开始施工这一段时间内，由于各种原因，有一部分中线桩可能被碰动或丢失，为了保证施工的高效率性和准确性，施工前应根据原定线条件进行复核，并将碰动或丢失的交点桩和中线桩_____，其方法与中线测量相同。在施工过程中，如有桩位碰动或破坏，也需要进行恢复中线的测量。另外，对路线水准点除进行必要复核外，在某些情况下，还应增设一定数量的水准点，以满足施工需要。

2. 施工控制桩测设

（1）平行线法测设施工控制桩。

平行线法是在设计的路基宽度以外，测设两排平行于_____的施工控制桩，控制桩的间距一般取10~20 m，如图10-28所示。平行线法多用于地势平坦、直线段较长的道路。

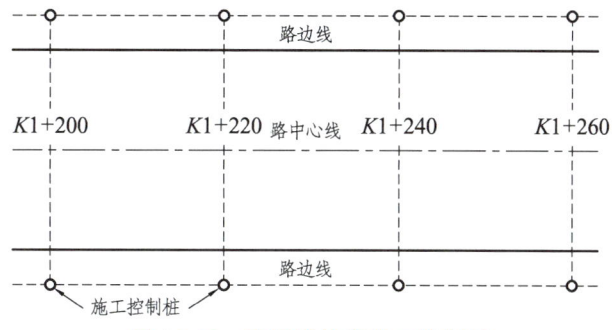

图 10-28　平行线法定施工控制桩

（2）延长线法测设施工控制桩。

延长线法是在_____延长线上以及_____延长线上测设施工控制桩，量出控制桩至交点的距离并做记录。必要时可以随时恢复 JD、ZY、QZ、YZ 等点的位置，如图 10-29 所示。

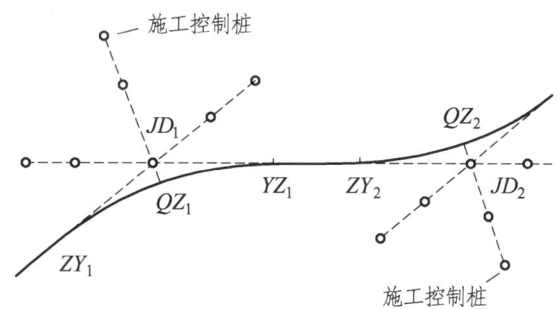

图 10-29　延长线法定施工控制桩

3. 路基边桩的测设

1）图解法

图解法是将地面横断面图和路基设计断面图绘在同一图上。

填方路基边坡线按设计坡度 1∶1.5 绘出，与地面相交处即为_____。

挖方路基开挖边坡线按设计坡度 1∶1 绘出，与地面相交处即为_____。

在图上量取中桩至坡脚点或坡顶点的水平距离，然后到实地定出边桩。

2）解析法

通过计算求出路基中桩至边桩的距离，在平地和山坡，计算和测设方法不同。

（1）平坦地段路基边桩的测设。

路基施工前要把设计路基的边坡与原地面相交的点测设出来。该点对于设计路堤为_____，对于设计路堑为_____。路基边桩的位置按填土高度或挖土深度、边坡设计坡度及横断面的地形情况而定，设计数据可从 CAD 图上量测。

如图 10-30 所示，路堤边桩至中桩的距离：

$$l_{左} = l_{右} = \frac{B}{2} + m \cdot h$$

如图 10-31 所示，路堑边桩至中桩的距离：

$$l_{左} = l_{右} = \frac{B}{2} + s + m \cdot h$$

式中 B——路基设计宽度；

m——路基边坡；

h——填土高度或挖土深度；

s——路堑边沟顶宽。

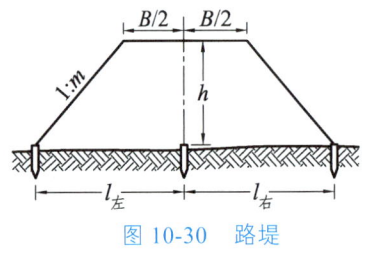
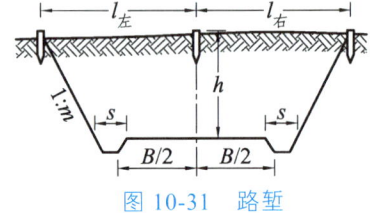

图 10-30 路堤　　　　　图 10-31 路堑

（2）山坡地段路基边桩测设。

如图 10-32 所示，山坡地段测设路堤的路基左、右边桩离中桩的距离分别为：

$$D_{左} = \frac{b}{2} + m(h + h_{左})$$

$$D_{右} = \frac{b}{2} + m(h - h_{右})$$

山坡地段测设路堑的路基左、右边桩离中桩的距离分别为：

$$D_{左} = \frac{b}{2} + s + m(h - h_{左})$$

$$D_{右} = \frac{b}{2} + s + m(h + h_{右})$$

b、s、m 由设计确定，$h_{左}$、$h_{右}$ 为边桩处地面与设计路基面的高差，因边桩位置待定，$h_{左}$、$h_{右}$ 事先未知。$D_{左}$、$D_{右}$ 的数值可以从 CAD 设计图上量测而得。在实际测设工作中，沿着横断面方向，采用逐渐趋近法测设边桩。

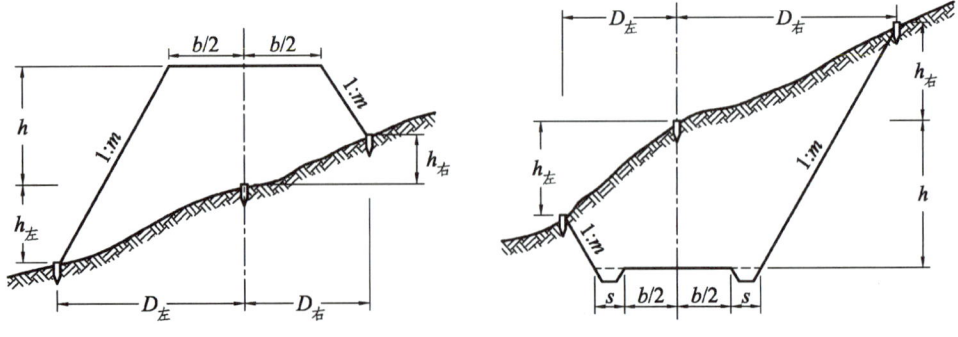

图 10-32 山坡地段路基边桩测设

4．竖曲线的测设

在设计路线纵坡的变更处，考虑行车的视距要求和行车的平稳，在竖直面内用圆曲线连接，这种曲线称为_____。如图 10-33 所示，路线上有三条相邻的纵坡，其坡度分别为：i_1（ + ）、i_2（ − ）、i_3（ + ）。

在坡度为 i_1 和 i_2 的纵坡之间设置凸形竖曲线，在坡度为 i_2 和 i_3 的纵坡之间设置凹形竖曲线。

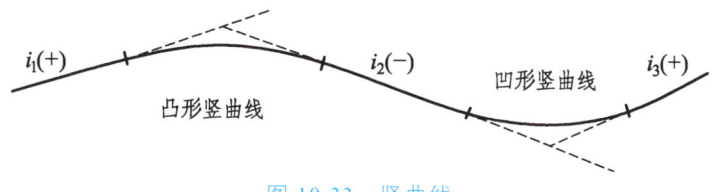

图 10-33　竖曲线

如图 10-34 所示，竖曲线的设计半径为 R，竖曲线的计算元素：竖向偏角 α、切线长 T、曲线长 L、外矢距 E、高差改正 y_i。可以采用与平面圆曲线计算主点测设元素同样的公式。竖曲线的设计半径 R 较大，而 α 角又较小，因此可以用下列近似公式计算：

偏角：$\alpha = \arctan i_1 - \arctan i_2 \approx (i_1 - i_2)$

切线长：$T = \dfrac{1}{2} R(i_1 - i_2)$

曲线长：$L = R(i_1 - i_2)$

外矢距：$E = \dfrac{T^2}{2R}$

曲线上任意一点 P 距切线的纵距：$y = \dfrac{x^2}{2R}$，y 值在凸曲线内为负号，在凹曲线内为正号，当 $x = T$ 时，$y = E$。

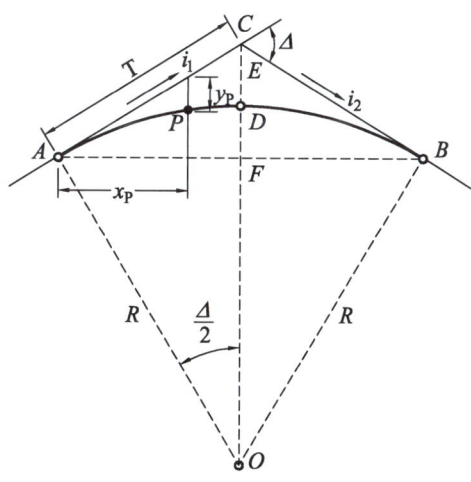

图 10-34　竖曲线的测设

（二）决策与实施

> **引导** 2：依据道路施工测量原理，以小组为单位完成以下案例。

【案例 5】 设 $i_1 = -1.114\%$，$i_2 = +0.154\%$，道路为凹形竖曲线，变坡点的桩号为

K3+179.2，高程为 48.60 m，设置 R = 5 000 m 的竖曲线，计算测设元素，起点、终点的桩号和高程以及曲线上每 10 m 间距里程桩的标高改正数和设计高程，并填入表 10-8 中。

表 10-8　竖曲线各桩高程计算表

桩号	至起点、终点距离 x_p/m	标高改正数 y_p/m	坡道高程/m	竖曲线高程/m	备注

▶ **引导** 3：原地面为左边低右边高，设路基宽度为 10 m，左侧边沟顶宽度为 0.3 m，中心桩挖深为 5 m，边坡坡度为 1∶1，试述左侧边桩的测设步骤。

▶ **引导** 4：某高速公路凸形竖曲线相邻两段坡度为 i_1 = 0.013，i_2 = -0.017。变坡点里程桩 K10+350，该点的高程为 63.540。当竖曲线半径 R = 18 000 m 时，试计算该竖曲线段每隔 50 m 以及起点、终点前后各 50 m 的点的桩号及设计高程，并填入表 10-9 中。

表 10-9　竖曲线计算表

桩号	切线高程/m	纵距/m	竖曲线高程/m	备注

（三）检查与评价

> ➤ **引导** 5：小组成员互相检查，检查对方小组案例计算方法是否正确，计算过程是否完整，小组之间完成互评。

> ➤ **引导** 6：各小组推荐代表进行案例计算结果的汇报，教师讲评。

任务二　桥梁工程施工测量

任务目标

（1）了解桥梁平面控制测量的等级与精度要求；
（2）掌握桥梁平面控制网的建立；
（3）掌握桥梁高程控制测量的方法和桥墩台的测设方法。

一、小型桥梁施工测量

（一）准备与计划

> ➤ **引导** 1：在铁路公路和城市道路等的线路上，通过河流、山谷或与其他道路立交需要修建桥梁。桥梁有铁路桥梁、公路桥梁、铁路公路两用桥梁等。高架道路也属于桥梁结构。桥梁工程在勘测设计建筑施工和运营管理阶段都需要进行测量工作。而施工过程中的测量控制是正确反映设计意图、确保工程质量的前提。

1. 桥梁平面控制测量

桥梁平面控制测量的任务是_____和_____，为测量桥位地形、施工放样和变形观测提供具有足够精度的控制点。

根据桥梁跨越的河宽及地形条件，平面控制网的图形一般为包含桥轴线的_____、_____或_____，如图 10-35 所示。桥梁平面控制网的观测可以采用常规观测角度和边长的_____，计算各平面控制点的坐标。大型桥梁平面控制网也可以采用_____方法测定。

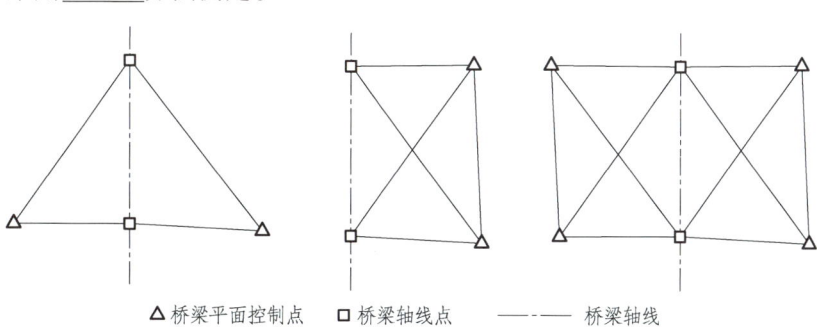

△桥梁平面控制点　□桥梁轴线点　———— 桥梁轴线

图 10-35　桥梁平面控制网

知识链接

对于平面控制网的布设,除满足图形要求外,还要求控制点选在不被水淹、不受施工干扰的地方;同时要求两岸、桥轴线上的控制点与桥台相距不远,便于桥台施工放样。如是三角网基线,应尽量与桥轴线垂直,并易于量距,其长度不小于桥轴线长度的 0.7 倍。桥梁三角网的主要技术要求列于表 10-10 中。

表 10-10　桥梁三角网的主要技术要求

等级	桥轴线的控制桩间距离 /m	测角中误差	桥轴线相对中误差	基线相对中误差	丈量测回数		三角形最大闭合差	方向观测法测回数		
					桥轴线	基线		J_1	J_2	J_6
二	>5 000	±1.0″	1/130 000	1/260 000	3	4	±3.5″	12	—	—
三	2 000~5 000	±1.8″	1/70 000	1/140 000	2	3	±7.0″	9	12	—
四	1 000~2 000	±2.5″	1/40 000	1/80 000	1(3)	2(4)	±9.0″	6	9	12
五	500~1 000	±5.0″	1/20 000	1/40 000	(2)	(3)	±15.0″	4	6	9
六	200~500	±10.0″	1/10 000	1/20 000	(1)	(2)	±30.0″	2	4	6
七	<200	±20.0″	1/5 000	1/10 000	(1)	(1)	±60.0″	—	2	4

2. 桥梁高程控制测量

在桥梁的施工阶段,为了作为放样的高程依据,应建立高程控制网,即在河流两岸建立_____,将高程从河的一岸传到河的另一岸。这些水准基点除用于施工外,也可作为以后变形观测的高程基准点。

知识链接

① 水准基点布设:数量视河宽及桥的大小而异。一般小桥可只布设一个;在 200 m 以内的大、中桥,宜在两岸各设一个;当桥长超过 200 m 时,由于两岸连测不便,为了在高程变化时易于检查,则每岸至少设置两个。
② 高程系统:桥梁水准点与路线水准点应采用同一高程系统。
③ 从国家水准点引测的精度:可用三等水准进行测量。
④ 跨河水准测量:当跨河距离大于 200 m 时,宜采用过河水准法连测两岸的水准点,如图 10-36 所示。跨河点间的距离小于 800 m 时,可采用三等水准测量,大于 800 m 时则采用二等水准进行测量。

▶ **引导** 2:用两台水准仪同时做对向观测,两岸测站点和立尺点布置成如图 10-36 所示的对称图形。A、B 为立尺点,C、D 为测站点,如何进行跨河水准测量?

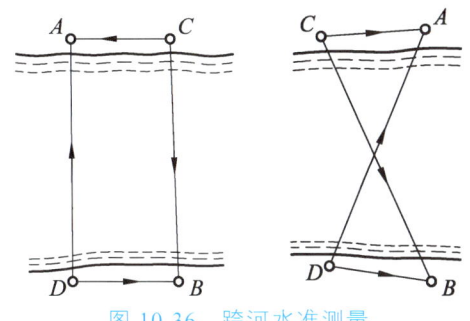

图 10-36 跨河水准测量

① 要求 AD 与 BC 长度基本相等，AC 与 BD 长度基本相等且不小于 10 m。

② 在 C 站先测本岸 A 点尺上读数，得 a_1，然后测对岸 B 点尺上读数 2~4 次，取其平均值得 b_1，高差为：$h_1 = $ _____。

③ 同时，在 D 站先测本岸 B 点尺上读数，得 b_2，然后测对岸 A 点尺上读数 2~4 次，取其平均值得 a_2，高差为：$h_2 = $ _____。

④ 取 h_1 和 h_2 的 _____ 值，即完成一个测回。一般进行 ____ 个测回。

由于过河水准测量的视线长，远尺读数困难，可以在水准尺上安装一个能沿尺面上下移动的板，如图 10-37 所示。观测员指挥司尺员上下移动板，使板中横线被水准仪横丝平分，司尺员根据觇板中心孔在水准尺上读数。

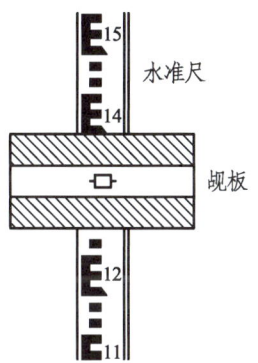

图 10-37 跨河水准测量的觇板

▶ **引导**3：从河的一岸测到另一岸时，由于过河距离较长，用水准仪在水准尺上读数困难，而且前后视距相差悬殊，水准仪误差（视准轴不平行于水准管轴）、地球曲率及大气折光的影响都会增加。还可以采用什么方法进行高程控制测量呢？

（1）_____测量。

① 在河的两岸布置 A、B 两个临时水准点，在 A 点安置全站仪，量取仪器高 i。

② 在 B 点安置棱镜，量取棱镜高 l。

③ 用全站仪瞄准棱镜中心，观测天顶距 Z 和斜距 S，计算出 A、B 点间的高差。

④ 由于过河的距离较长，高差测定受到地球曲率和大气垂直折光的影响。应采用对向观测的方法，能抵消地球曲率和大气垂直折光的影响。

⑤ 采用以下公式可计算出高差：

$$h_{AB} = S \cdot \cos Z + i - l + f$$

（2）_____测量。

可以用 GNSS 高程测量的方法进行两岸控制点高程的联测，河面宽阔的特大桥梁，用过河水准测量和三角高程测量有困难时更为合适。

> **引导** 4：小型桥梁施工测量的内容有哪些？

1. 桥梁中轴线和施工控制桩测设

①如图 10-38 所示，根据道路中线上的桥位施工控制桩 k_1、k_2、k_3、k_4，测设出桥台和桥墩的中心桩位 A、B、C、D 点。

②分别在这些点上安置全站仪，在与桥梁中轴线垂直的方向上测设桥台和桥墩的施工控制桩位 a_1、a_2、b_1、b_2、…，每侧要有两个控制桩。

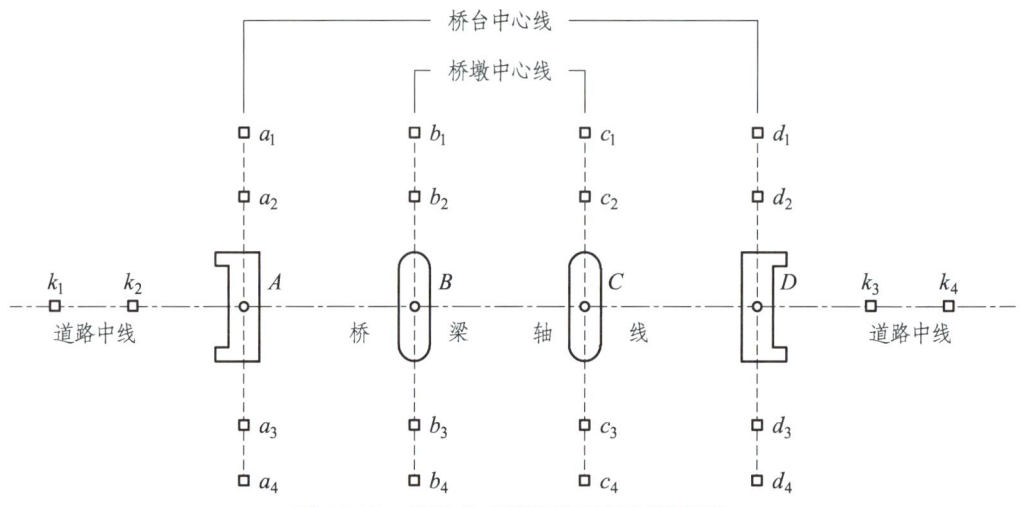

图 10-38　桥梁中轴线和施工控制桩测设

2. 桥梁基础施工测量

根据桥台和桥墩的中心线定出基坑开挖边界线。基坑上口尺寸应根据坑深、边坡坡度、土质情况和施工方法而定。基坑挖到一定深度后，应根据水准点高程在坑壁测设距基底设计面为一定高差（例如 1 米）的水平桩，作为控制挖深及基础施工的高程依据。

基础完工后，应根据上述的桥位控制桩和墩、台控制桩，用经纬仪或全站仪在基础面上测设墩、台中心及其相互垂直的纵、横轴线，根据纵、横轴线即可放样桥台、桥墩的外廓线，作为砌筑桥台和桥墩的依据。

（二）决策与实施

> **引导** 5：从高程控制点的布设要求、与线路水准点连测的精度要求、桥梁施工水准网的精度要求等方面进行分析，桥梁高程控制测量有哪些要求？

（三）检查与评价

> **引导** 6：各小组推荐代表汇报桥梁高程控制测量的要求，教师讲评。

二、大、中型桥梁施工测量

（一）准备与计划

> **引导** 1：如图 10-39 所示，港珠澳大桥工程包括三项内容：一是海中桥隧工程；二是香港、珠海和澳门口岸；三是香港、珠海、澳门连接线。港珠澳大桥海中桥隧工程采用石散石湾-拱北/明珠的线位方案，路线起自香港大屿山石散石湾，接香港口岸，经香港水域，穿（跨）越珠江口铜鼓航道、伶仃西航道、青州航道、九洲航道，止于珠海/澳门口岸人工岛，全长约 35.6 km。主体工程采用桥隧结合方案，穿越伶仃西航道和铜鼓航道段，约 6.7 km 采用隧道方案，其余路段约 22.9 km 采用桥梁方案。为实现桥隧转换和设置通风井，主体工程隧道两端各设置一个海中人工岛。港珠澳大桥通车后，香港至珠海的公路交通由三个小时缩短至半个小时，对加强珠江西岸地区与香港特别行政区的经济社会联系、促进珠江两岸经济社会协调发展、提升珠江三角洲地区的综合竞争能力、保持港澳地区的持续繁荣稳定，都具有划时代的意义。

图 10-39 港珠澳大桥

控制网布设后，用较精密的方法进行墩台定位和架设梁部结构的定位。

1. 直线型桥梁墩台定位测量

1）直接测距法

这种方法适用于无水或浅水河道，常用两种测距设备。

① 利用＿＿＿＿＿＿测设。根据计算出的距离，从桥轴线的一端开始，用检定过的钢尺逐段测设出桥梁墩、台的中心，并附合于桥轴线的另一个端点上。如在限差范围之内，则依据各段距离的长短，按比例调整已测设出的距离。在调整好的位置上钉一个小钉，即为测设的点位。

② 利用＿＿＿＿＿＿测设，则在桥轴线起点或终点架设仪器，并照准另一端。在桥轴线方向上设置反光镜，并前后移动，直至测出的距离与设计距离相符，则该点即为

要测设的墩、台的中心位置。为了减少移动反光镜的次数，在测出的距离与设计距离相差不多时，可用小钢尺测出其差数，以定出桥梁墩、台的中心位置。

2）方向交会法

如图 10-40 所示，AB 为桥轴线，C、D 为桥梁平面控制网中的控制点，P_i 点为第 i 个桥墩设计的中心位置。用方向交会法测设桥墩中心位置时，通过坐标反算解求交会放样数据，在桥梁控制点上的交会角：_____、_____、_____、_____。

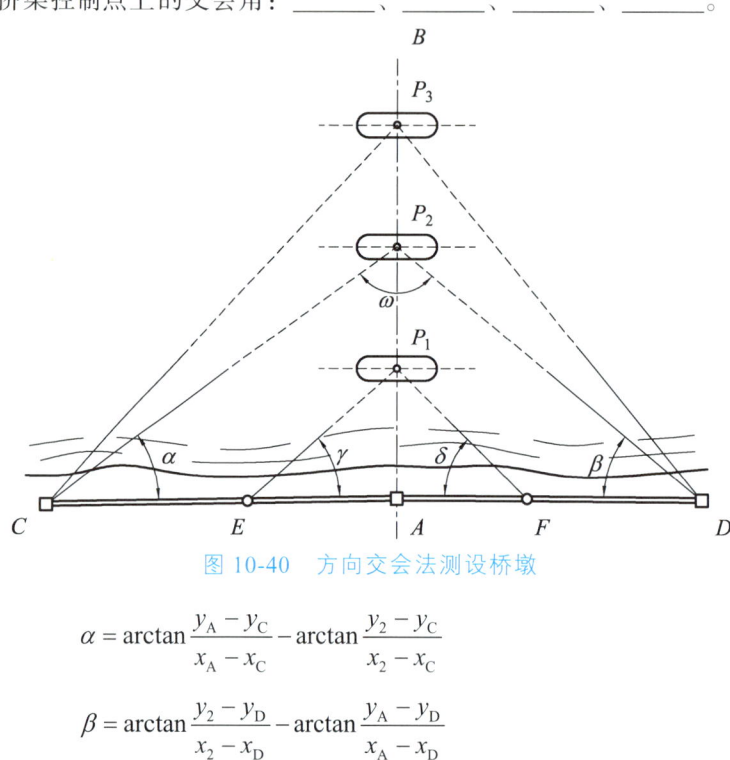

图 10-40　方向交会法测设桥墩

$$\alpha = \arctan \frac{y_A - y_C}{x_A - x_C} - \arctan \frac{y_2 - y_C}{x_2 - x_C}$$

$$\beta = \arctan \frac{y_2 - y_D}{x_2 - x_D} - \arctan \frac{y_A - y_D}{x_A - x_D}$$

（1）方向交会法桥梁墩台定位步骤。

① 根据交会法，在 C、D 两点架设经纬仪，分别自 CA、DA 测出 α_i、β_i 角，两方向的交点即骑马桩的位置。为了检核精度，通常要用 3 个方向进行交会，也就是同时利用桥轴线 AB 的方向交会出骑马桩点位，在骑马桩点位上架设经纬仪，在 A 点置棱镜，后视 B 点，检验骑马桩位置，如图 10-41 所示。

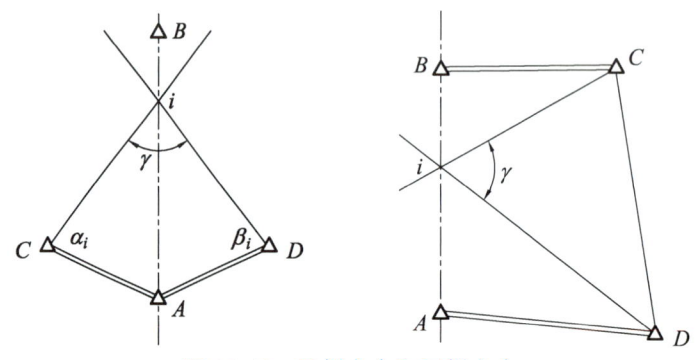

图 10-41　异侧交会和同侧交会

② 在相应控制点上安置仪器并后视另一已知控制点，分别测设水平角 α_i、β_i。

③ 得到三条视线的交点，从而确定墩台中心的位置。

为了便于作业，应根据控制点的坐标和墩台中心的坐标计算测设数据并将其编制成表。墩台定位测设数据主要包括：_____、_____、_____、____等，如表 10-11 所示。

表 10-11　墩台定位测设数据表示例

置镜点	控制点	边长	坐标方位角/(° ′ ″)	墩台号	边长	坐标方位角/(° ′ ″)
D_1				0#	161.419 2	145　04　25.8
	D_2	141.793 1	40　39　40.4	1#	141.836 5	139　20　24.9
	D_3	199.900 8	83　43　49.1	2#	101.907 1	114　55　28.3
	D_4	151.096 9	142　17　32.5	3#	94.783 7	77　09　57.9
				4#	126.005 0	47　10　28.8
				5#	143.978 1	39　55　54.1

（2）方向交会法的误差三角形。

由于测量误差的影响，从 C、A、D 点指来的三条方向线一般不可能正好交会于一点，而构成方向交会定点位的"_____"（P_1-P_2-P_3），如图 10-42 所示。

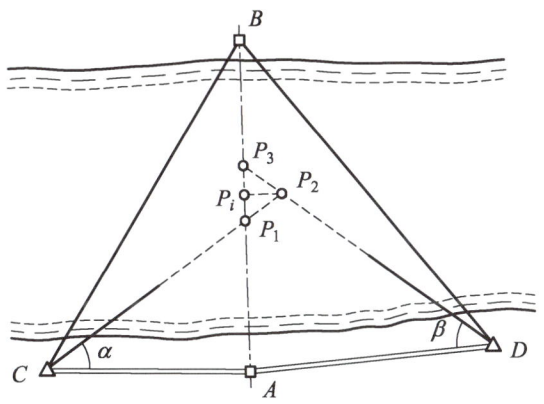

图 10-42　方向交会法的误差三角形

误差三角形的最大边长，在墩、台下部时一般不应大于 25 mm，上部时一般不应大于 15 mm。如果在限差范围内，则将交会点____在桥轴线上的投影点 P_i 作为桥墩放样的中心位置。

3）极坐标法测设桥墩

在使用全站仪进行桥梁墩台定位时，用极坐标法放样桥墩中心位置，则更为方便。对于极坐标法，原则上可以将仪器放于任何控制点上，按计算的放样数据（角度和距离）测设点位。

如图 10-40 所示，测设桥墩中心位置，最好是将仪器安置于桥轴线点 A 或 B 上，瞄准另一轴线点作为定向，然后指挥棱镜安置在该方向上测设 AP_i 或 BP_i 的距离，即可定出桥墩中心位置 P_i 点。

2. 曲线桥梁墩台放样

在直线桥上，桥梁和线路的中线都是直的，两者完全重合。当曲线桥的中线是曲线，而每跨桥梁却是直梁时，桥梁中线与线路中线构成了附合的折线，这种折线称为_____，如图 10-43 所示。墩、台中心即位于折线的交点上，曲线桥的墩、台中心测设，就是测设工作线的交点。

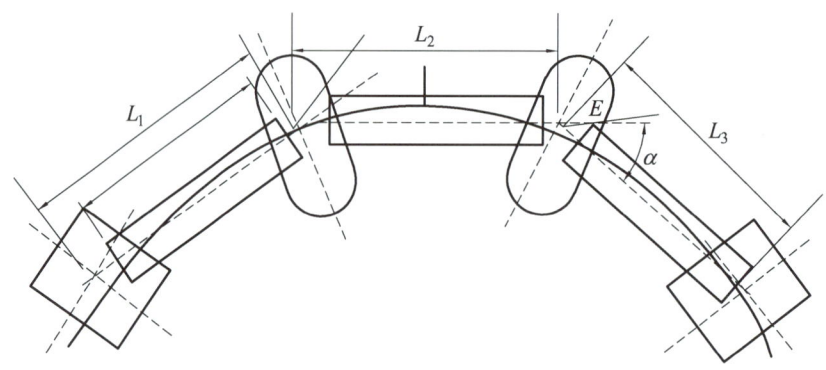

图 10-43　曲线桥梁的桥梁工作线

在曲线桥梁设计中，为使梁的两侧受力均匀，梁的中心线两端并不与线路中心线重合，而是将梁的中线向外侧移动一段距离 E，这段距离称为"_____"，偏距 E 一般是以梁长为弦线中矢的一半。相邻梁跨工作线构成的偏角 α 称为"_____"；每段折线的长度 L 称为"_____"。E、α、L 在设计图中都已经给出，根据给出的 E、α、L 即可测设墩位。

在曲线桥上测设墩位与直线桥相同，也要在桥轴线的两端测设出控制点，以作为墩、台测设和检核的依据。测设的精度同样要求满足估算的精度要求。

 知识链接

控制点在线路中线上的位置，可能一端在直线上（A 点），而另一端（B 点）在曲线上，如图 10-44 所示，也可能两端都位于曲线上，如图 10-45 所示。曲线桥轴线控制桩不能预先设置在线路中线上，而是根据曲线长度，以要求的精度用直角坐标法测设出来。用直角坐标法测设时，是以曲线的切线作为 X 轴。为保证测设桥轴线的精度，则必须以更高的精度测量切线的长度，同时也要精密地测出转向角 α。

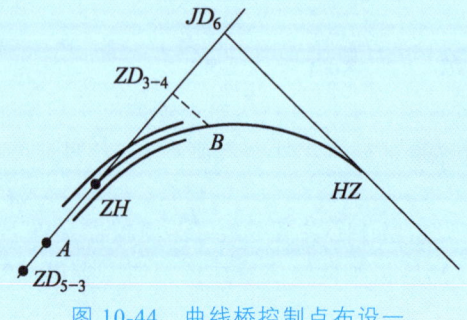

图 10-44　曲线桥控制点布设一

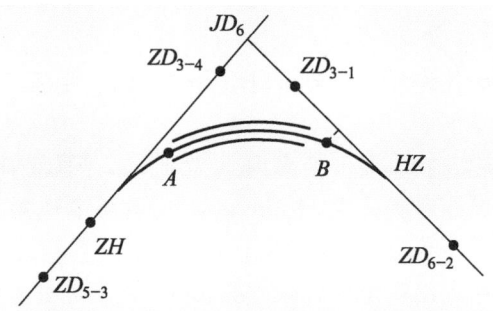

图 10-45　曲线桥控制点布设二

测设控制桩时，如果一端在直线上，而另一端在曲线上，则先在切线方向上设出 A 点，测出 A 至转点 ZD_{5-3} 的距离，则可求得 A 点的里程。

测设 B 点时，应先在桥台以外适宜的距离处，按 B 点的里程求出它与 ZH（或 HZ）点里程之差，即得曲线长度，可算出 B 点在曲线坐标系内的 x、y 值。

ZH 及 A 的里程都是已知的，则 A 至 ZH 的距离可以求出。这段距离与 B 点的 x 坐标之和，即为 A 点至 B 点在切线上的垂足 ZD_{5-4} 的距离。从 A 沿切线方向精密地测设出 ZD_{5-4}，再在该点垂直于切线的方向上设出 y，即得 B 点的位置。在设出桥轴线的控制点以后，即可据此进行墩、台中心的测设。根据条件，采用直接测距法或交会法。在墩、台中心处可以架设仪器时，宜采用这种方法。

由于墩中心距 L 及桥梁偏角 α 是已知的，可以从控制点开始，逐个测设出角度及距离，即直接定出各桥梁墩、台的中心位置，最后再附合到另外一个控制点上，以检核测设精度，这种方法称为导线法。利用光电测距仪测设时，为了避免误差的积累，可采用长弦偏角法或极坐标法。由于控制点及各墩、台中心点在曲线坐标系内的坐标是可以求得的，故可据此算出控制点至墩、台中心的距离及其与切线方向的夹角 δ_i。自切线方向开始设出 δ_i，再在此方向上设出 D_i，如图 10-46 所示，即得墩、台的中心位置。此种方法因各点是独立测设的，不受前一点测设误差的影响。但在某一点上发生错误或有粗差也难以发现，所以一定要对各个墩中心距进行检核测量。

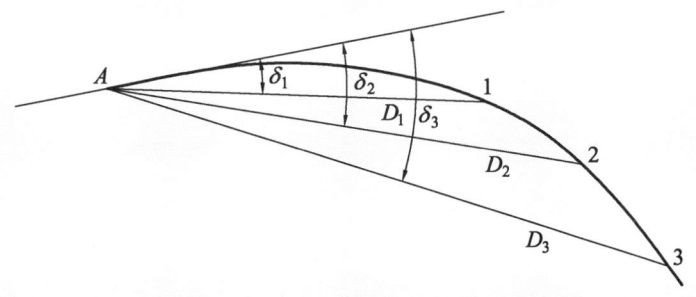

图 10-46　极坐标法放样

当墩位于水中，无法架设仪器及反光镜时，宜采用交会法。由于这种方法是利用控制网点交会墩位，所以墩位坐标系与控制网的坐标系必须一致，才能进行交会数据的计算。如果两者不一致时，则须先进行坐标转换。

3. 桥梁梁部架设施工测量

桥梁的梁部结构一般较为复杂，要求对墩台的方向、距离和高程用较高精度测设，作为架梁的依据。

桥梁中心线方向测定，在直线部分采用_____法，用经纬仪或全站仪正倒镜分中法，刻划方向线。如果跨距较大（大于 100 m），应逐桥墩观测左、右角。在曲线部分则采用_____法。

相邻桥墩中心点间距离用测距仪观测，在中心标板上刻划里程线，与已经刻划的墩台方向线正交，形成代表墩台中心的十字。

墩台顶面高程用精密水准测定，构成水准路线，附合到两岸水准点上。

如果梁的拼装系自两端悬臂、跨中合拢，则合拢前的测量重点应放在两端悬臂的相对关系上。中心线方向偏差、高程差和距离差要符合设计和施工的要求。

全桥架通以后，做一次方向、距离和高程的全面测量，其成果资料可作为钢梁整体纵、横移动和起落调整的施工依据，称为_____。

（二）决策与实施

> **引导** 2：桥梁墩台定位的方法有哪些？

> **引导** 3：比较直线桥与曲线桥的墩、台中心测设的异同。

> **引导** 4：各小组推荐代表汇报桥梁施工测量的主要内容，教师讲评。

（三）检查与评价

> **引导** 5：【工程案例】某桥梁钻孔桩使用冲击钻施工，在 1-2（1号墩台第 2 根桩）桩灌注完成后，现场工人对 1-2 桩上部进行了回填，由于 1 号墩台处的地下岩层较硬，钻孔进度较慢，在 1 号墩台作业钻机移至别处墩位施工。一个月后，现场测量人员重新放样 1-2，钻孔队伍对 1-2 桩冲击钻孔，当钻至约 6 m 深时，发现泥浆中有钢筋碎渣状东西，遂停止钻进，经确认 1-2 桩已于一个月前完成灌注施工，此次钻进对灌注完成的 1-2 号桩造成彻底破坏，损失一万余元。

事故原因分析：现场测量人员对放样后的桩位未在测量作业本进行记录（测量作业本绘有每个墩位的桩位布置图，放样完毕应在桩位图上涂黑），也未与现场技术人员沟通钻孔桩灌注完成情况，导致了桩位在灌注完成后的重复放样，从而造成了已灌注完成的桩位遭到彻底破坏。

通过以上工程实例，请同学们进行思考，在施工测量过程中如何保证测量工作的质量。

附表 1

学习情况反馈表

学习任务					
班级		小组编号		负责人	
开始时间		计划完成时间		实际完成时间	
序号	学习记录				备注
	学习项目		任务内容		
1	工作页的填写				
2	独立完成的任务				
3	小组合作完成的任务				
4	教师指导下完成的任务				
5	是否达到了学习目标，能否独立完成工程测量学习任务				
存在的问题及建议					

附表 2

圆曲线测设记录表

日　期：_____　　班　级：_____　　组别：_____
观测者：_____　　记录者：_____

实验任务	偏角法详细测设圆曲线					
实验目的						
主要仪器及工具						
交点号				交点桩号		
转角观测结果	盘位	目标	水平度盘读数	半测回右角值	右角	转角
	盘左					
	盘右					
曲线元素	R（半径）= _____　　T（切线长）= _____　　E（外距）= _____ α（转角）= _____　　L（曲线长）= _____					
主点桩号	ZY 桩号：　　　　　QZ 桩号：　　　　　YZ 桩号：					
各中桩的测设数据	桩号	曲线长	偏角	水平度盘读数	弦长	备注
测设方法	测设草图			测设方法		
实验总结						

附表 3

纵断面图测量数据记录表

测站	测点桩号	后视读数	视线高	前视读数	间视	高程	备注
测站	测点桩号	后视读数	视线高	前视读数	间视	高程	备注

横断面图测量成果表

左侧	桩号	右侧

参考文献

[1] 中华人民共和国住房和城乡建设部. 混凝土结构工程施工质量验收规范：GB 50204—2015[S]. 北京：中国建筑工业出版社，2014.

[2] 中国有色金属工业协会. 工程测量标准：GB 50026—2020[S]. 北京：中国计划出版社，2020.

[3] 张福荣. 工程测量基础[M]. 2版. 成都：西南交通大学出版社，2023.

[4] 周建郑. 建筑工程测量[M]. 北京：中国建筑工业出版社，2020.

[5] 金向农，汪善要，夏敬潮，等. 土木工程测量[M]. 北京：中国建筑工业出版社，2022.

[6] 王正荣，徐晓艳，苏建平. 数字测图[M]. 3版. 郑州：黄河水利出版社，2022.

[7] 王金玲，周无极. 建筑工程测量[M]. 北京：北京大学出版社，2018.

[8] 刘仁钊，马啸. 数字化测图[M]. 武汉：武汉大学出版社，2018.

[9] 国家测绘局. 全球定位系统实时动态测量（RTK）技术规范：CHT 2009—2010[S]. 北京：测绘出版社，2010.

[10] 刘岩. 控制测量[M]. 武汉：武汉大学出版社，2020.

[11] 周海峰，李向民. 道路工程测量[M]. 北京：机械工业出版社，2021.